彩图 1　小尾寒羊

彩图 2　乌珠穆沁羊

彩图 3　萨福克羊

彩图 4　白头杜泊羊

彩图 5　夏洛莱羊

彩图 6　无角陶赛特羊

彩图 7　德克塞尔羊

彩图 8　波尔山羊

彩图 9　苜蓿打捆

彩图 10　青贮窖

彩图 11　联合收割机收割牧草

彩图 12　全株玉米入窖发酵，采用机械碾压

彩图 13　地面育肥

彩图 14　高床式育肥 1

彩图 15　高床式育肥 2

彩图 16　开放式羊舍

彩图 17　单坡式羊舍

彩图 18　双坡式羊舍

彩图 19　漏缝地板

彩图 20　自动清粪机

彩图 21　自动饮水器

彩图 22　TMR 饲料搅拌机

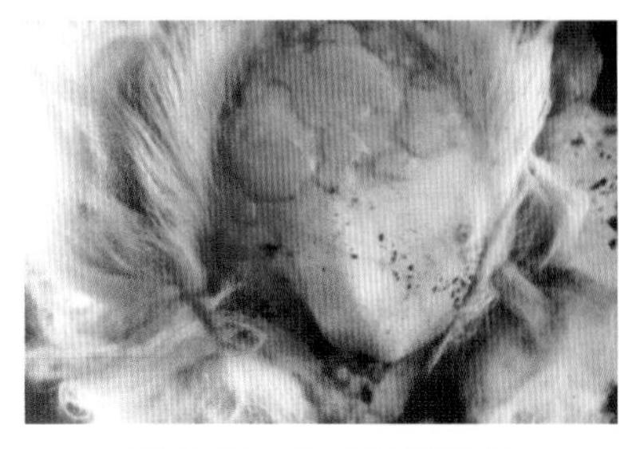

彩图 23　羊痘尾部病变

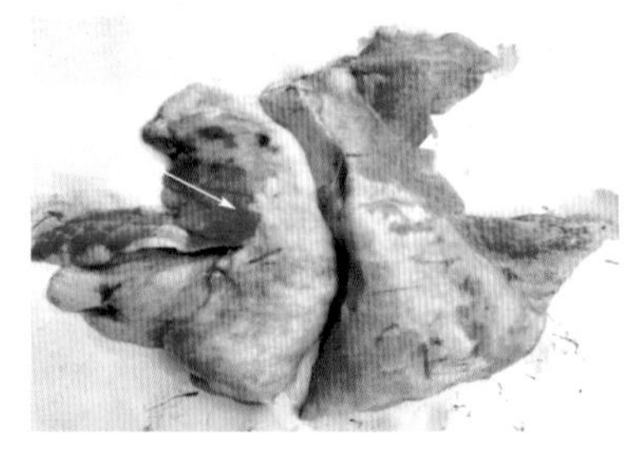

彩图 24　胸膜肺炎导致肺脏病变

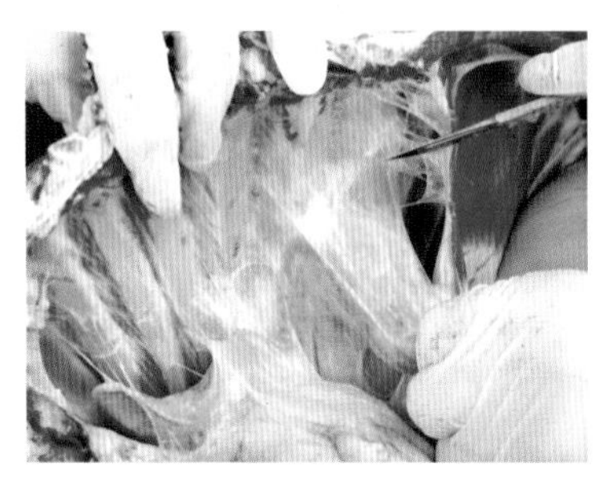

彩图 25　胸膜肺炎导致胸膜粘连

彩图 26　小反刍兽疫导致口腔和眼部病变

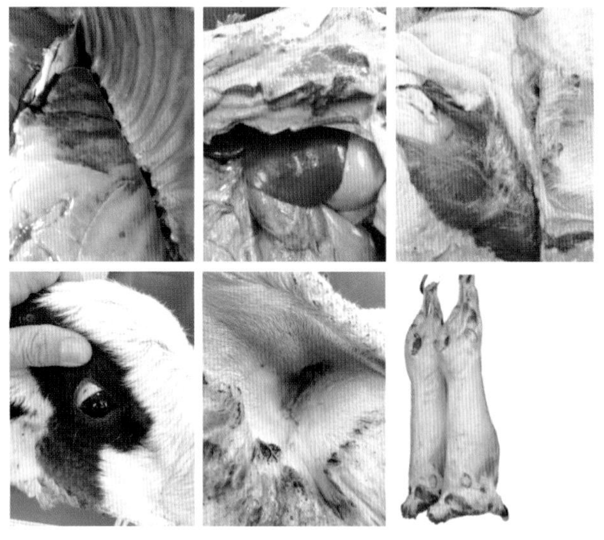

彩图 27　黄疸羊病变

专家帮你
提高效益

怎样提高肉羊养殖效益

主　编　陈晓勇　敦伟涛
副主编　孙洪新　仲　涛
参　编　刘　月　刘　洁　李　伟
袁万哲　翟　刚　郑庆丰
赵晓东　周荣艳　杨玉增

机械工业出版社

本书主要介绍了提高肉羊养殖效益的方法，主要包括：科学养羊理念、科学利用品种资源、合理搭配精粗饲料、种羊繁育、饲养管理、育肥羊的饲养、科学合理设计和建造羊舍、疾病防控、经营管理。内容通俗易懂、实用性强。书中设有“提示”等小栏目，可以帮助读者更好地掌握相关技术要点。

本书可供肉羊养殖场、养殖户及相关技术人员阅读，也可作为农林院校相关专业师生的参考用书。

图书在版编目（CIP）数据

怎样提高肉羊养殖效益/陈晓勇，敦伟涛主编. —北京：机械工业出版社，2020.7（2022.11重印）
（专家帮你提高效益）
ISBN 978-7-111-65364-6

Ⅰ.①怎…　Ⅱ.①陈…②敦…　Ⅲ.①肉用羊－饲养管理　Ⅳ.①S826.9

中国版本图书馆CIP数据核字（2020）第062531号

机械工业出版社（北京市百万庄大街22号　邮政编码100037）
策划编辑：周晓伟　高　伟　责任编辑：周晓伟　高　伟
责任校对：王丽静　责任印制：张　博
保定市中画美凯印刷有限公司印刷
2022年11月第1版第3次印刷
145mm×210mm·7印张·2插页·210千字
标准书号：ISBN 978-7-111-65364-6
定价：29.80元

电话服务
客服电话：010-88361066
010-88379833
010-68326294

网络服务
机工官网：www.cmpbook.com
机工官博：weibo.com/cmp1952
金书网：www.golden-book.com
机工教育服务网：www.cmpedu.com

前　言 PREFACE

近年来，活羊价格屡创历史新高，有力地带动了肉羊养殖发展，成为带动农民脱贫致富、乡村振兴的重要产业。

本书由长期从事肉羊生产的专家编写而成，主要围绕提高养殖效益这一关键问题，从九个方面深入浅出地进行了介绍。第一章“树立科学养羊理念，向科学要效益”，主要介绍了当前肉羊养殖过程中存在的经营观念误区，以及在投资肉羊养殖时要考虑的因素。第二章“科学利用品种资源，向良种要效益”，主要介绍了品种利用存在的误区，以及提高良种效益的主要途径。第三章“合理搭配精粗饲料，向饲料营养要效益”，主要介绍了饲料搭配存在的误区，以及提高饲料营养效益的途径。第四章“做好种羊繁育，向繁殖要效益”，主要介绍了种羊繁育管理的误区、肉羊的繁殖规律，以及提高繁殖效率的繁殖技术和主要途径等。第五章“做好饲养管理，向管理要效益”，主要介绍了饲养管理的误区，做好不同类别羊群的饲养管理，以及提高饲养管理水平的重要途径。第六章“重视育肥羊饲养，向育肥羊要效益”，主要介绍了育肥羊饲养存在的误区，以及做好育肥羊饲养管理的重要途径。第七章“科学合理设计和建造羊舍，向环境要效益”，主要介绍了羊场的设计与规划布局、羊舍类型及构造、羊场配套设施设备、羊场的环境控制及羊场粪污处理等。第八章“做好疾病防控，向健康要效益”，主要介绍了提高防病意识和做好预防措施、传染病防治、寄生虫病防治和普通病防治。第九章“做好经营管理，向管理要效益”，主要介绍了提高肉羊养殖效益的主要措施、生产计划管理、经营管理、经济核算和市场营销等内容。

需要特别说明的是，本书所用药物及其使用剂量仅供读者参考，不可照搬。在生产实际中，所用药物学名、常用名与实际商品名称有差异，药物浓度也有所不同，建议读者在使用每一种药物之前，参阅厂家提供的产品说明以确认药物用量、用药方法、用药时间及禁忌等。购买兽药时，执业兽医有责任根据经验和对患病动物的了解决定用药量及选择最佳治疗方案。

在本书编写过程中，编者走访了养殖户和相关从业人员，引用了相关文献，在此，向对本书的编写提供帮助的专家和从业者表示衷心的感谢！对于书中不足之处，敬请广大读者提出宝贵意见和建议。

编　者

目 录 / CONTENTS

第一章
树立科学养羊理念，向科学要效益

第一节　经营观念误区

一、投资预算误区

投资养羊前首先要做一个预算，购买羊是比较大的开支，而对于规模舍饲养羊，还需要投资建设圈舍。此外，要对投资周期有清晰的了解和计划，如果是种羊生产或自繁自养，往往前两年主要靠投资，只有经过繁殖下一代出售种羊或出售育肥羊才能获得回报。因此，在投资前一定要对购买种羊有大致预算。另外，圈舍投资、饲草投入、人工及水电等都要有比较准确的预算。很多投资者在建场养羊前预算不准，甚至没有预算，导致圈舍建好了，羊买进来了，还没有获得回报就没有资金投入了，面临“骑虎难下”的局面。

二、饲养技术误区

养殖是一门专业性、实践性非常强的行业，虽然广大农村都有养羊的传统习惯，但专业的规模化经营与散养是有区别的，散养生产效率低，对基础设施要求低，技术要求也低，而规模经营对技术要求较高，要求品种优良，实行阶段化饲养，科学配置日粮，对环境控制要求高，此外还要懂得经营方法和策略。因此，不要认为养羊是一件很简单的事情，要按照专业进行科学饲养，从品种选择、饲草搭配、生产管理到市场经营等各方面都需要有一套技术和流程。

三、经营规模误区

经营规模是能否盈利的重要因素。经营规模决定了固定资产、流动资产、人力成本等投资成本，规模越大，对养殖技术、饲养管理、市场营销的要求越高。对于没有经验的投资者，不要盲目进行大规模养殖，要先进行小规模养殖，在养殖的过程中逐渐熟悉，积累经验，然后再扩

大规模。很多投资者往往没有养殖经验，对市场判断不准，对养殖技术不懂，对经营管理不精，导致投资上面临亏损。

四、经营方向误区

一是要避免盲目经营肉羊养殖，要做好市场调研，了解市场需求，如果是产业经营，从品种到羊肉加工产业链一体经营，则要做好羊肉营销产品定位和投资预算，谋划好市场目标，做好技术储备，舍饲养殖要做好场区规划；二是要避免盲目仓促投资，要做好资金储备。

第二节　确定经营类型

一、明确生产方向

根据饲养品种和繁育类型，羊场可分为种羊生产场、自繁自养场和专业育肥场。种羊生产场主要是进行优良品种纯繁，以出售种羊为主；自繁自养场主要是指饲养本地母羊和优良品种的公羊，进行经济杂交，杂交后代进行育肥，以出售商品育肥羊为主；专业育肥场主要是指购买断奶羔羊或架子羊专门育肥，不进行种羊繁育，以强度育肥为主要生产方式，主要效益产出是出售育肥羊。

1. 种羊生产场

种羊生产场首先要有足够的资金，选择市场需求的优良品种。种羊生产场对羊舍及附属设施、技术要求相对较高，要不断加强品种的选育，不断提高品种的生产性能。而且，种羊生产场要组建种羊销售团队，保证生产的合格种羊能够以较高价格销售。种羊生产经营需要资金较多，适合拥有雄厚资金的投资者。

2. 自繁自养场

自繁自养场规模可大可小，从几只基础母羊到几百只基础母羊都可，规模小的可以在庭院进行饲养，规模大的需要专门建场，而且技术要求更高，建场要有规划，对管理要求也更高。目前，这种类型的羊场占大多数，规模可控，场地、建设条件、管理要求、技术水平都与养殖规模有密切关系。如果是农户饲养，一般基础母羊在几十只到上百只；如果是中小型羊场，一般基础母羊在 100 只以上。该类型羊场的特点是通过生产肉羊带来效益，生产环节包括繁育、羔羊育肥，规模稍大的羊场还包含自配饲料，需要做好饲草储备计划，效益大小的关键在于生产

管理，对技术水平和生产管理要求较高。

3. 专业育肥场

专业育肥场的生产周期短，资金周转效率高，见效快，对圈舍条件要求不高，可以直接购买商品化的饲草和精饲料进行短期育肥。一般育肥周期在3~4个月，全年可以有多个育肥周期。该类型育肥场效益大小的关键因素是育肥速度、购买羊只的价格和出售育肥羊的价格。

二、明确饲养方式

1. 舍饲

舍饲是指将羊圈养在羊舍内，人工提供日粮的养殖方式。这种饲养方式的特点是饲养成本高，需要建设圈舍，要求提供全价日粮，对饲养技术要求较高，在广大农区非常普遍。

(1) 舍饲成本增加，技术含量要求高，发病率高，饲养效益降低 舍饲养羊最大的特点就是成本增加，并且随着舍饲圈养，饲养密度增大，空气流动小，发病和传染的机会增加。此外，在舍饲条件下容易造成日粮搭配不合理，营养不全面、不平衡，导致羊体质差，容易产生代谢病，甚至出现营养缺乏症。不论是母羊空怀还是妊娠、哺乳，舍饲母羊出问题的比例高于放牧的羊和半舍饲半放牧的羊。舍饲的羊由于运动量小，妊娠母羊容易出现缺钙和难产等问题，母羊产后容易出现瘫痪；公羊运动量小，导致配种能力下降，精液质量下降。从整体角度来讲，舍饲养羊难度增加，技术含量较高，效益降低。

(2) 舍饲自繁自养利润空间小，集约化专业化育肥效益可观 由于舍饲成本高，饲养1只母羊的周期长，投入高，而且产出少，平均每只母羊每年产3只羔羊，而1只母羊饲养1年的成本几乎就需要2只羔羊的产出，因此饲养母羊进行自繁自养成本高、效益差。相反，羔羊育肥由于周期短、周转快、投入小、见效快，近年来出现了很多专业户育肥和异地育肥的情况，专业户育肥大多也属异地育肥，即养殖户或养殖场自己不养母羊，专门购买当地或异地断奶羔羊，进行短期强度育肥，批量化生产，效益比较可观。

2. 放牧

放牧是指采用完全放牧方式饲养，主要靠草场提供日粮的养殖方式。这种饲养方式的特点是饲养成本较低，管理相对粗放，适合于牧区。

(1) 放牧季节饲草多样化有利于羊健康生长 放牧羊可以采食到很多种类的饲草，日粮构成多样化，这样就达到了营养平衡的目的。

（2）成本较低，管理粗放 放牧饲养不需要昂贵的圈舍投入，在放牧季节几乎不需要饲草投入，因此饲养成本较低。但由于大群放牧，管理较困难，血统系谱容易混乱，选种选配不易实施，羊群管理比较粗放。

3. 半舍饲半放牧

半舍饲半放牧是指在农牧交错带或丘陵地区采用的一种养殖方式，即白天放牧，夜间羊群回到圈舍补饲。这种饲养方式适合于小规模养殖，一般在几十只到百余只，通常白天由1~2人放牧，羊群主要在山坡、水沟、滩涂、洼地、荒地、果园、林下等采食一些杂草、树叶，秋后农作物收获之后，羊群主要采食杂草、农作物副产品等。一般农户自繁自养，繁育的羔羊选留种羊，其余育肥出售或屠宰加工。这种饲养方式主要有以下特点：

（1）基础设施要求低，日粮多样化，饲料投入少 农户采用小规模半舍饲半放牧时，可以搭建简易棚舍，不需要昂贵的设施投入，可依墙而建，依地势而建，顶棚可以使用石棉瓦、木质结构等，相对于规模化全舍饲养殖来讲，小规模半舍饲半放牧投入小，母羊繁殖羔羊，羔羊育肥出栏。此外，由于白天放牧，羊群在青草季节可采食多种多样的青绿多汁饲草，营养丰富，并且多样化，好于全舍饲日粮，减少饲料饲喂成本。

（2）羊只健康水平提高，疾病发生率降低 由于饲草多样化，羊体所需营养物质大部分来自青绿鲜草，特别是夏、秋两季，鲜草结籽，营养丰富，羊的膘情较好，健康水平较高，公羊性欲旺盛，配种能力强，配种妊娠率高，繁殖力提高。由于采取放牧，空气流通，相对于全舍饲养殖，羊群呼吸道疾病的发病率下降。

（3）利润空间大，效益稳定 虽然舍饲养殖已推行多年，但在实际生产中，大规模全舍饲方式利润空间很小，很多规模化的种羊生产场和自繁自养场经营状况都不佳，甚至亏损。而半舍饲自繁自养小规模饲养场可以很好生存，正是由于其自身优势。在广大农区，农户小规模饲养是我国养羊生产的一个主要特点，由于草食动物需要运动场所，因此不能像猪、鸡那样集约化饲养，而在广大农区，特别是役用动物减少，机械化耕种，大量秸秆残留在田间地头，给放牧提供了条件，也减少了收割、铡短、贮运等环节，进而减少了人工费用。此外，半舍饲半放牧的最大特点就是减少饲喂成本，提高羊群的健康水平，从而提高养殖效益。

三、明确经营规模

1. 10～100 只

10～100 只属小规模饲养，在我国广大农区比较常见，大多数家庭农场饲养属于这种规模，不需要雇用工人，只需要加工调制并利用农副产品及其秸秆饲养，成本较低，对圈舍条件要求不高。通常这种规模也多为自繁自养，投入较低，盈利较容易。

2. 100～300 只

100～300 只属中等规模，需要一定的场地和圈舍，对饲养技术和羊群管理要求较高，通常也多见于自繁自养方式。

3. 300 只以上

300 只以上要求资金投入较高，需要专业化管理，如果是舍饲养殖，对饲养技术要求较高，需要由专业技术人员管理。这种规模既可以自繁自养也可以专业育肥，自繁自养要求有不同类别的羊舍，对日粮营养要求较高；专业育肥由于周期短、见效快，在农区比较常见。

第二章
科学利用品种资源，向良种要效益

第一节　品种利用的误区

【提示】

很多人对羊的品种认识不够，不知道哪些品种适合搞肉羊生产，有的单纯追求国外引进品种生长速度快，而忽略品种繁殖性能，造成综合效益下降。羊在品种上，按功能分为毛用、肉用、皮用、奶用等，尽管不同类型的羊都长肉，但由于其生产方向不同，产肉效率相差很大。例如，早熟肉用品种羊的屠宰率高达65%～70%，一般品种为45%～50%，毛用细毛羊仅为35%～45%。因此，在从事肉羊生产前要考虑品种问题。从产肉角度讲，绵羊好于山羊，绵羊增重比山羊快，进行舍饲肉羊生产除考虑增重快以外，还要考虑繁殖效率高，即选择那些产羔率高，常年发情的品种。

一、对品种认识不清楚

品种是影响养殖效益的首要因素，决定生产方向。肉羊养殖首先要考虑产肉性能，但如果是自繁自养场，同时还要考虑繁殖性能。肉羊品种分为地方品种、培育品种。地方品种主要是经过长期自然选择而形成的生物学性状比较稳定且适合一定区域的品种，其往往具有抗逆性强的特点，大多数地方品种产肉性能并不突出。近年来由于国外品种进入我国，导致很多地方品种血统不纯，因此，在选择品种时一定不要将杂交羊用来繁殖，可以购买杂交羊用来快速育肥。

二、为了省钱买杂交羊做种羊

好的品种往往价格较高，很多养殖者不愿意出高价钱购买，为了省钱而将杂交羊买来用于繁殖。杂交羊由于性状不稳定，用于繁殖很容易

出现性状分离，也就是生产性能不稳定。因此，不要为了省钱而将杂交羊当作种羊繁殖。

三、不了解地方品种和引进品种的特性

近年来，我国引进了很多国外肉羊品种，这些羊的肉用性能好于国内地方品种，但繁殖性能较差，多数品种均为季节性繁殖，胎产羔数较少。地方品种，如小尾寒羊、湖羊繁殖性能较好，1 年多胎，1 胎多羔，适合当作杂交母本。因此，要对地方品种和引进品种特性有所了解，在选择品种时才能够有的放矢。

四、对杂交利用的目的认识不清

杂交通常是为了改善单一品种特性，利用 2 个或多个品种特性进行优势互补。经济杂交多是利用不同杂交亲本的不同特性进行生产，如利用 2 个品种杂交，杂交后代均进行育肥生产羊肉。很多从业者不理解杂交的目的。

五、引入优良品种时没有考虑是否与当地气候和饲养方式相适应

在发展肉羊生产时，从外地引入良种，首先应考虑引入品种是否与引入地的气候条件、饲养方式相适应。例如，将西藏高海拔地区的羊引入到低海拔地区饲养是很难成功的；山东小尾寒羊在原产地为舍饲圈养，不耐远牧和爬山，若将其引入到山区和土种羊混群放牧饲养，其高产羔率和高生长速度不但表现不出来，而且其生产性能甚至较本地羊还要差很多。

第二节　提高良种效益的主要途径

一、正确认识不同用途的羊品种

1. 绵羊品种分类

根据绵羊的不同用途，可将其划分为细毛羊、半细毛羊、裘皮羊、羔皮羊、肉脂羊和粗毛羊。

（1）细毛羊　毛纤维属同一类型，细度在 60 支以上，毛丛长度在 7 厘米以上，细度和长度均匀，并具有整齐的弯曲弧度。细毛羊又分为毛用细毛羊、毛肉兼用细毛羊和肉毛兼用细毛羊 3 个类型。毛用细毛羊一般体格略小，除颈部皮肤有皱褶外，身体其他部位也有皱褶，单位体重

产毛量高，一般每千克体重能产净毛60~70克，代表品种有澳大利亚美利奴羊和中国美利奴羊。毛肉兼用细毛羊体格中等，只颈部皮肤有1~3个皱褶，单位体重产毛量中等，一般每千克体重能产净毛40~50克，代表品种有新疆细毛羊、东北细毛羊等。肉毛兼用细毛羊体格大，颈部皮肤皱褶少或无皱褶，单位体重产毛量低，一般每千克体重能产净毛30~40克，代表品种有德国美利奴羊、南非美利奴羊等。

（2）半细毛羊 被毛由同一纤维类型的细毛或两型毛组成。毛纤维的细度为32~58支，长度不一，越粗则越长。根据被毛的长度，有长毛种和短毛种之分；按体形结构和产品的侧重点又分为毛肉兼用半细毛羊和肉毛兼用半细毛羊两大类，前者的代表品种如茨盖羊，后者的代表品种如边区莱斯特羊、考力代羊等。我国培育的半细毛羊品种和品种群有青海半细毛羊、东北半细毛羊、凉山半细毛羊、内蒙古半细毛羊、威宁半细毛羊和云南半细毛羊等。

（3）裘皮羊 裘皮是指绵羊在1月龄左右时所剥取的皮。此时的裘皮，毛股紧密，毛穗美观，色泽光润，被毛不擀毡，板皮良好，称为二毛皮。我国裘皮羊绵羊品种有滩羊、贵德黑裘皮羊和岷县黑裘皮羊。

（4）羔皮羊 羔皮具有美丽的毛卷或花纹，图案非常美观。我国羔皮羊绵羊品种有湖羊和卡拉库尔羊。

（5）肉脂羊 肉脂羊皆为粗毛羊，其特点是产肉性能较好，善于贮存脂肪，具有肥大的尾（肥大的短脂尾、长脂尾和臀尾）。我国肉脂羊绵羊品种有大尾寒羊、小尾寒羊、同羊、兰州大尾羊、乌珠穆沁羊和阿勒泰羊。

（6）粗毛羊 粗毛羊被毛不同质，是由多种纤维类型的毛组成的，一般含有细毛、两型毛粗毛和死毛，所以称为混型毛或异质毛。粗毛羊产毛量低，毛质差，只能用于制作粗呢、地毯和擀毡。我国粗毛羊在绵羊中所占比重很大，分布很广，主要品种有蒙古羊、西藏羊和哈萨克羊。

2. 主要的绵羊品种

（1）国内主要绵羊品种

1）小尾寒羊。小尾寒羊主要产于山东、河北及河南三省交界地区，小尾寒羊属短脂尾、毛肉兼用型地方优良品种，是由北方草原地区迁徙来的蒙古羊经长期选育而成的，具有体格高大、早熟、四季发情、繁殖率高、多胎、多羔、生长发育快、肉用性能好等优点，被誉为“国宝”、世界“超级羊”品种。

① 体形外貌。被毛呈白色，公羊有螺旋状角，母羊部分有角，鼻梁隆起，耳大下垂，胸部宽深，肋骨开张良好，背腰平直，四肢细高，体格大，侧视呈长方形，尾呈椭圆形，长度不超过飞节（彩图1）。

② 品种特性。成年公羊体重为90~94千克，成年母羊体重为48~50千克，屠宰率为56%。性成熟早，母羊6月龄即可发情，公羊8月龄可用于配种。四季发情，常年配种，1年2胎或2年3胎，产羔多，平均产羔率达267%。成年公羊剪毛量为3.5千克，成年母羊剪毛量为2.1千克，净毛率达63%。

小尾寒羊适应性广，抗逆性强。从我国肉羊生产的实践来看，小尾寒羊是发展肉羊生产或引用品种进行肉羊新品种杂交培育的理想母系品种。由于小尾寒羊前胸不够发达，后躯不够丰满，用引进的肉用品种杂交，可大大改善小尾寒羊的肉用体况，增加产肉性能。

2）大尾寒羊。大尾寒羊原产于河北、河南和山东三省交界的地区，河南省、山东省大尾寒羊的数量较少，河北省大尾寒羊的数量较多。我国中原地区的大尾寒羊是由原产于中亚等地区的脂尾羊引入我国后长期选育而成的。

① 体形外貌。被毛呈白色，腹部毛稀少或无毛。头长额宽，鼻梁隆起，耳大下垂，公羊、母羊均无角。颈细长，胸窄，发育较差，腰背部及臀部较丰满，四肢健壮。脂尾大而肥厚，下垂至飞节以下，长者可接近或拖及地面，尾尖向上翻卷。

② 品种特性。成年公羊平均体重为72千克，成年母羊平均体重为52千克，屠宰率为54%。大尾寒羊性成熟早，母羊10~12月龄可初配，四季发情，一般1年2胎或2年3胎，产羔率为185%~196%。每年剪毛2~3次，成年公羊的剪毛量约为3.3千克，成年母羊的剪毛量约为2.7千克，毛长10.4厘米，净毛率达45%~63%。大尾寒羊被毛品质好，可分为同质毛型、基本同质毛型和异质毛型。

3）同羊。同羊主要分布在陕西渭北地区。同羊可能与大尾寒羊同宗，但因其所处地理位置不同，又吸收了不同程度蒙古羊的基因，经长期选育而成。

① 体形外貌。具有角小如栗、耳薄如茧、肌细如箸、尾大如扇、体形如酒瓶五大特点。头中等大小，耳较大，公羊、母羊均无角，部分公羊有栗状小角，颈部较长而细薄，但公羊略显粗壮。尾大，分长、短脂尾两大类型，沉积大量脂肪，多有纵沟，尾尖上翘，夹于尾纵沟中。全

身被毛纯白。头及四肢下部生长短刺毛，腹毛着生不良。

② 品种特性。体格中等，成年公羊平均体重为44千克，成年母羊平均体重为39千克，周岁公羊平均体重为33千克，周岁母羊平均体重为29千克。该品种羔皮颜色洁白，具有珍珠样卷曲，图案美观悦目，即所谓“珍珠皮”，市场罕见。

同羊常年发情，一般2年3胎，每胎1羔，少数产双羔。羊肉肥嫩多汁，瘦肉绯红，肌纤维细嫩，烹之易烂，食之可口。

4）乌珠穆沁羊。乌珠穆沁羊原产于内蒙古自治区锡林郭勒盟东部乌珠穆沁草原，主要分布在东、西乌珠穆沁旗，阿巴哈纳尔旗及阿巴嘎旗等地区。

① 体形外貌。毛色混杂，有的全身被毛呈白色，有的体躯毛色为白色，头颈部为黑色毛，有的为黑白杂色毛。头中等大小，额宽，鼻梁隆起，耳大下垂，公羊多数有螺旋角，母羊多数无角（彩图2）。

② 品种特性。成年公羊平均体重为74千克，成年母羊平均体重为58千克，屠宰率为50%~51%，净肉率约为46%。一般1年1胎，平均产羔率为100%。乌珠穆沁羊早期生长发育快，囤积脂肪能力强，肉质鲜美细嫩，无膻味。

5）湖羊。湖羊主要产于浙江、江苏南部及上海部分地区。

① 体形外貌。鼻梁隆起，耳大下垂，公羊、母羊无角，体躯长，胸部较窄，四肢结实，小脂尾呈扁圆形，尾尖上翘，被毛呈白色，初生羔羊被毛呈美观的水波纹状。

② 品种特性。成年公羊体重为48~49千克，成年母羊体重为36~37千克；周岁公羊平均体重为35千克，周岁母羊平均体重为26千克，屠宰率为45%~49%。湖羊四季发情，多胎多羔，产羔率为230%~270%，一般1年2胎或2年3胎。

湖羊性成熟早，母羊5月龄性成熟，生长速度快，耐潮湿，四季发情，是发展羔羊肉生产和培育肉羊新品种比较好的母本。

6）阿勒泰羊。阿勒泰羊主要分布在新疆北部阿勒泰地区，是哈萨克羊种的一个分支，具有体格大、早熟、肉脂生产性能高的特性。

① 体形外貌。体形大，体质结实，属肉脂兼用粗毛羊。被毛以棕红色为主，公羊具有大的螺旋形角，母羊部分有角，胸深宽，背平直，肌肉肥育好，股部肌肉丰满。尾型较特殊，在尾椎周围沉积大量脂肪而形成“臀脂”。臀脂发达，腿高而结实。

② 品种特性。成年公羊平均体重为 93 千克，成年母羊平均体重为 68 千克。羔羊早期生长发育快，5 月龄羔羊平均活重为 37.7 千克，屠宰率为 53%，产羔率为 110%。

该品种早熟性好，产肉脂性能好，生长发育快，适合肥羔生产。

7）多浪羊。多浪羊主产于新疆，是新疆当地土种羊和阿富汗瓦哈吉肥臀羊杂交形成的肉脂兼用型粗毛、半粗毛羊，是经过长期自然选择和人工选择培育成的优良地方肉用品种。

① 体形外貌。体形硕大，体质结实，头大面长，鼻梁隆起，耳大下垂，公羊无角或有小角，母羊无角，颈窄而细长，胸宽深，肋骨拱圆，背腰长而平直，后躯肌肉发达，尾大而不下垂，四肢结实，蹄质坚实。被毛以灰白色为主，初生羔羊全身被毛呈棕褐色。断奶剪毛后，躯体毛色逐渐变为灰白色，其余部位毛色不变。被毛分为粗毛型和半粗毛型。

② 品种特性。肉用性能好，周岁公羊平均体重为 58 千克，屠宰率达 56%；周岁母羊平均体重为 43 千克，屠宰率达 54%。多浪羊性成熟早，常年发情，一般 1 年 2 胎或 2 年 3 胎，产羔率为 120%～130%。

相比肉用羊的理想要求，多浪羊还有缺陷，其四肢过长，胸部、腿部不够丰满，肉质尚需提高；多浪羊适宜放养，不宜大规模圈养。

8）欧拉羊。欧拉羊产于甘南藏族自治州玛曲草原，是藏系绵羊种。

① 体形外貌。欧拉羊头稍长，呈锐三角形，鼻梁隆起，绝大多数都有角，角呈微螺旋状向两侧平伸或向前，尖端向外。四肢高而端正，背平直，胸部、臀部发育良好。尾呈扁锥形，尾长 13～20 厘米。

② 品种特性。成年公羊平均体重为 67 千克，成年母羊平均体重为 53 千克，屠宰率约为 48%。

9）兰州大尾羊。兰州大尾羊主产于兰州境内黄土高原丘陵沟壑区。

① 体形外貌。被毛纯白，头中等大小，无角，耳大且略向前垂，眼圈为浅红色，鼻梁隆起，颈长而粗，胸宽深，背腰平直，四肢较长。脂尾肥大，下垂至飞节位置，尾中有沟，将尾分为对称两瓣，尾尖外翻，紧贴中沟。兰州大尾羊体格大，早期生长发育快，肉用性能好。

② 品种特性。成年公羊平均体重为 58 千克，成年母羊平均体重为 44 千克；周岁公羊平均体重为 53 千克，周岁母羊平均体重为 42 千克。屠宰率约为 58%。母羊 7～8 月龄开始发情，公羊 9～10 月龄可以配种。母羊一年四季皆可发情配种，2 年 3 胎，产羔率为 117%。

10）广灵大尾羊。广灵大尾羊原产于山西北部雁北地区，是草原地区蒙古羊被带入农区以后经过长期杂交选育而成的。

① 体形外貌。公羊有角，母羊无角，头中等大小，耳略下垂，颈细而圆，四肢强健，脂尾呈方形。

② 品种特性。成年公羊平均体重为 52 千克，成年母羊平均体重为 43 千克，屠宰率为 57%。广灵大尾羊 6～8 月龄性成熟，初配年龄一般在 1.5～2 岁，母羊春季、夏季、秋季三季发情，一般 1 年 2 胎或 2 年 3 胎，产羔率为 102%。

11）蒙古羊。蒙古羊是我国三大粗毛羊品种之一，原产于内蒙古，现在在华北、东北和西北等大部分地区皆有分布。

① 体形外貌。由于分布地区广，不同地区自然条件差异很大，经过多代繁殖，体形外貌差别很大。总体外貌特征为体质结实，头狭长，公羊大部分有角，母羊大部分无角或有小角，鼻梁隆起，耳大下垂，胸深，背腰平直，四肢健壮。被毛多为白色，部分蒙古羊有黑色斑块，短脂尾。

② 品种特性。成年公羊体重为 49～80 千克，成年母羊体重为 32～60 千克，屠宰率为 47%～52%，净肉率在 35% 以上。成年公羊的剪毛量为 1.5～2.2 千克，成年母羊的剪毛量为 1.0～1.8 千克，毛长 6.5～7.5 厘米。母羊一般 1 年 1 胎，1 胎 1 羔，产双羔者很少。

蒙古羊肉脂好，出肉率高；羔皮薄而轻，保暖性能好，结实耐用。但蒙古羊的繁殖性能较差。

12）西藏羊。西藏羊是我国三大粗毛羊品种之一，主要分布于青藏高原，分为多种类型，包括高原型、三江型、欧拉型、甘加型和山谷型等多种，其中高原型为西藏羊的主要代表。

① 体形外貌。高原型西藏羊体格大，公羊、母羊均有角，被毛呈白色，头、颈呈黑色，异质毛。

② 品种特性。成年公羊体重为 44～58 千克，成年母羊体重为 38～48 千克。屠宰率为 43%～48%。成年公羊的剪毛量为 1.18～1.62 千克，成年母羊的剪毛量为 0.75～1.64 千克，净毛率约为 70%。母羊繁殖力较差，一般 1 年 1 胎，1 胎 1 羔，产双羔者极少。

西藏羊毛辫长，弹性大，具有较好的光泽，是制造地毯、毛毯的上等原料。

13）哈萨克羊。哈萨克羊是我国三大粗毛羊品种之一，主要分布在新疆，在甘肃、青海等地也有少量分布。

① 体形外貌。体质结实，异质毛，被毛以棕褐色为主，躯干部分毛

随年龄增长而变浅。公羊有角，呈螺旋形，母羊多数无角，少数有小角；鼻梁隆起，耳大下垂，背腰平直，四肢粗壮，后躯发育良好，具有椭圆形脂臀。

② 品种特性。成年公羊平均体重为60千克，成年母羊平均体重为45千克，周岁公羊平均体重为43千克，周岁母羊平均体重为36千克，屠宰率约为48%。成年公羊的剪毛量为2.03千克，成年母羊的剪毛量为1.88千克，净毛率约为64%。母羊一般1年1胎，产羔率约为102%，产双羔者很少。

哈萨克羊生存环境较差，夏季炎热，冬季寒冷，气候变化较大，经过长期自然选择，形成了哈萨克羊体格结实、四肢粗壮的特性，夏季具有迅速囤积脂肪的能力，以便安全越冬。

14）滩羊。滩羊主要分布于宁夏、甘肃、陕西及内蒙古部分地区，属于名贵裘皮用绵羊品种，其中贺兰地区所产滩羊二毛皮品质较好。

① 体形外貌。体格中等大小，体质结实，鼻梁隆起，公羊有螺旋形大角且向外伸展，母羊无角或有小角，背腰平直，被毛呈白色，头为黑色或黑白相间，小脂尾呈三角形。

② 品种特性。成年公羊平均体重为47千克，成年母羊平均体重为35千克，屠宰率约为42.5%，成年公羊的剪毛量为1.6~2.7千克，成年母羊的剪毛量为0.7~2.0千克，净毛率约为65%。母羊多产单羔，产双羔者极少。

滩羊35日龄左右宰杀剥制的皮张称作滩羊二毛皮。羊毛致密紧实，毛色洁白有光泽，板皮致密，皮张结实，重量轻。

（2）引进的国外绵羊品种

1）萨福克羊。萨福克羊原产于英国。该品种以南丘羊为父本，以当地黑头有角诺福克羊为母本进行杂交培育，于1859年育成，是大型肉羊品种之一，特别适合用作肉羊生产。萨福克羊肉产品在国际市场占比较高，我国及美国、澳大利亚、新西兰等国都将该品种作为肉羊生产的主要终端父本。

① 体形外貌。被毛为白色，头和四肢为黑色，公羊、母羊均无角，体格大，头短而宽，颈短粗，胸宽深，背腰宽平，肌肉丰满，后躯发育良好，肉用特征突出（彩图3）。

② 品种特性。成年公羊体重为90~150千克，成年母羊体重为65~100千克。成年公羊的剪毛量为5~6千克，成年母羊的剪毛量为3~4千

克，毛长度为7～8厘米，细度为56～58支，净毛率约为60%。该品种羊早熟，生长发育快，产肉性能好，瘦肉率高，是生产优质羔羊肉的理想品种。萨福克羊一般1年2胎或2年3胎，产羔率达130%～158%。

我国从20世纪70年代起从澳大利亚引进，先后在内蒙古和新疆等地进行推广，与本地羊进行杂交，杂交后代的产肉性能和产毛性能都有明显提升，具有良好的应用前景。

2）杜泊羊。杜泊羊原产于南非，现分布于非洲及澳大利亚、美国和中国等国家和地区。杜泊羊是经过英国的有角道赛特公羊和当地波斯黑头母羊杂交选育而成的。南非于1950年成立杜泊肉用绵羊品种协会，使该品种得到迅速发展。

① 体形外貌。被毛呈白色，有白头杜泊羊（彩图4）和黑头杜泊羊2种，公羊、母羊均无角，但毛较稀疏，季节性脱落。体格较大，胸部丰满，背腰平直，后躯发达，四肢粗壮，躯体呈圆筒状。

② 品种特性。生长速度快，成熟早，胴体质量好。成年公羊体重为90～120千克，成年母羊体重为60～90千克。母羊四季发情，一般1年2胎或2年3胎，产羔率为140%～200%。杜泊羊身体健壮，具有很好的适应性和抗逆性，耐粗饲能力强。

我国于2001年首次引进，近年来，河南、河北、北京、辽宁、宁夏、陕西等地都有引进，与当地羊品种进行杂交，取得了显著效果。

3）夏洛莱羊。夏洛莱羊原产于法国中部夏洛莱地区，以英国莱斯特羊、南丘羊为父本，与当地兰德瑞斯羊为母本杂交选育而成。

① 体形外貌。被毛呈白色，头部无毛，脸部呈粉红色或灰色，公羊、母羊均无角；颈短而粗，额宽耳大，胸宽体长，肋部开张良好，体躯呈圆筒状；背腰平直，肌肉丰满，后躯宽大，四肢粗壮，肉用性能良好（彩图5）。

② 品种特性。成年公羊体重为100～150千克，成年母羊体重为75～100千克，屠宰率为50%～55%。母羊8月龄可配种，产羔率可达180%～190%。成年公羊的剪毛量为3～4千克，成年母羊的剪毛量为1.5～2.2千克，毛细度为52～58支，毛长度为4～7厘米。夏洛莱羊具有生长发育快，性早熟，耐粗饲，采食能力强，肥育性能和产肉性能好等特性。

我国自20世纪80年代以来，河北、河南、山东、内蒙古、辽宁等地区先后引进夏洛莱羊。该品种杂交后代采食性能好，耐粗饲，耐干燥、潮湿等气候条件，是进行优质肥羔生产的理想亲本。但夏洛莱羊杂交后代被毛较短，在寒冷地区，生产过程中需要有较好的保温设施。

4）无角陶赛特羊。无角陶赛特羊原产于澳大利亚和新西兰，该品种以雷兰羊和有角陶赛特羊为母本，考力代羊为父本进行杂交，杂种羊再与有角陶赛特公羊回交，然后选育无角后代而成。

① 体形外貌。公羊、母羊均无角，全身被毛呈白色，额头较宽，颈短粗，胸宽深，背腰平直，后躯发育良好，体躯呈圆筒状，四肢粗壮，体质结实（彩图6）。

② 品种特性。成年公羊体重为90～110千克，成年母羊体重为55～75千克。无角陶赛特羊具有生长发育快、耐干旱、早熟、繁殖季节长等特点，全年可发情配种，产羔率为137%～175%。该品种羊剪毛量为2～3千克，毛长度为7～10厘米，毛细度为56～58支。

我国从20世纪80年代以来，陆续从澳大利亚引入无角陶赛特羊，主要分布在新疆、内蒙古等地。该品种羊采食量大，生长速度快，产肉性能好，作为终端父本与我国地方品种进行杂交，后代的生产性能和胴体品质显著提高。但该品种羊对某些疾病的抵抗力较差，尤其在北方羔羊中，羔羊痢疾、营养代谢病等发病率较高。

5）德国美利奴羊。德国美利奴羊原产于德国，主要分布在萨克森州农区，由泊力考斯和英国莱斯特公羊同德国原产地的美利奴母羊杂交培育而成。德国美利奴羊被引入我国后，是我国发展毛肉兼用的主要父系品种之一。

① 体形外貌。被毛呈白色，弯曲致密，公羊、母羊均无角。体形较大，性成熟早，胸部宽深，肋骨开张良好，背部肌肉发达，后躯丰满。

② 品种特性。成年公羊体重为100～140千克，成年母羊体重为70～80千克，屠宰率为47%～51%，产羔率达150%～250%。该品种早熟，12月龄前就可配种，生长发育快，泌乳性能和保姆性好。成年公羊的剪毛量为7～10千克，成年母羊的剪毛量为4～5千克，毛长度为6～10厘米，毛细度为22～26支。

我国于20世纪50年代开始从德国引进，主要分布在内蒙古、辽宁、山东、河北、河南、陕西和甘肃等地。该品种具有较好的耐干旱、耐粗饲能力。德国美利奴羊作为父本与我国绵羊进行杂交，杂交后代的生产性能和被毛品质都有明显改善，是育成内蒙古细毛羊的父系品种之一。

6）德克塞尔羊。德克塞尔羊原产于荷兰特塞尔岛。该品种是用林肯羊和莱斯特羊与当地马尔盛夫羊杂交选育而成的。

① 体形外貌。面部为白色，头部和腿部没有绒毛。头大小中等，颈粗程度中等，体形较大，胸宽深，背腰平直，后躯发达，肌肉丰满（彩图7）。

② 品种特性。生长发育速度快，产肉、产毛性能好。成年公羊体重为110～140千克，成年母羊体重为70～90千克；屠宰率为55%。该品种羊性成熟早，母羊7～8月龄性成熟，发情期较长，接近5个月，产羔率达170%～195%。剪毛量为3.5～5.5千克，毛细度为46～56支，净毛率达60%。

德克塞尔羊作为生产肥羔肉羊的主要父系品种，已经在德国、法国和英国等国家被广泛应用。我国于20世纪90年代引进德克塞尔羊，与本地品种进行杂交，取得了良好的效果。

7）林肯羊。林肯羊原产于英国东部的林肯郡，于1862年育成。

① 体形外貌。体质结实，体躯高大，结构匀称。头长颈短，前额有毛下垂，背腰平直，腰臀丰满，胸宽深，四肢较短，脸、耳及四肢为白色，公羊、母羊均无角。

② 品种特性。成年公羊体重为120～140千克，成年母羊体重为70～90千克，屠宰率达50%，产羔率达120%。

该品种杂交后代增重快，肉质好，饲料报酬高，适于大规模舍饲，是我国肉羊生产的主要父系品种之一。

8）罗姆尼羊。罗姆尼羊原产于英国南部肯特郡，因此又称作肯特羊。在英国，罗姆尼羊主要与其他品种进行杂交，用以生产肉用肥羔。

① 体形外貌。被毛为白色，蹄为黑色。公羊、母羊均无角，头狭长，颈短粗，胸部肌肉发达，后躯丰满，四肢较短。

② 品种特性。成年公羊体重为100～120千克，成年母羊体重为80～90千克，屠宰率为55%，产羔率达120%。成年公羊的剪毛量为6～8千克，成年母羊的剪毛量为3～4千克，毛长度为13～18厘米，毛细度为48～50支，净毛率为50%～60%。

我国于1965年起先后从澳大利亚、英国及新西兰等国家陆续引入罗姆尼羊，主要在河北、山东、内蒙古和甘肃等地进行推广，与地方羊种进行杂交选育，后代的产肉性能和产毛性能都有显著提升。

9）边区莱斯特羊。边区莱斯特羊原产于英国，现广泛分布于北美洲及澳大利亚、新西兰等国家和地区。该品种是19世纪中叶在苏格兰地区用莱斯特羊与山地雪维特品种母羊杂交培育而成的，1860年为与莱斯特羊相区别，命名为边区莱斯特羊。

① 体形外貌。公羊、母羊均无角，两耳直立，鼻梁隆起，体质结实，体躯长，胸宽深，背宽平，头部及四肢无毛。

② 品种特性。成年公羊体重为 70 ~ 85 千克，成年母羊体重为 55 ~ 65 千克。该品种早熟性能好，母羊保姆性好，产羔率达 150% ~ 180%。

我国从 1966 年起陆续从英国、澳大利亚引进该品种，主要分布在云南、四川等地，是培育凉山半细毛羊新品种的主要父系之一。

3. 山羊品种分类

我国山羊品种资源十分丰富，根据其不同用途，可划分为普通山羊、绒用山羊、裘皮山羊、羔皮山羊、肉用山羊和奶用山羊。

（1）普通山羊 如西藏山羊、新疆山羊、太行山羊和建昌黑山羊。

（2）绒用山羊 如辽宁绒山羊、内蒙古绒山羊和河西绒山羊。

（3）裘皮山羊 如中卫山羊。

（4）羔皮山羊 如济宁青山羊。

（5）肉用山羊 如黄淮山羊、陕南白山羊、马头山羊、宜昌白山羊、成都麻羊、板角山羊、贵州白山羊、福清山羊、隆林山羊、雷州山羊和长江三角洲白山羊。

（6）奶用山羊 如关中奶山羊、崂山奶山羊。

4. 主要的山羊品种

（1）国内主要山羊品种

1）马头山羊。马头山羊主要分布在湖南、湖北两省，是南方山区优良皮肉用山羊品种。马头山羊历史悠久，是从当地山羊品种中经过长期定向选育而成的。

① 体形外貌。全身被毛呈白色，少量有黑色毛掺杂。头大小中等，形状似马头，公羊额头有长毛，至眼眶上部。公羊、母羊均无角，耳向前下垂，体格较大，呈长方形，前胸发达，肋骨开张良好，背腰平直，臀部较宽，后躯发育良好，四肢健壮，行走时像马一样点头。

② 品种特性。成年公羊平均体重为 44 千克，成年母羊平均体重为 34 千克，屠宰率为 52%。该品种山羊性成熟早，5 月龄可性成熟，母羊四季发情，春、秋两季发情较多，发情周期约有 20 天，每次发情持续 1.5 ~ 3 天，妊娠期达 148 ~ 152 天，一般 1 年 2 胎或 2 年 3 胎，产羔率达 190% ~ 200%。马头山羊板皮质地优良，具有很好的延展性。

马头山羊是我国优秀的山羊品种，早期育肥效果好，肉质鲜美，无

腻味，适合肥羔肉生产，成年羊板皮品质良好。我国引进波尔山羊后，通过马头山羊与波尔山羊、努比亚山羊进行三元杂交，杂交后代的生产性能有显著提高。

2）南江黄羊。南江黄羊原产于四川南江县，是我国自主培育的首个肉用山羊培育品种，1998 年通过农业部鉴定。

① 体形外貌。全身被毛呈黄棕色，因此被称作黄羊，面部被毛呈黑色，公羊背脊有黄黑色毛，形成背线。南江黄羊分为有角和无角 2 种类型。头中等大小，耳大下垂，鼻梁稍微隆起，胸部宽深，腰背平直，身体呈圆筒状，四肢粗壮。

② 品种特性。成年公羊体重为 60 ~ 67 千克，成年母羊体重为 40 ~ 46 千克，屠宰率为 48%。该品种山羊性成熟早，3 月龄就可性成熟，常年发情，母羊 6 ~ 8 月龄就可初配，一般 1 年 2 胎或 2 年 3 胎，产羔率为 195% ~ 205%。

南江黄羊具有体格高大、生长发育速度快、抗逆性强等特点。板皮平整，质地优良，具有良好的弹性和延展性，特别适合皮革加工。我国浙江、陕西及河南等多个地区都有分布，南江黄羊与当地羊进行杂交改良，杂交后代体形大，生长发育快，体质强壮，改良效果显著。

3）成都麻羊。成都麻羊原产于四川成都附近，目前河南、湖南等地都有分布，是适应川西地区热带湿润山地丘陵饲养的山羊品种。

① 体形外貌。被毛呈棕红色，也称作四川铜羊。单根毛纤维上、中、下部分颜色分别为黑色、棕色、红色，因此称作麻羊。公羊、母羊大多数有角，体格中等，两耳侧伸，额宽且凸出，鼻梁平直，前躯发达，背腰平直，后躯发育良好，四肢粗壮。沿颈部至尾根，肩胛两侧至前臂各有黑色毛带。

② 品种特性。成年公羊体重为 29 ~ 43 千克，成年母羊体重为 28 ~ 34 千克，屠宰率为 47% ~ 51%。成都麻羊性成熟早，母羊 4 ~ 8 月龄开始发情，四季发情，一般 1 年 2 胎，产羔率达 209% ~ 215%。板皮致密且柔软，具有良好的弹性及延展性，耐磨损性好。

4）雷州山羊。雷州山羊原产于广东雷州半岛和海南，是我国热带地区以产肉为主培育的优良地方山羊品种。

① 体形外貌。体质结实，头直，额稍凸，公羊、母羊均有角。颈细长，颈前与头部相接处较狭，颈后与胸部相连处逐渐增大，鬐甲部稍隆起，背腰平直，臀部多为短狭而倾斜，十字部高，胸稍窄，腹大而下垂。

耳中等大，向两侧竖立开张。雷州山羊毛色多为黑色，角、蹄为黑褐色，少数为麻色及褐色；麻色山羊除背部毛为黄色外，背线、尾及四肢前端多为黑色或黑黄色。

② 品种特性。周岁公羊平均体重为32千克，周岁母羊平均体重为29千克，成年公羊体重为50～54千克，成年母羊体重为43～48千克。雷州山羊肉质优良，脂肪分布均匀，肥育羯羊无膻味。雷州山羊的屠宰率一般为50%～60%，肥育羯羊屠宰率可达70%左右。雷州山羊性成熟早，一般3～6月龄达性成熟，母羊5～8月龄就可配种，1岁时便可产羔，公羊配种年龄一般在10～11月龄，多数1年2胎，少数2年3胎，每胎产1～2羔，多者产5羔，产羔率为150%～200%。

5）陕南白山羊。陕南白山羊原产于陕西南部地区，分布在汉江一带，总数已经超过70万只。

① 体形外貌。头宽，鼻梁平直，颈短粗，胸部肌肉发达，肋骨开张良好，背腰长而平直，四肢粗壮。被毛大多数为白色，少数个体为黑色或杂色。陕南白山羊分短毛和长毛两类，在两个类型中又分有角和无角两类。

② 品种特性。成年公羊平均体重为34千克，成年母羊平均体重为32千克，成年羯羊平均体重为41千克。陕南白山羊性成熟早，公羊4月龄性成熟。母羊产羔率达259%，1年2胎或2年3胎。陕南白山羊肉用性能良好，肉脂细嫩，膻味轻，板皮品质好。

6）板角山羊。板角山羊原产于四川东部万源及重庆城口、巫溪、武隆等地。

① 体形外貌。公羊、母羊均有角，被毛绝大部分为白色，少量个体为黑色或杂色。体格中等大小，躯干呈圆筒状，肋骨开张良好，背腰平直，四肢结实。

② 品种特性。成年公羊平均体重为40千克，成年母羊平均体重为30千克，产肉性能好，屠宰率为50%～55%，成年羯羊屠宰率约为56%。母羊性成熟早，一般6～7月龄即可达到性成熟，一般1年2胎或2年3胎，产羔率约为184%。板皮致密，具有良好的弹性，板皮面积大。

7）昭通山羊。昭通山羊原产于云南昭通地区巧家、彝良、鲁甸、大关、永善等县，总数在40万只以上。

① 体形外貌。公羊、母羊大多数有角，头长短适中，鼻梁直，有须

髯，大多数颈下有肉垂，鬐甲部稍高，体形匀称，四肢健壮。被毛黑色者占26.25%，黑白色者占30.24%，褐色者占20.33%，其他还有黄花色、青色等。

② 品种特性。肉用性能良好，6月龄羯羊体重为24.23千克，净肉重8.75千克，屠宰率为48.2%，净肉率达74.9%。昭通山羊5~6月龄性成熟，7~9月龄初配，产羔率约为170%。

8）中卫山羊。中卫山羊主要分布在宁夏的中卫香山及其毗邻地区，是特有的裘皮山羊品种。宁夏的中卫及甘肃的景泰、靖远等县为中心产区，此外在宁夏的中宁、同心、海原，甘肃的皋兰、白银，以及内蒙古的阿拉善等地也有分布。中卫山羊历史悠久，明、清时期即有记载，产区饲养大量的羊群，并且气候多变、干旱缺水、植被稀疏，牧草耐旱耐碱，产区人民喜爱羔皮缝制的衣服、帽子等，经长期的自然选择，形成该地独有的具民族特色且珍贵的山羊品种。

① 体形外貌。毛色绝大部分为白色，杂色较少。初生羔羊至1月龄被毛呈波浪形弯曲，随着年龄的增长，羊毛逐渐与其他山羊一致，成年羊被毛由略带弯曲的粗毛和两型毛组成。该品种山羊体格中等，身短而深，近似方形。公羊、母羊大多数有角，公羊的角粗长，向后上方且向外伸展；母羊的角较小，向后上方弯曲，呈镰刀状。中卫山羊体格中等，身短而深，呈长方形。成年羊头部清秀，鼻梁平直，额前有长毛一束，面部、耳根、四肢下部均长有波浪形的毛。公羊前躯发育良好，背腰平直，四肢端正；母羊体格清秀。

② 品种特性。初生公羔平均体重为2.58千克，初生母羔平均体重为2.43千克；成年公羊平均体重为37.26千克，成年母羊平均体重为22.06千克。中卫山羊出生后5~6月龄达到性成熟，初配年龄公羊为2岁，母羊为1.5岁。公羊配种能力最强的年龄段为2~5岁，之后逐渐降低；母羊配种能力最强的年龄段为3~6岁，之后逐渐衰退。繁殖季节为7~10月，8~9月为发情配种最佳时机，发情周期为4~16天，发情持续期达24~48小时。

9）黄淮山羊。黄淮山羊又称淮山羊、安徽山羊、徐淮白山羊，原产于黄淮平原，主要分布在河南的周口、商丘，安徽北部，以及江苏的徐州、淮阴沿黄河故道及丘陵地区。该品种山羊具有性成熟早、生长发育快、四季发情、繁殖率高、肉质细嫩且膻味小、板皮质量好等特点，对不同生态环境有较强的适应性，是优良的肉、皮用山羊品种。

① 体形外貌。黄淮山羊结构匀称，骨骼较细，鼻梁平直，面部微凹，下颌有髯。颈中等长，胸较深，肋骨开张良好，背腰平直，体躯呈桶形。被毛呈白色，分为有角和无角两类。

② 品种特性。成年公羊平均体重为34千克，成年母羊平均体重为26千克。黄淮山羊早期生产发育快，9月龄公羔体重相当于成年的64.8%，母羔相当于成年的62.3%，羯羊7~10月龄体重可达21.9千克，周岁体重达成年体重的80%以上。黄淮山羊性成熟早，四季发情，一般1年2胎或2年3胎，产羔率平均为230%。

10）内蒙古绒山羊。内蒙古绒山羊主要分布在内蒙古自治区中西部地区。内蒙古绒山羊是蒙古山羊在荒漠、半荒漠条件下，经广大牧民长期饲养、选育形成的一个优良类群。目前，内蒙古绒山羊品种有阿尔巴斯、二狼山和阿拉善3个类型。

① 体形外貌。体质结实，公羊、母羊均有角，公羊角粗大，并且向上向后外延伸；母羊角相对较小，体躯深长。背腰平直，整体似长方形；全身被毛纯白，外层为粗毛，内层为绒毛。

② 品种特性。成年公羊体重为45~52千克，成年母羊体重为30~45千克。全身外层为光泽良好的粗毛，长12~20厘米；内层绒毛长5.0~6.5厘米，细度为80支以上。成年公羊的产绒量为400~600克，成年母羊的产绒量为350~450克，净绒率为72%。母羊产羔率达100%~105%。

11）辽宁绒山羊。

① 体形外貌。公羊、母羊均有角、有髯，公羊角发达，并且向两侧平伸；母羊角向后上方生长。额头有自然弯曲的一绺毛。身体结构匀称，体质结实。颈粗壮，背平直，后躯发达，呈倒三角形状。四肢较短，蹄质结实。被毛呈白色，外层为粗毛，内层为绒毛。

② 品种特性。成年公羊平均体重为80千克，成年母羊平均体重为45千克，屠宰率为51%左右。成年母羊产羔率达110%~120%。羊绒细度平均为80支，强度为4.6克力，净绒率达75.5%。绒毛品质优良。

12）太行山羊。太行山羊主产于太行山东、西两侧的山西、河北、河南交界地区。河北省分布于保定、石家庄、邢台、邯郸等地；河南省分布于安阳、新乡等地；山西省内分布于晋东南、晋中等地。

① 体形外貌。体格中等大小，体质结实。头大小适中，耳小前伸，公羊、母羊具有髯，绝大部分羊有角，少数无角。角型有2种：一种直立扭转向上；另一种向后且向两侧分开。颈部短粗，胸宽深，背腰平直，

四肢健壮。尾短小上翘。毛色多数为黑色，有一部分为褐色、灰色和白色。

② 品种特性。成年公羊平均体重为36.7千克，成年母羊平均体重为32.8千克。成年公羊的产绒量约为500克，成年母羊的产绒量约为460克。屠宰率约为53%。母羊一般6~7月龄性成熟，1.5岁初配，秋季发情，一般1年1胎，产羔率约为123%。

13）承德无角山羊。承德无角山羊主要分布在河北承德的宽城、滦平等地，又名燕山无角山羊，俗称“秃羊”，是承德特有的肉、皮、绒兼用型山羊品种。

① 体形外貌。被毛主要为黑色，间杂部分白毛。头宽大，前额有旋毛，公羊、母羊均无角，有髯，耳向前上方平伸。公羊颈部短粗，母羊颈细长，胸宽深，背腰平直，后躯结实，尾小上翘，四肢粗壮。

② 品种特性。成年公羊体重为45~69千克，成年母羊体重为35~47千克，屠宰率达42%。公羊平均产绒量为200克，母羊平均产绒量为100克。母羊6~7月龄性成熟，全年发情，1年2胎或2年3胎，产羔率达164%。

14）济宁青山羊。济宁青山羊是我国独有、世界著名的猾子皮山羊品种，原产于济宁、菏泽两市，是鲁西南人民长期培育而成的畜牧良种。数百年来，该品种保持小群闭锁的繁育方式，在选育过程中与外种杂交较少，人工选育程度高。

① 体形外貌。具有“四青一黑”的特征，即被毛、嘴唇、角和蹄为青色，前膝为黑色。被毛细长亮泽，由黑色、白色两种颜色的毛混生而成青色，故称之为青山羊。因被毛中黑色与白色的比例不同，又可分为正青色（黑毛数量占30%~60%）、粉青色（黑毛数量占30%以下）、铁青色（黑毛数量占60%以上）。该羊体格较小，俗称狗羊，体形紧凑。头呈三角形，额宽、鼻直，额部多为浅青色，公羊头部有卷毛，母羊则无。公羊、母羊均有角和髯，公羊角粗长，向后上方延伸；母羊角细短，向上且向外伸展。公羊颈粗短，前胸发达，前高后低；母羊颈细长，后躯较宽。济宁青山羊四肢结实，肌肉发育良好，尾小上翘，是我国著名的猾子皮山羊品种，生后3天内屠宰的羔羊皮具有天然青色和美丽的波浪状、流水状或片状花纹，板轻、美观，毛色纯青，有良好的皮用价值。

② 品种特性。成年羊产绒量为400克。该羊体形较小，初生羔羊公羊体重为1.41千克，母羊体重为1.33千克，公羊断奶重6.35千克，母

羊断奶重 6.00 千克，周岁公羊体重为 18.7 千克，周岁母羊体重为 14.4 千克，成年公羊体重约为 36 千克，成年公羊屠宰率为 50%~60%，成年母羊屠宰率为 50%~54%。该品种性成熟早，繁殖力强，初次发情一般在 3~4 月龄，最佳的配种时间在 8~10 月龄，羊 1 周岁即可产第一胎，一般 1 年 2 胎或 2 年 3 胎，经产山羊的产羔率为 294%。济宁青山羊四季发情，发情周期约为 20 天，妊娠期平均为 146 天。

15）河西绒山羊。河西绒山羊是地方绒用山羊品种，产于甘肃省河西走廊西北部肃北蒙古族自治县和甘南裕固族自治县。

① 体形外貌。体质结实，结构匀称。公羊、母羊均有弓形的扁角，分黑色和白色 2 种，公羊角较粗长，向上并略向外伸展。四肢粗壮，前肢端正，后肢多呈“X”形。被毛以白色为主，也有黑色、青色、棕色和杂色等。被毛由粗毛和绒毛组成。

② 品种特性。周岁公羊平均体重为 20 千克，周岁母羊平均体重为 18 千克；成年公羊平均体重为 38 千克，成年母羊平均体重为 25 千克。屠宰率为 43.6%~44.3%。

16）关中奶山羊。关中奶山羊主要分布在陕西省关中地区，以富平、临潼、三原等地数量较多。

① 体形外貌。公羊头大颈粗，胸宽深，腹部紧凑；母羊颈长胸宽，背腰平直，乳用特征明显。该品种羊被毛粗短，白色，有的羊有角。

② 品种特性。成年公羊平均体重为 79 千克，成年母羊平均体重为 45 千克，泌乳量为 306~419 千克，泌乳期达 242~254 天，产后 2~3 个月为泌乳高峰期。关中奶山羊性成熟早，母羊 4~5 月龄性成熟，7~8 月龄初配，平均产羔率为 178%。

17）崂山奶山羊。崂山奶山羊是自 1904 年开始用来自于德国、英国、苏联等的奶山羊与本地羊杂交，经长期选育而培育成功的地方良种，主要分布在山东省的东部及胶东半岛和鲁中南等地区，具有适应性强、乳用性好、乳房质地较好、产乳量高等特点。

① 体形外貌。体质结实，结构紧凑而匀称。公羊、母羊大多数无角，头长眼大，额宽鼻直，耳薄且较长，向前外方伸展。胸宽背直，肋骨开张良好。后躯发育良好，尻略下斜，四肢健壮。公羊头大，颈粗，腹部紧凑，睾丸发育良好。母羊外貌清秀，腹大而不下垂，乳房附着良好，基部宽广，上方下圆，乳房质地柔软，发育良好；皮薄有弹性，乳头大小适中。被毛呈白色，毛细短，皮肤呈粉红色，成年羊鼻、耳、乳

房皮肤上有大小不等的黑斑。

② 品种特性。公羔平均初生重为 3.43 千克，母羔平均初生重为 3.05 千克；3 月龄公羊、母羊平均体重分别为 20.9 千克和 16.63 千克。公羊 1 岁时体高 79.11 厘米，体重 69 千克；成年公羊体高 85.8 厘米，体重 95.7 千克。母羊 1 岁时体高 68 厘米，体重 41.96 千克。崂山奶山羊各胎平均泌乳天数为 285 天，产乳量达 492.3 ~ 761.9 千克。平均繁殖率为 170% ~ 190%。

（2）国外主要山羊品种

1）波尔山羊。波尔山羊原产于南非的干旱亚热带地区，是世界公认的肉用型优良山羊品种，是通过印度山羊、安哥拉山羊和欧洲山羊进行杂交，又通过长期选育而形成的大型肉用山羊品种，已经被澳大利亚、德国及新西兰等许多国家引进。

① 体形外貌。体躯被毛呈白色，头、耳为红色，红色毛至肩胛部位。鼻高而弯曲，前额凸出，公、母羊均有角。耳大下垂，颈部肌肉发达，胸部宽深，肩部宽厚，肋骨拱张，臀部丰满，肌肉发达，四肢粗壮结实。母羊乳房发育良好（彩图 8）。

② 品种特性。成年公羊体重为 85 ~ 135 千克，成年母羊体重为 55 ~ 90 千克，屠宰率为 50% ~ 56%。常年发情，秋季发情最为明显，母羊 6 月龄可达到性成熟，产羔率达 150% ~ 190%。波尔山羊具有体格大、性早熟、生长发育速度快、繁殖力强和抗病能力好等特点。

波尔山羊胴体品质好，肉膻味小，肉质鲜嫩，具有较好的适口性，在市场上颇受欢迎。我国于 1990 年以后陆续引进波尔山羊，与当地山羊品种进行杂交改良，杂交后代的产肉性能和肉质皆有显著提升，具有良好的肉用特征，并且抗逆性强，杂交优势显著。

2）努比亚山羊。努比亚山羊原产于非洲东北部的努比亚地区及埃及、埃塞俄比亚、阿尔及利亚等，在英国、美国、印度及东欧、南非等国家和地区都有分布。我国于 1939 年在四川成都等地曾引入饲养。20 世纪 80 年代中后期，广西壮族自治区、四川省简阳市、湖北省房县又从英国和澳大利亚等国引入饲养。

① 体形外貌。该品种羊头较短小，鼻梁隆起，内耳宽大，颈长，躯短，尻短面斜，四肢细长。公羊、母羊多无须无角，个别公羊有螺旋形角。被毛细短有光泽，色杂，有暗红色、棕色、乳白色、灰色、黑色及各种杂色。母羊乳房发达，多呈球形，基部宽广，乳头稍偏两侧。

② 品种特性。成年公羊体重为 70 ~ 80 千克，成年母羊体重为 40 ~ 50 千克，泌乳期较短，仅有 5 ~ 6 个月，盛产期日产乳 2 ~ 3 千克。乳脂含量高，为 4% ~ 7%，鲜奶风味好。母羊繁殖力强，1 年 2 胎，每胎 2 ~ 3 羔。

3）安哥拉山羊。安哥拉山羊起源于土耳其安纳托利亚高原中部和东南部地区，并以中部地区安哥拉为中心，是生产优质马海毛的古老培育品种，现主要分布在土耳其、美国、南非、阿根廷、俄罗斯、澳大利亚等国家和地区。我国于 1984 年开始引进，目前主要饲养在陕西、内蒙古、山西、甘肃等地。

① 体形外貌。公羊、母羊均有角，全身呈白色，体格中等。被毛由波浪形或螺旋状的毛辫组成。安哥拉山羊的毛叫马海毛，羊毛有丝样光泽，手感滑爽柔软。

② 品种特性。成年公羊平均体重为 50. 83 千克，成年母羊平均体重为 32. 88 千克。羊毛长度为 19. 55 厘米，剪毛量达 36 千克。母羊产羔率为 100% ~ 110%

4）萨能奶山羊。萨能奶山羊原产于瑞士西部的萨能地区，现在世界各国都有饲养。萨能奶山羊传入我国的年代无史可考，可能是外国传教士因为自己的需要而带进我国的。现今我国各大城市附近及有些农村饲养的奶山羊多为本品种及其杂交种。

① 体形外貌。萨能奶山羊具有乳用家畜特有的楔形体形，外貌瘦削俊宽，鼻梁平直，耳长且灵活，被毛纯白（也有部分个体因营养及气候环境影响略现枯黄色），由短而富有光泽的粗毛组成，部分个体在肩部、腹部各有一片较长的毛。皮肤薄而富有弹性，面、耳、鼻和乳房上有少量深灰色及黑色斑点，但被毛仍为白色。公羊、母羊一般无角，颈长而扁平，部分羊只（约占 11. 8%）颈下靠咽喉处左右各有一个肉垂（俗称铃铛，这并不是该品种所特有的，不能依此判定是不是纯种）。体躯深广，后躯发育良好，多数羊只尻部显得斜而尖，鬐甲部略高于腰荐部。四肢长而坚实；蹄质硬，呈黄色。母羊乳房特别发达。

② 品种特性。泌乳期为 8 ~ 10 个月，据国外资料记载，平均年产乳量为 600 ~ 1200 千克，在奥地利产乳最高纪录为 3080 千克。乳脂率为 9. 3%。因饲养管理条件的不同，产乳量差异很大，我国饲养的萨能奶山羊产乳量一般为 400 ~ 1000 千克。萨能奶山羊繁殖率高，一般为 160% ~ 200%，双羔最为常见，偶尔出现 3 ~ 5 羔。萨能奶山羊和土种山羊杂交所生后代体重大、成熟早，是我国改良土种山羊的良好父系。

5）吐根堡山羊。吐根堡山羊原产于瑞士东北部圣仑州的吐根堡盆地。因其具有适应性强、产乳量高等特点，而被大量引入欧洲、美洲、亚洲、非洲及大洋洲的许多国家，进行纯种繁育和改良地方品种，对世界各地奶山羊的改良起了重要的作用，与萨能奶山羊同享盛名。

① 体形外貌。体形略小于萨能奶山羊，也具有乳用羊特有的体形。被毛呈褐色或深褐色，随年龄的增长而变浅。颜面两侧各有一条灰白色的条纹，鼻端、耳缘、腹部、臀部、尾下及四肢下端均为灰白色。公羊、母羊均有须，部分无角，有的有肉垂。骨骼结实，四肢较长，蹄壁呈蜡黄色。公羊体长，颈细瘦，头粗大；母羊皮薄，骨细，颈长，乳房大而柔软、发育良好。

② 品种特性。成年公羊体高 80 ~ 85 厘米，体重 60 ~ 80 千克；成年母羊体高 70 ~ 75 厘米，体重 45 ~ 55 千克。吐根堡山羊平均泌乳期为 287 天，在英国、美国，一个泌乳期的产乳量为 600 ~ 1200 千克/只。瑞士个体最高产乳纪录为 1511 千克/只。我国境内的吐根堡山羊，300 天产乳量为 687. 79 ~ 751. 28 千克/只。土根堡山羊全年发情，但多集中在秋季发情。母羊 1. 5 岁配种，公羊 2 岁配种，平均妊娠期为 151. 2 天，产羔率为 173. 4% 。

【提示】

品种选择在养羊生产中是至关重要的一环，它对养羊生产效益影响最大，千万不要贪图便宜而降低品种质量。在品种选择上主要根据生产经营方向，即种羊、自繁自养羊和专业育肥羊。如果是种羊生产场可以选择像萨福克、无角陶赛特、德克塞尔、杜泊、波尔山羊等国外品种，也可选择优秀的地方品种，如小尾寒羊、湖羊、乌珠穆沁羊、南江黄羊、黑山羊、奶山羊等，做好选种选配工作，加强选择，不断提高品种肉用性能和繁殖性能。如果不是种羊生产场，可开展一些杂交优势利用提高养羊经济效益，绵羊品种可以选择如萨福克、无角陶赛特、杜泊等公羊进行杂交，山羊品种可以用本地山羊与波尔山羊杂交，杂交一代的杂种优势最明显，可进行商品羊生产。

二、掌握外貌鉴别技术

1. 肉羊体形外貌特点

进行外貌特征选种，首先要掌握羊的部位名称、范围、形态结构，

图 2-1 为山羊的体形外貌部位。图 2-2 为绵羊的体形外貌部位。

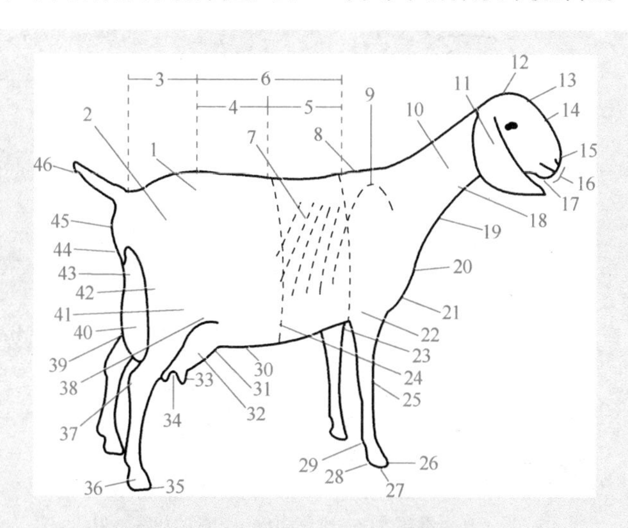

图 2-1　山羊的体形外貌部位

1—腰角　2—髋部　3—尻部　4—腰部　5—脊部　6—背部　7—肋部　8—鬐甲部　9—肩胛部　10—颈部　11—耳　12—头颈部　13—额　14—鼻梁　15—鼻孔　16—口笼　17—颈部　18—喉部　19—垂部　20—肩角　21—前胸　22—肘端　23—胸基　24—躯深　25—膝　26—趾　27—蹄底　28—蹄踵　29—悬蹄　30—乳静脉　31—前乳房附着　32—乳房前部　33—乳头　34—乳基　35—蹄　36—系部　37—飞节　38—肷部　39—中悬韧带　40—乳房后部　41—后膝　42—股部　43—后乳房附着　44—乳镜　45—臀部　46—尾

在肉羊生产中，常常需要利用各部位的名称来区别和记载羊的外貌特征和生长发育情况，肉羊的外形结构和体躯部位具备以下特征：

（1）皮肤　皮下结缔组织及内脏器官发达，脂肪沉积量多，皮肤薄而松弛。

（2）骨骼　一般日粮中营养丰富，饲料中矿物质充足，促进管状骨迅速钙化，骨骼生长早期停止，因此骨骼较短。

（3）头部　一般头部较宽，鼻梁稍向内弯曲或呈拱形。

（4）颈部　一般颈部较短，由于颈部肌肉和脂肪发达，显得宽、深且呈圆形。

（5）鬐甲　鬐甲部是由前 5～7 个脊椎骨连同其棘突及横突构成的。

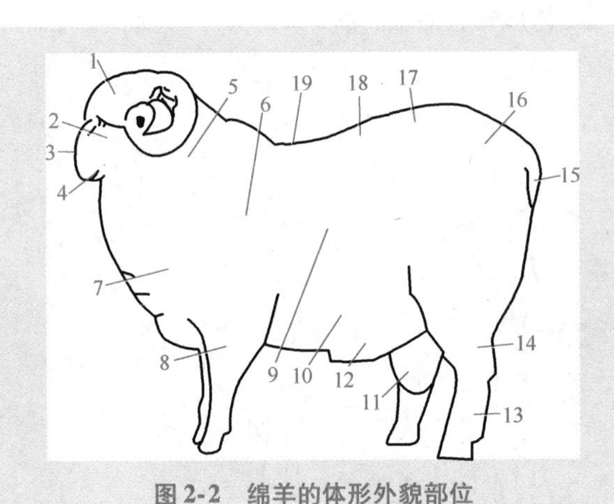

图 2-2　绵羊的体形外貌部位

1—头　2—眼　3—鼻　4—嘴　5—颈　6—肩　7—胸　8—前肢
9—体侧　10—腹　11—阴囊　12—阴筒　13—后肢　14—飞节
15—尾　16—臀部　17—腰部　18—背部　19—鬐甲部

肉羊的鬐甲很宽，与背部平行，由于脊椎横突较长和棘突较短，脊椎上长有大量的肌肉和脂肪，显得肌肉发达，鬐甲也显得宽，同时也可以看到发育良好的肌肉和皮下脂肪充满了所有脊椎棘突和横突之间的空隙，使背线和鬐甲构成一条直线。

（6）背部　由于脊椎的横突较长，肋骨较圆，肌肉和脂肪发达，形成宽而平的背。

（7）腰部　腰部平、直、宽，因而显得肉多。

（8）臀部　臀部与背部、腰部一致，肌肉丰满，后腿开张呈倒 U 字形。

（9）胸部　胸腔圆而宽，长有大量肌肉。虽然脊椎短，胸腔长度不足，但肋骨开张良好，显得宽而深。肉羊若胸腔较小，则心脏不发达。在选种时要考虑胸腔发达的羊留作种用。

（10）四肢　四肢短而细，前肢、后肢开张良好且宽，并且端正，显得坚实有力。

2. 肉羊体形外貌鉴定

体形外貌鉴定主要是根据品种特点进行，山羊和绵羊有区别，但无论是山羊还是绵羊，粗毛羊还是细毛羊，以及奶山羊，总的原则就是根据品种标准进行鉴定。

（1）个体鉴定 先对全群进行粗略观察，对羊群品质特征和体格大小有大体的感官了解，然后使羊姿势正常，保定在平整、光亮的地方再仔细观察，主要观察头部、鬐甲、体侧、四肢姿势、臀部发育状态，以及母羊乳房和公羊睾丸等。鉴定人员两眼平视羊的背侧部，先看牙口、头部发育情况，面部有无缺点，然后检查毛和肉用性能，用手触摸检查时，鉴定人员五指伸直，借助指端手感判定。

（2）体形外貌鉴定 体形外貌鉴定的目的是确定羊的品种特征、种用价值和生产水平。外貌评分具有很大的主观性，要求鉴定人员要有一定的经验。为了提高鉴定的客观性，可将外貌评定与体尺测量结合起来进行。

不同生产性能的羊有不同的外貌特征，因而评分标准也不同，但均是通过对各部位打分，最后求出总分来表示评定结果。可将公羊外貌划分为四大部分，即整体结构、肥育状态、体躯和四肢，各部分给分标准分别为25分、25分、30分、20分，合计100分。将母羊分为整体结构、体躯、母性特征和四肢四大部分，各部分的给分标准分别为25分、25分、30分、20分，合计100分，具体评分标准见表2-1。

表2-1 肉用种羊外貌评分标准

项目	满分标准	公羊（分）	母羊（分）
整体结构	整体结构匀称，外形浑圆，侧视呈长方形，后视呈圆筒形，体躯宽深，胸围大，腹围适中，背腰平直，后躯宽广丰满，头小而短，四肢相对较短	25	25
肥育状态	体形为圆筒状，无明显棱角，颈、肩、背、尻部肌肉丰满，肥度指数为150~200	25	
体躯	前躯：头小颈短，肩部宽平，胸宽深 中躯：背、腰平直宽阔，肋骨开张不外露，肷部下凹，腹围大小适中，不下垂，呈圆筒状 后躯：腰荐部平宽，腰角不外凸，尻长且平宽，后膝凸出，腿部肌肉丰满，腿臀围大	30	25
母性特征	头颈清秀，眼大鼻直，肋骨开张，后躯较前躯发达，中躯较长，乳房发育良好		30
四肢	健壮结实，肢势良好，蹄质地坚实	20	20
总分		100	100

（3）产肉性能鉴定 用手触摸颈部肌肉充实程度，以及鬐甲至尾基部肌肉、臀和大腿肌肉发育情况，检查胸部的宽、深度和胸围大小，然后检查腰角距离宽度，腰角至臀端的长度和后躯深度，进行产肉性能评价。

（4）体况鉴定 母羊体况直接决定羊群整体的繁殖力，随时评定繁殖母羊的体况是保证母羊发挥正常生产能力的重要措施，繁殖母羊体况鉴定可以采用5分制，详细评分标准参见表2-2，体况以3分适宜。

表2-2 繁殖母羊体况评分标准

部位	1分（过瘦）	2分（瘦）	3分（适中）	4分（肥）	5分
脊突	脊突明显，没有脂肪覆盖，腰椎横突尖锐，手指容易伸入	脊突稍平，有一层薄的脂肪覆盖，肌肉中等厚度，腰椎横突平滑，手指用力能伸入	脊突平滑，中等脂肪覆盖，肌肉丰满，腰椎横突平滑，手指需要重力才能伸入	脊突呈一条线，脂肪层较厚，肌肉丰满，手指感觉不到横突	脊突触摸不到，在脊骨上面脂肪呈一条沟，脂肪层很厚，肌肉非常丰满，手指触摸不到横突
尻部	狭窄，凹陷，骨骼外露	棱角分明，肉很少	稍圆，棱角不分明	丰满	非常丰满
尾部	瘦小，呈楔形	较小，不丰满	圆形，大小适中	大而丰满	圆润丰满

三、做好引种相关工作

引种就是要选择优秀的个体开展繁育，因此，对于新建羊场，引种是非常重要的环节，宁可价格高些也要优中选优。当确定生产经营方向之后，就要选择正规的种羊生产场购买种羊，引种需要注意以下几个方面：

1. 引种地点的选择

很多地方羊的选购大部分在集市上进行，羊的来源较复杂，有的是附近农民将羊赶到集市上，有的是羊贩子运来的，特别是进口种羊，由于杂一代、杂二代在一定程度上表现出父本的性状，如黑头萨福克、黑头杜泊、波尔山羊等，因图便宜买回的多是杂种羊，品种的应用效果就大打折扣，因此，建议到正规的种羊生产场购买基础母羊和种公羊。选

购时首先要了解地区发病情况，不要到疫区引种，特别是对口蹄疫、布氏杆菌病等传染病应引起高度重视，对来自疫区的羊要拒绝购买，选羊时要逐个检查，确认无病方可购买调运。

2. 种羊的挑选

在挑选种羊时，首先看是否符合所购品种特性，然后再从精神状态、体形外貌、系谱和免疫记录等方面逐一查看。

（1）看精神状态 凡精神萎靡、被毛蓬乱、毛色发黄、黯淡无光、步态蹒跚、喜欢独蹲墙角或喜欢卧地不起者多数为病羊；有些羊特别是当年羔羊或1周岁的青年羊，有转圈运动行为，多为患脑包虫的病羊；有的羊精神状态尚好，但膘情极差，甚至骨瘦如柴，大多是由于误食塑料造成的；年龄过大的淘汰羊，部分牙齿脱落，无法采食草料，均不能作为种羊，挑选时要予以排除。

（2）看体形外貌 体格大、体躯长、肋骨开张良好、体形呈圆筒状者，体表面积大，肌肉附着多，上膘后增重幅度大。头短而粗、腿短、体形偏向肉用型者增重速度快。十字部和背部的膘情是挑选的主要依据。手摸时骨骼明显者，膘情较差；若手感骨骼上稍有一些肌肉，膘情为中等；手感肌肉较丰满者，膘情较好。在市场上收购的羊，大多属于前两种，因此，在挑选种羊时要选择中等膘情的羊。

（3）查阅系谱和免疫记录 正规的种羊生产场一般均有系谱记录和免疫接种记录，挑选种羊时要根据系谱档案选择多胎和生殖规律正常的初产母羊，或者其后代青年羊。

3. 年龄鉴定

种羊在进行其他项目鉴定之前，首先要进行年龄鉴定，年龄对于公羊、母羊的繁殖性能影响很大，研究表明，母羊的最佳繁殖年龄在3~4岁，初产母羊产羔数少，母性差，高龄母羊虽然产羔数有所提高，但泌乳力下降，带羔能力减弱，因此要建立高产并容易管理的繁殖母羊群，必须考虑年龄结构，年龄鉴定首先要依靠种羊生产场的个体出生日期记录，但在记录不详、卡片丢失、市场交易等情况，比较可靠的年龄鉴定方法是牙齿鉴定，主要根据下颌门齿的发生、更换、磨损、脱落情况来判断，判断误差程度因品种、地区和鉴定人员的经验而异，一般不超过半岁。

成年羊共有32枚牙齿，上颌有12枚臼齿，每边各6枚，上颌无门齿，仅有角质层形成的齿垫；下颌有20枚牙齿，其中12枚是臼齿，每边各6枚，8枚是门齿，也叫切齿。

羔羊出生就有6枚乳齿，1月龄左右8枚乳齿长齐；1.5岁左右乳齿齿冠有一定程度磨损，钳齿脱落，并在原脱落部位长出第一对永久齿；2岁时中间齿更换，长出第二对永久齿；3岁时第四对乳齿更换成永久齿；4岁时8枚门齿的咀嚼面磨损得较为平直，俗称齐口；5岁时可以见到个别牙齿有明显的齿星，说明齿冠已基本磨完，暴露了齿髓；6岁时已经磨到齿颈部，因此门齿出现了明显的缝隙；7岁时缝隙更大，出现露孔现象，这时绝大部分母羊的繁殖性能很低，失去了种用价值，应及时淘汰。牙齿鉴定可以用以下顺口溜方便记忆（图2-3）：一岁半中齿换，到两岁换两对，两岁半三对换，满三岁牙换齐，四磨平五齿星，六现缝七露孔，八松动九掉牙，十磨净。

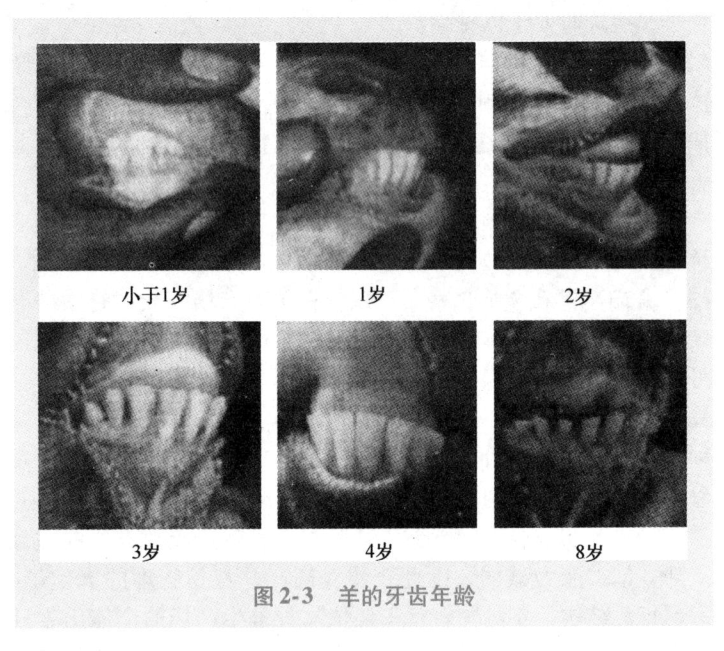

图2-3　羊的牙齿年龄

4. 种羊的调运

（1）准备工作　羊的调运是引种工作的重要环节，稍有疏忽就会造成不必要的损失。因此，调运前要做好计划，考虑周全，做好应对突发意外情况的准备。调运组应由有经验的收购人员、兽医及押运人员组成。运输车辆要用1%火碱（氢氧化钠）消毒，并准备好草料、饮水用具、铁锹等工具。根据调运地点和道路情况确定运输路线。待调运的羊要做好兽医卫生防疫检查，并应由当地兽医检疫部门开具防疫证明，以便途中和以后使用。在调运的途中，要轮换休息，留专人看守，以免发生丢失。到达目的地后，做好手续交接工作，做到善始善终。

(2) 汽车运输 汽车运输量大，费用低。无论采用哪种汽车运输，装车前都要在车上铺一层沙土或干草，以防滑倒。装车密度要适当，切忌密度过大，特别是夏季，密度不要太大。在汽车运输过程中，要尽量防止急刹车；在路过坡路时，要及时查看羊是否有摔倒或踩压发生，避免有卧倒的羊被踩伤、压死。另外，夏季运输时，由于白天气温高，故多采用夜间行车。

5. 种羊进舍管理

从外地购入的羊要隔离15～30天，确定健康合格后，方可转入羊舍或混群。从外地调入的羊进入羊舍当天，要先给予饮水，加入一些维生素，减少应激，缓解疲劳，喂给少量干草，让其安静休息。休息过后按月龄、生理阶段、性别、体格大小、体质强弱等分群组圈。引种进舍的前几天要密切注意羊的精神状态、采食、饮水、粪便等情况，有时由于气候变化、运输、环境改变等因素，有的羊会出现少食、呆立等现象，可将健胃散放到精饲料里面，或者在水槽中放入人工盐来调理。一般经过3～5天或一周左右时间，羊群逐渐适应新的饲养方式和圈舍环境，这时可以进入正常的管理阶段，如青年母羊要试情，青年公羊要调教配种。

四、掌握杂交利用技术

杂交就是在不同品种之间选择两个个体进行交配。杂交在生产中起着重要作用，不同品种的羊存在不同的优良性状，通过杂交技术，可以实现多种优良性状的结合，可以培育新品种，也能提高原有品种的生产性能。常用杂交方法有：级进杂交、育成杂交、引入杂交和经济杂交等。

杂交后代具有杂种优势，通过杂交技术，后代可以获得更高的生产性能，是提高羊群生产力的有效途径，在养羊业已经被广泛应用。通常来说，遗传力低的性状，杂种优势越显著，反之则不显著。在实际生产中，产仔数、断奶重等比较容易凸显杂种优势，而屠宰率、肉品质等则不宜凸显杂种优势。

在养羊生产中，通常会选择本地品种的母羊作为母本，引进符合生产需要的公羊作为父本进行杂交。常用的杂交模式有二元杂交、三元杂交和轮回杂交等。

1. 二元杂交

二元杂交是通过两个品种羊进行交配，杂交一代（F1）全部用来生产商品羊，目的是利用杂交一代的杂交优势。通常采用引进的优良公羊与本地母羊进行杂交。这种方法可以显著提高杂交一代的生产性能，提高经济效益。

例如，小尾寒羊与萨福克羊杂交，用小尾寒羊作为母本，萨福克羊作为父本进行杂交，杂交一代全部用于育肥生产，如图 2-4 所示。

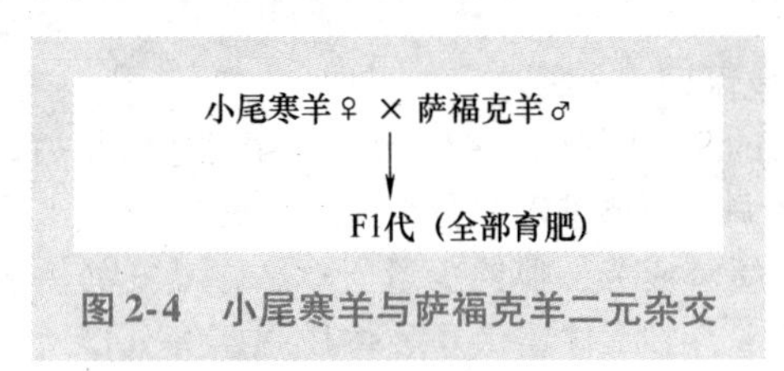

图 2-4　小尾寒羊与萨福克羊二元杂交

2. 三元杂交

三元杂交是利用两个不同品种的公羊、母羊进行杂交，选取杂交一代中优秀的母羊再与第三个品种的公羊进行杂交。这种方法的杂交优势来自于 3 个品种群体，因此可以得到更多的杂种优势，杂交效果优于二元杂交。

例如，杜泊羊、小尾寒羊和萨福克羊三元杂交，使用小尾寒羊作为母本，杜泊羊作为父本，杂交一代中的公羊全部用于育肥生产，杂交一代中的母羊与萨福克羊进行杂交，生产出的杂交二代全部用于羔羊肉生产，如图 2-5 所示。

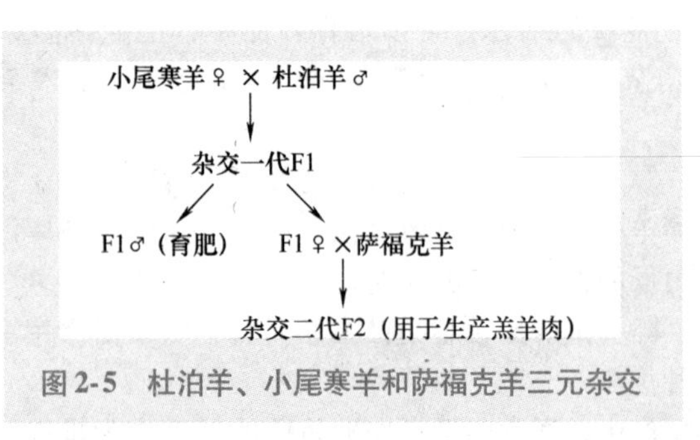

图 2-5　杜泊羊、小尾寒羊和萨福克羊三元杂交

【提示】

杂种后代的表现取决于亲本的优劣，一般来说，性状优良的亲本才能产生性状优良的杂种后代，因此正确选择亲本是经济杂交成败的关键。在肉羊杂交生产中，应选择在本地区数量多、适应性好的品种或品系作为母本。要求母羊的繁殖力强，产羔数一般为2个以上，能够2年3产，羔羊成活率高，泌乳力强、母性好。小尾寒羊、洼地绵羊、湖羊、黄淮山羊、陕南白山羊及贵州白山羊等都是较适宜的杂交母本。若进行三元杂交，第一父本不仅要生长快，还要繁殖率高；选择第二父本时主要考虑生长快、产肉力强。随着杂交代数的增加，杂种优势逐渐降低，并且有产羔率降低、产羔间隔变长的趋势。因此，应在生长和繁殖性状变动中找到契合点，不宜无限制级进杂交。

第三章
合理搭配精粗饲料，向饲料营养要效益

第一节　饲料搭配的误区

羊是食草类动物，有人认为养羊是最简单的事情，喂点秸秆就可以了，其实不然，饲料是肉羊养殖的关键因素。饲料搭配、调制和供应对于维持和提高羊的生产性能至关重要。饲料成本占肉羊生产总成本的比重最大，所以节约饲料可明显提高养羊经济效益。营养物质的消化吸收是按一定比例进行的，而且具有就低不就高的特点，当营养物质不平衡时，高出的部分就被浪费掉。所以在肉羊生产中，不仅要保证肉羊饲料种类的丰富和储量的充足，而且应根据肉羊的营养需要和饲料的营养成分合理配合肉羊日粮。目前，在肉羊饲养实践中，存在饲料搭配、加工调制、日粮配合等方面的误区，进而导致养肉羊不赚钱，甚至赔钱现象十分严重。

一、饲料种类单一

羊肉富含蛋白质、脂肪、矿物质及维生素，并且羊肉中的赖氨酸、精氨酸、组氨酸、丝氨酸和酪氨酸等人体必需氨基酸种类齐全，而肉羊所需要的营养物质都要从日粮中获得，所采食的饲料绝大多数是植物及其副产品，营养价值低且不完全，这就要求肉羊饲料种类必须丰富。羊常用饲料概括起来可分为植物性饲料、动物性饲料、矿物质饲料和特殊饲料四大类，其营养特点各不相同。植物性饲料是羊的基本饲料，根据饲料来源、维生素含量及水分的多少分为青绿饲料、粗干饲料、精饲料。青绿饲料的营养特点是维生素含量丰富，干物质少，有效能值低。粗干饲料的营养特点是粗纤维含量高，可使羊有饱感，但营养价值低，尤其蛋白质含量低。精饲料包括农作物籽实及其加工副产品，其中禾本科籽实富含淀粉，可用作能量饲料；豆科籽实富含蛋白质，可用作蛋白质补充饲料。矿物质饲料则可用于补充肉羊饲料中钙、磷、钠、氯等的不足。特殊饲料是指维生素、抗生素、氨基酸、激素等人工培养或化学合成的

产品，这些饲料虽然用量很小，但对调整肉羊体内代谢、提高饲料利用率具有十分重要的作用。有些养殖户随便喂养，几乎不考虑搭配，导致羊群出现营养不良，矿物质缺乏。在很多农区舍饲养羊中，在枯草季节经常见到饲喂大量干枯的秸秆，多数农户把秸秆当作肉羊唯一的饲料，不同来源的农作物秸秆营养价值差异很大，虽然花生蔓等秸秆具有较高的饲用价值，但大多数秸秆营养价值很低，如小麦秸秆、玉米秸秆和稻草的粗蛋白质含量仅为3%～6%。秸秆还缺乏反刍动物所必需的维生素A、维生素D和维生素E等。因此肉羊饲料种类必须多样化，不能只喂秸秆，一定要考虑青绿饲料、质量好且营养丰富的干草及精饲料的合理搭配，否则会直接影响养羊效益。

二、饲料品质差，缺乏必要的加工调制

粗饲料是饲养肉羊的基本饲料，在农区主要以农作物秸秆为主。秸秆饲料质地粗硬、适口性差、营养价值低、消化利用率不高，直接用这种饲料喂羊，势必会降低肉羊的生产性能。为此，对饲料进行加工调制，提高适口性、采食速度、采食量和消化率，这是提高肉羊饲养效益的有效途径。例如，秸秆青贮可有效保存其中的营养成分，一般青绿饲料晒干后养分损失30%～50%，而经青贮保存后仅损失10%左右，并且青贮饲料酸香可口、柔软多汁，可提高肉羊的采食量和消化率。若在制作青贮饲料时加入适量尿素，还可提高青贮饲料的粗蛋白质含量。又如，秸秆氨化可显著提高秸秆等粗饲料中的蛋白质含量，并且质地柔软、适口性好，可使采食量和有机物消化率均提高20%以上。饲料加工调制方法很多，养羊场应根据自己的实际情况对品质较差的饲料进行合理的加工调制。

三、日粮配合不科学

日粮是肉羊一昼夜所采食的饲料量。日粮配合就是根据肉羊的营养需要量和饲料的营养成分，选择几种饲料互相搭配，使日粮能够满足肉羊的营养需要。其目的是维持肉羊的正常生命健康、生理活动及获得最佳的生产水平。肉羊生产实际中常见的问题是饲养管理粗放，有啥吃啥，不重视日粮配合，不能满足不同生理时期肉羊对营养的需要量，结果导致生产性能低下，甚至导致一些营养性疾病的发生。例如，育肥日粮的精、粗饲料比例一般以45%精饲料和55%粗饲料的配合比例为优，若精饲料所占比例过低，则育肥效果不理想；若日粮中钙、磷比例失调，易引起尿结石症。处于不同生理时期的肉羊，对营养的需要量及种类要求

不同。例如，对羔羊进行育肥，实际上包括羔羊生长和育肥两个过程。生长过程是肌肉和骨骼的生长过程，因此需要高蛋白质水平的日粮；育肥过程主要是脂肪的沉积过程，因此要求日粮中能量水平较高。所以，羔羊育肥要求其日粮必须是高蛋白质、高能量水平的日粮；对于成年羊育肥，由于主要是育肥过程，即脂肪沉积的过程，所以成年羊育肥的日粮以高能量和较低蛋白质水平为特征。

第二节　提高饲料营养效益的途径

一、了解羊的消化生理特征，树立科学养殖意识

羊的消化特点是胃肠容积大，食物在消化道内停留时间长，消化液分泌量多，消化能力强，全消化道内的消化液每昼夜总分泌量为18～23升，饲料在消化道贮存的时间长达7～8天，有利于饲料营养成分的消化吸收。

1. 消化器官的特点

羊属于反刍动物，具有复胃，分4个室，即瘤胃、网胃、瓣胃和皱胃。前3个胃没有腺体组织，不能分泌酸和消化酶类，对饲料起发酵和机械性消化作用，称为前胃。皱胃胃壁黏膜上有腺体，具有分泌盐酸和胃蛋白酶的作用，可对食物进行化学性消化，又称真胃（图3-1）。粗饲料中粗纤维含量较高，不易消化，必须依靠4个胃的分工与合作，才能完成食物的第二次“咀嚼”。

成年绵羊复胃总容积近30升，相当于整个消化道容积的66.9%，其中瘤胃最大，皱胃次之，网胃较小，瓣胃最小。山羊复胃容积相对较小，约为16升（表3-1）。羊胃的大小和机能随年龄的增长发生变化。初生羔羊的前3个胃很小，结构还不完善，微生物区系尚未健全，不能消化粗纤维。初生羔羊只能靠母乳生活，此时母乳不接触前3个胃的胃壁，靠食道沟的闭锁作用，直接进入皱胃，由皱胃中的凝乳酶进行消化。随着日龄的增长，消化系统特别是前3个胃不断发育完善，一般羔羊出生后10～14天开始补饲一些容易消化的精饲料和优质牧草，以促进瘤胃发育；到1.5个月时，瘤胃和网胃占全胃的比例已达到成年程度。如果不及时采食植物性饲料，则瘤胃发育缓慢。只有采食植物性饲料后，瘤胃的生长发育才会加速，并且逐步建立起完善的微生物区系。采食的植物性饲料为微生物的繁殖、生长创造了营养条件，反过来微生物区系又增强了对植物性饲料的消化利用。瘤胃的发育，植物性饲料的利用，以

及瘤胃中微生物的活动，三者相辅相成。

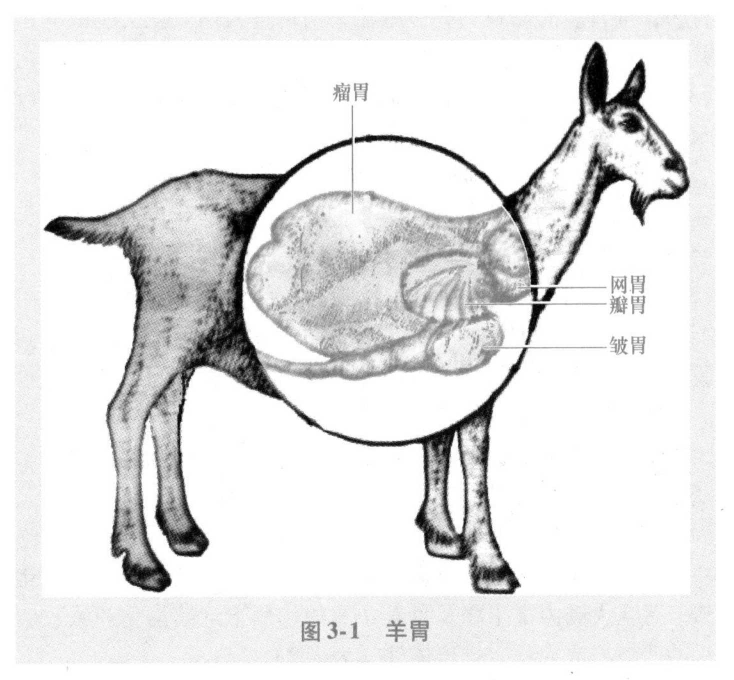

图3-1 羊胃

表3-1 羊胃容积

羊别	总容积/升	瘤胃	网胃	瓣胃	皱胃
绵羊	30	78.7%	8.6%	1.7%	11%
山羊	16	86.7%	3.5%	1.2%	8.6%

（1）瘤胃 前胃中起主要作用的是瘤胃，瘤胃不仅能容纳大量的粗饲料和青草，作为临时的“贮存库”，而且瘤胃内有大量的微生物活动，可以消化分解食物。主要微生物有细菌、纤毛虫和真菌。细菌和纤毛虫的多少与饲喂类型和采食量有关，在饲养上提供的养分多，微生物的繁殖加快，活动加强，能提高对饲料的分解能力；如增喂淀粉及蛋白质丰富的饲料，瘤胃内的微生物显著增多，可以提高对粗饲料的利用率。粗饲料的质量很差时，瘤胃内的微生物数量减少，对饲料的分解能力也减弱。

（2）网胃 网胃紧贴瘤胃，食物颗粒可以在两个胃室间自由穿梭。网胃像一个筛子，将铁钉等异物困于其中，既起到过滤作用，又防止异物对其他肠道内表面的伤害。此外还具有一个特别重要的作用——启动反刍行为，网胃表面黏膜上有传感器，当草进入网胃就会刺激其产生信号，并通过瘤胃与网胃胃壁上的肌肉发生收缩从而启动反刍行为。

（3）瓣胃 瓣胃黏膜向内凹陷形成许多大小不等新月状的瓣叶，像一个水泵或一个加工厂，把来自瘤胃的食糜去掉水分和电解质后进一步磨细、浓缩，之后推送入皱胃，对食物起机械压榨作用。

（4）皱胃 皱胃黏膜可分泌大量的胃液，包括各种消化酶和大量黏液，对前3个胃消化过的食物进行彻底的化学消化。

（5）小肠 小肠是羊消化和吸收的重要器官，长度为17～34米（平均约为25米），是体长的25～30倍，有利于饲料营养成分的吸收。肠黏膜中分布有大量的腺体，可以分泌蛋白酶、脂肪酶和淀粉酶等消化酶类。胃内容物进入小肠后，在各种酶的作用下进行消化，分解为一些简单的营养物质经绒毛膜吸收，尚未完全消化的食物残渣与大量水分一道，随小肠蠕动而被推进大肠。

（6）大肠 大肠的长度为4～13米（平均约为7米），无分泌消化液的功能，其作用主要是吸收水分和形成粪便。小肠内未完全消化的食物残渣，可在大肠内微生物及食糜中酶的作用下继续消化和吸收。吸收水分后的残渣形成粪便，排出体外（表3-2）。

表3-2 羊消化器官的功能

消化器官	功　能
瘤胃	细菌发酵饲料的主要场所，物理生物消化
网胃	过滤和启动反刍行为
瓣胃	机械压榨，吸收少量营养
皱胃	化学消化
小肠	化学消化，营养吸收的主要场所
大肠	吸收水分和形成粪便

初生羔羊，起消化作用的主要是第四个胃，前3个胃的作用很小，此时瘤胃微生物区系尚未形成，没有消化粗纤维的能力，不能采食和利用草料，只能依靠哺乳来满足营养需要。起主要消化作用的是皱胃，羔羊所吮母乳顺食道沟进入皱胃，由皱胃所分泌的凝乳酶进行消化。随日龄增长和采食植物性饲料的增加，羔羊前3个胃的体积逐渐增加，在30～40

日龄开始出现反刍活动；此后皱胃凝乳酶的分泌量逐渐减少，其他消化酶的分泌量逐渐增多，对草料的消化分解能力开始加强，瘤胃的发育及其机能才逐渐完善。

2. 消化生理特点

1）反刍是指草食动物在食物消化前把食团经瘤胃逆呕到口中，经过再咀嚼和再咽下的活动。反刍是羊的正常消化生理机能。其机制是饲草刺激网胃、瘤胃前庭和食管沟的黏膜，反射性引起逆呕。反刍多发生在吃草之后，稍有休息，一般在30~60分钟后便开始反刍，反刍中也可随时转入吃草。反刍时，羊先将食团逆呕到口腔内，与唾液充分混合后再咽入腹中，这样有利于瘤胃微生物的活动和粗饲料的分解。

羊反刍姿势多为侧卧式，少数为站立式。白天或夜间都有反刍，每天反刍时间约为8小时，一般白天7~9次，夜间11~13次，每次50~70分钟，午夜到中午期间反刍的再咀嚼速率较慢。反刍次数及持续时间与草料种类、品质、调制方法及羊的体况有关。采食牧草中粗纤维含量高，反刍时间延长，相反则时间缩短。采食牧草含水量大，反刍时间短。采食粉碎干草后的反刍活动快于长干草。等量饲料多次分批喂给时，反刍时逆呕食团的速率快于一次全量喂给。

当羊过度疲劳、患病或受到外界的强烈刺激时，会造成反刍紊乱或停止，引起瘤胃臌气，对羊的健康不利。当病羊表现出食欲废绝、反刍停止时，羊的病情已十分严重，往往预后不良。反刍停止的时间过长，瘤胃内食进的饲料滞塞引起局部炎症，常使反刍难以恢复。疾病、突发性声响、饥饿、恐惧、外伤等均能影响反刍行为。一般情况下，羔羊生后30~40天开始出现反刍行为，羔羊在哺乳期，早期补饲容易消化的植物性饲料，可促进前胃的发育和提前出现反刍行为。母羊发情、妊娠最后阶段和产后舐羔时，反刍活动减弱或暂停。为保证羊有正常的反刍活动，必须提供安静的环境。

2）瘤胃是反刍动物所特有的消化器官，是食物的贮存库，除机械作用外，瘤胃内有广泛的微生物区系活动。瘤胃不能分泌消化液，其消化机能主要是通过瘤胃微生物实现的，其中，起主导作用的是细菌，主要为厌气性细菌，有纤维分解菌、淀粉分解菌、蛋白质分解菌、维生素合成菌、甲烷产气菌、产氮菌、脂肪分解菌等；原虫主要为纤毛虫和鞭毛虫；真菌是厌气性真菌。据测定，每毫升瘤胃液中含有160亿~400亿个细菌、20万个纤毛虫和大量真菌。

瘤胃微生物的类别和数量不是固定不变的，随饲料的不同而异，不同饲料所含成分不同，需要不同种类的微生物才能分解消化，改变日粮时，微生物区系也发生变化。所以，变换饲料要逐渐进行，使微生物能够适应新的饲料组合，保证正常消化。突然变换饲料往往会发生消化道疾病。瘤胃内的微生物，对羊食入草料的消化和营养的吸收具有重要意义。

① 消化碳水化合物。瘤胃是消化碳水化合物，尤其是粗纤维的重要器官，其消化粗纤维的能力极强。羊采食饲料中 55%～95% 的可溶性碳水化合物、70%～95% 的粗纤维是在瘤胃中被消化的（图 3-2）。

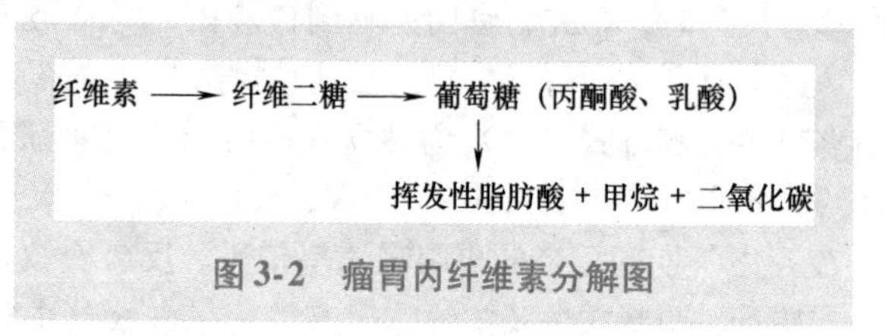

图 3-2　瘤胃内纤维素分解图

反刍家畜之所以区别于单胃动物，能够以含粗纤维较高、质量较差的饲草维持生命并进行生产，就是因为具有瘤胃微生物。在瘤胃的机械作用和微生物酶的综合作用下，碳水化合物（包括结构性和非结构性碳水化合物）被发酵分解，最终产生挥发性脂肪酸，乙酸、丙酸、丁酸和少量的戊酸，同时释放能量，部分能量以三磷酸腺苷的形式供微生物活动。这些挥发性脂肪酸大部分被瘤胃壁吸收，随血液循环进入肝脏，合成糖原，提供能量供羊利用；部分可与氨气在微生物酶的作用下合成氨基酸；此外，挥发性脂肪酸还具有调节瘤胃正常 pH 的作用。

② 合成微生物蛋白质。瘤胃可同时利用植物性蛋白质和非蛋白氮合成微生物蛋白质，改善日粮品质。日粮中的含氮物质进入瘤胃后，大部分经过瘤胃微生物分解，瘤胃微生物分泌的酶能将饲料中的植物性蛋白质水解为肽、氨基酸和氨，也可将饲料中的非蛋白氮物质（如尿素等）水解为氨，在瘤胃内能源供应充足和具有一定数量的蛋白质条件下，瘤胃微生物可将其合成微生物蛋白质。随食糜进入皱胃和小肠的微生物蛋白质，可被消化道内的微生物分解，成为羊的重要蛋白质来源。通过瘤胃微生物的作用，能把低品质的植物性蛋白质转化为高质量的微生物蛋白质，日粮的必需氨基酸含量可提高 5～10 倍。饲料中总氮含量、蛋白质含量和可发酵能的多少是影响瘤胃微生物蛋白质合成量的主要因素。另外，一些微量元素锌、铜、钼等，也对瘤胃微生物合成微生物蛋白质

具有一定的影响。

③ 氢化不饱和脂肪酸。瘤胃微生物可将饲料中的脂肪酸分解为不饱和脂肪酸，并将其氢化形成饱和脂肪酸。羊采食牧草所含脂肪中大部分是不饱和脂肪酸，而羊体内脂肪大部分为饱和脂肪酸，并且相当数量是反式异构体和支链脂肪酸。现已证明，瘤胃是对不饱和脂肪酸氢化形成饱和脂肪酸，并将顺式结构的饲料脂肪酸转化为反式结构的羊体脂肪酸的主要部位。同时，瘤胃微生物也能合成脂肪酸。Sutton（1970）测定，绵羊每天可合成22克左右的长链脂肪酸。

④ 合成维生素。瘤胃微生物可以合成B族维生素，维生素B_1、维生素B_2、维生素B_6、维生素B_{12}、泛酸和烟酸和维生素K是瘤胃微生物的代谢产物，能被小肠等部位吸收利用，满足羊对这些维生素的需要。饲料中氮、碳水化合物和钴的含量是影响瘤胃微生物合成B族维生素的主要因素。饲料中氮含量高，则B族维生素合成量多，但氮来源的不同，B族维生素的合成情况也不同。例如，以尿素作为补充氮源，硫胺素和维生素B_{12}的合成量不变，但核黄素的合成量增加。碳水化合物中淀粉的比例增加，可提高B族维生素的合成量。补饲钴，可增加维生素B_1的合成量。瘤胃微生物还可以合成维生素K。研究表明，瘤胃微生物可合成甲萘醌-10、甲萘醌-11、甲萘醌-12和甲萘醌-13，它们都是维生素K的同类物。一般情况下，瘤胃微生物合成的B族维生素和维生素K足以满足各种生理状况下的需要，不需要另外添加。成年羊一般不会缺乏这些维生素。在放牧条件下，羊也很少发生维生素A、维生素D、维生素E的缺乏。

3. 饲草饲料的利用特点

1）瘤胃微生物发酵产生甲烷和氢，其所含的能量被浪费，微生物的生长繁殖也要消耗一部分能量，所以，羊的饲料转化效率一般低于单胃家畜。

2）瘤胃内的微生物可以分解粗纤维，羊可利用粗饲料作为主要的能量来源。成年羊的4个胃都已发育完整，所以成年羊可以有效地利用各种粗饲料，并且羊的饲粮组成中也不能缺乏粗饲料。粗纤维还可以起到促进反刍、胃肠蠕动和填充作用。羊的日粮中必须有一定比例的粗纤维，否则瘤胃中会出现乳酸发酵并抑制纤维素、淀粉分解菌的活动，羊表现为食欲丧失、前胃迟缓、拉稀、生产性能下降，严重时可能造成死亡。

3）可以利用尿素、铵盐等非蛋白氮作为饲料蛋白质来源。虽然瘤胃微生物可利用非蛋白氮合成微生物蛋白质，但是瘤胃微生物有优先利用蛋白氮的特点，所以只有当饲料中蛋白质不能满足需要时，日粮中才添加非蛋白氮作为补充饲料代替部分植物性蛋白质。一般非蛋白氮用量不宜超过蛋白质需要量的30%。

4）由于瘤胃微生物具有合成B族维生素和维生素K的能力，因此在羊的日粮配制中，一般不需要考虑添加这些维生素。由于瘤胃微生物可将饲料蛋白质和非蛋白氮合成为微生物蛋白质，微生物蛋白质富含必需氨基酸，所以饲粮中一般不需要考虑添加必需氨基酸。但是，对于早期断奶羔羊，瘤胃微生物功能尚未完善，配制日粮时应酌情考虑。

5）瘤胃消化为羊提供重要的营养来源，所以必须供给其富含蛋白质、能量的精饲料和富含胡萝卜素的鲜嫩多汁饲料，满足瘤胃微生物生长繁殖的营养需要和维持瘤胃正常的环境，这样才能发挥羊的生产潜力。

6）瘤胃微生物的发酵，将一些高品质的饲料，如高品质的蛋白质饲料、脂肪酸等，分解为挥发性脂肪酸和氨等，造成营养上的浪费。因此，一方面应利用大量廉价饲草饲料以保证瘤胃微生物生长繁殖的最大营养需要；另一方面，应用过瘤胃保护技术，躲过瘤胃发酵而使食物直接到皱胃和小肠消化吸收，是提高饲草饲料利用率极为有效的方法。

二、了解营养需要与饲养标准，将其作为日粮营养设计基础

1. 羊的营养需要

羊采食饲料后，被羊体消化利用的营养成分可分为维持和生产两大部分。维持需要是指不生长、不繁殖、不产乳、不育肥、不产毛，只维持正常的生命活动，如消化、呼吸、循环、体温等的需要。在维持需要的基础上再提供一定的营养物质，用以转化成各种畜产品，以及繁殖后代等，这就是生产的营养需要。绵羊、山羊的生产用途、年龄、生长发育阶段等不同，所需的营养物质的数量和质量也是不同的。

（1）维持需要 羊在维持饲养阶段仍要进行生理活动，需要供给一定量的碳水化合物，经代谢产生热能，维持最低的营养和消耗，羊需要的热能与活动程度有关，放牧羊比舍饲羊多消耗50%~100%热量。羊体内各种酶的产生、内分泌活动、各组织器官的细胞更新均需要蛋白质。为维持羊体内各组织器官的正常活动，还必须供给一定量的维生素A、维生素D及钙和磷。

（2）繁殖需要 营养水平的好坏，对公羊、母羊繁殖能力的正常发挥至关重要，它能影响内分泌腺体对激素的合成与释放、母羊的受胎及产羔率、公羊的精液品质等。

母羊配种前期，应进行短期优饲，适当提高其营养水平，这样有利于母羊的发情和受胎。公羊在配种季节需要的营养物质比非配种季节要高。公羊每射1毫升精液，所需消耗的营养物质大约为50克可消化蛋白质。配种期公羊的热能需要一般比非配种期增加15%～20%，蛋白质增加50%～60%，如体重100千克的种羊，每天需要总营养物质2.5～3.0千克，消化能26.8～31.8兆焦，可消化粗蛋白质220～270克，钙11.0～13.0克，磷8.5～9.5克，胡萝卜素20～30毫克。维生素A、维生素D、维生素E及钙和磷不足，均可影响公羊、母羊的繁殖性能。

（3）胚胎发育对营养的需要　妊娠前2个月胎儿发育较慢，只相当于初生重的30%左右，营养上主要是质的要求，妊娠后期胚胎发育较快，对能量、蛋白质、矿物质、维生素的需要量增大。

妊娠后期的热能代谢要比空怀母羊高出20%～30%，蛋白质增加15%～20%，矿物质、维生素需要量也相应增加，如体重50千克的妊娠后期母羊，每天需钙7～8克、磷4.0～4.5克、胡萝卜素10～12克、维生素A 4000～4500国际单位、维生素D 680～750国际单位。还应注意维生素E和硒的补给，预防羔羊发生白肌病。

（4）生长对营养的需要　羔羊在哺乳前期主要以母乳供给营养，采食饲料较少，后期以吃料为主，哺乳为辅，离乳后则单纯靠饲料供应营养。羔羊在育成阶段的营养充足与否，直接影响其体重与体形，营养水平先好后坏，则四肢较长，体躯浅而窄；营养水平先坏后好，则影响其长度的生长，体形表现不匀称。因此，营养水平应根据羔羊生长强度的变化而改变，按生长需要供给营养物质。

哺乳期羔羊及育成前期羊主要是蛋白质的增长，育成后期主要是脂肪的增长，当体重达10千克时，体内蛋白质的比例可占增重的35%；而在体重为50～60千克时，则比例下降为10%，脂肪比例上升到首位。羊在哺乳和育成阶段，生长发育较快，应满足钙、磷及维生素A、维生素D的需要。哺乳期2～4月龄的羔羊，每只每天需可消化蛋白质70～100克、钙3～5克、磷1.6～3.3克。育成期羊每只每天需可消化蛋白质100～140克、钙5～7克、磷3～4克。

（5）泌乳对营养的需要　羊奶中含有乳酪素、白蛋白、乳糖和乳脂、矿物质微量元素及维生素，营养供应不足，会直接影响乳产量和质量。

羔羊出生后，主要依靠母乳提供营养物质。只有为泌乳期的母羊提

供充足的营养物质，才能保证质高量多的乳汁，促使羔羊正常发育。羔羊每增重100克约需母乳500克，而生产500克的乳大致需要3000焦耳的净能、33克蛋白质、1.8克钙和1.2克磷。乳中的矿物质以钙、磷、钾、氯为主，1千克绵羊乳中含钙1.74克、磷1.29克、氯1.3克、钾0.8克，同时还含有钠、铁、镁等。因此，饲料中也必须供给相应的矿物质，供给量应为乳中含量的1倍左右。饲料中还必须含有足量的维生素A和维生素D。维生素D缺乏，会影响羔羊的生长发育，尤其影响羔羊体内钙、磷的沉积，易造成软骨症。

（6）产毛对营养的需要 毛纤维是由蛋白质组成的，其中含硫氨基酸很重要，如胱氨酸在羊毛角质蛋白中含9%~14%，而常用牧草中只占1.1%~1.5%。据报道，生产1千克羊毛，需消耗8~10千克植物性蛋白质。在可消化营养物质中，可消化蛋白质达到18%才能满足产毛需要，说明羊体沉积的蛋白质用于形成年羊毛的比例很小。羊用于产毛的能量需要也较少，一只体重50千克的绵羊，每天需要约4602千焦净能，其中用于产毛的只有418千焦，产毛的能量需要只占维持需要的10%左右。

矿物质对羊毛品质有明显影响，其中以硫和铜比较重要。在毛囊发生的角质化过程中，有机硫是一种重要的刺激素，既可增加羊毛产量，也可改善羊毛的弹性和手感。饲料中硫和氮的比例以1∶10为宜。缺铜时，毛囊内代谢受阻，毛的弯曲减少，毛色素的形成也受影响。严重缺铜时，还能引起铁的代谢紊乱，造成贫血，产毛量也下降。

（7）育肥对营养的需要 绵羊、山羊的育肥分为羔羊育肥和成年羊育肥。成年羊育肥主要是脂肪的蓄积，应喂给富含碳水化合物的饲料。而羔羊育肥包括肌肉的生长和脂肪量的增加，需要较多的蛋白质和矿物质。由于脂肪热能高，含水量是肌肉含水量的1/4~1/3，每增长1千克脂肪的能量需要相当于增长2.6千克肌肉的需要量，因此，羔羊育肥最有利。

2. 羊的饲养标准

饲养标准即动物营养需要量，是科学工作者通过多种消化代谢和动物试验，并结合生产实践中积累的经验，科学地规定各种畜禽在不同性别、体重、生理状态和生产水平等条件下，每只每天应给予的能量和各种营养物质的数量，可用以指导动物饲养的基本标准。实践证明，按照饲养标准所规定的营养供给量饲喂羊，对提高羊的生产性能和饲料利用效率都有明显效果。但必须注意，饲养标准的使用要尽量与当地饲料供应情况相适应，如饲料资源不足时，营养供给量要相应降低。世界各国几乎都有自己的绵羊饲养标准，但被普遍接受和广泛使用的是美国 NRC 饲养标准。饲料配方可参考美国 NRC 饲养标准（2007）。由于羊的营养需要量大都是在实验室条件下通过大量试验，并用一定数学方法（如析因法等）得到的估计值，一定程度上也受试验手段和方法的影响，加之羊的饲料组成及生存环境变异性很大，因此在实际使用中应做一定的调整。

三、熟悉羊需要的营养物质及其功能

在动物有机体的生活条件中，营养是最重要的因素。动物欲维持生命和健康，确保正常的生长发育及组织修补等，必须由体外摄取所需的种种物质，此类物质称为营养物质。羊所需的营养物质包括碳水化合物、蛋白质、脂肪、矿物质、维生素和水。

1. 碳水化合物

饲料中的碳水化合物主要包括糖、淀粉、纤维素、半纤维素、木质素、果胶及黏多糖等，是动物体不可缺少的一种营养物质。羊的呼吸、运动、生长、体温维持等全部生命过程都需要热能，这些热能的主要来源是碳水化合物。碳水化合物除供应热能外，剩余部分可在体内转化为脂肪贮存起来，以备饥饿时利用。此外，羊瘤胃中微生物的繁殖及微生物蛋白质的合成也受碳水化合物的影响。羊瘤胃内有充足的碳水化合物，可促进瘤胃微生物的繁殖和活动，有利于蛋白质等其他营养物质的有效利用；若饲料中碳水化合物供应不足，就会动用体内贮存的脂肪和蛋白质来满足能量的需求，从而导致羊体重减轻，生长发育缓慢，繁殖力也会降低。

碳水化合物可分为无氮浸出物和粗纤维。无氮浸出物又可分为糖类和淀粉；粗纤维又可分为纤维素、半纤维素、木质素等。碳水化合物一是来自精饲料，主要有淀粉和可溶性糖；二是来自牧草和其他粗饲料，如干草、作物秸秆和青贮料，这类饲料的粗纤维含量高。糖类和淀粉的营养价值高，易于被消化利用，粗纤维在瘤胃纤维分解菌的作用下可将不溶性纤维素分解为可溶性的糊精和糖，再分解成低级挥发性脂肪酸，即乙酸、丙酸、丁酸，使其变为营养物质被羊利用。瘤胃中未分解发酵的粗纤维，进入结肠和盲肠被肠道细菌发酵分解，变成挥发性脂肪酸被吸收。淀粉类饲料在羊口腔中消化不多，大部分进入瘤胃中消化，未被消化分解的淀粉进入小肠，在胰淀粉酶的作用下分解为蔗糖和麦芽糖，最后分解为葡萄糖和果糖，为肠壁所吸收，进入肝脏参加羊体代谢。

2. 蛋白质

蛋白质是构成羊皮、羊毛、肌肉、蹄、角、内脏器官、血液、神经、酶类、激素、抗体等体组织的基本物质。各个生理阶段的羊都需要一定的蛋白质。蛋白质缺乏，会使羊消瘦、衰弱，甚至死亡。种公羊缺乏蛋白质会造成精液品质下降。母羊缺乏蛋白质会使胎儿发育不良，产死胎、畸形胎，泌乳量减少，幼羊生长发育受阻，严重者发生贫血、水肿、抗病力弱，甚至引起死亡。羔羊育肥需要蛋白质的量比成年羊更多，原因是羔羊育肥主要是肌肉组织的增长，而成年羊育肥主要是脂肪组织的增长。

饲料中的蛋白质是由各种氨基酸组成的。羊对蛋白质的需要，实质就是对各种氨基酸的需要。饲料中的蛋白质进入羊瘤胃后，大多数被微生物利用，合成微生物蛋白质，然后与未被消化的蛋白质一同进入皱胃，由消化酶分解成各种必需氨基酸和非必需氨基酸，被消化道吸收利用。氨基酸有 20 多种，其中有些氨基酸在体内不能合成或合成速度和数量不能满足羊体正常生长需要，必须从饲料中供给，这些氨基酸被称为必需氨基酸。成年羊瘤胃中存有大量微生物，能将食入的纤维素分解转化为各种营养物质，并合成各种氨基酸，因此羊对饲料品质的要求不太严格，一般也不缺必需氨基酸。羔羊（一般指断奶前）由于瘤胃发育不完善，至少要提供 9 种必需氨基酸，即组氨酸、异亮氨酸、亮氨酸、赖氨酸、甲硫氨酸、苯丙氨酸、苏氨酸、酪氨酸和缬氨酸，随着瘤胃的发育成熟，对日粮中必需氨基酸的需要量逐渐减少。一般羔羊到 4 月龄时瘤胃中的微生物基本发育完善。

各类饲料的粗蛋白质含量和氨基酸组成比例不同。一般动物性蛋白质饲料优于植物性蛋白质饲料，即鱼粉、血粉、肉粉蛋白质品质最好，但目前反刍家畜饲料中不允许添加动物性蛋白质饲料。豆类饲料和饼粕类饲料中的蛋白质营养价值高于谷物饲料。饲料蛋白质被羊食入后，在瘤胃中被微生物降解成肽和氨基酸，然后再合成微生物蛋白质被小肠吸收，在转化过程中形成养分损失，影响利用率。各种蛋白质饲料的瘤胃降解率不同，其中瘤胃降解率低的饲料有优质干苜蓿等。选择饲用天然降解率低的蛋白质饲料，可减少蛋白质营养在瘤胃内的酵解，使其直接进入皱胃、小肠被消化吸收，从而提高转化效率。另外，也可以采用过瘤胃技术减少饲料蛋白质的瘤胃降解损失。

蛋白质饲料较缺乏的地区可以用尿素或铵盐等非蛋白氮物质饲喂育

肥羊，代替一部分蛋白质饲料。但是4月龄以前的羔羊不能喂非蛋白氮饲料，因为此时瘤胃微生物区系尚未发育成熟。尿素只能替代羊日粮中部分蛋白质，因为瘤胃微生物利用尿素的能力有限，尿素喂量过多，吸收就会降低，瘤胃中微生物随之减少，纤维素的消化率也会下降，严重时会引起中毒，甚至死亡。尿素的饲喂量一般占日粮干物质的1%，也可按每100千克体重日喂20克计算。

3. 脂肪

羊的各种器官、组织，如神经、肌肉、皮肤、血液等都含有脂肪。脂肪不仅是构成羊体的重要成分，也是热能的重要来源。每克脂肪产热13千卡，是碳水化合物或蛋白质的3.25倍。另外，脂肪也是脂溶性维生素的溶剂，饲料中的维生素A、维生素D、维生素E、维生素K及胡萝卜素只有被饲料中的脂肪溶解后，才能被羊体吸收利用。多余的脂肪以体脂肪形式贮存于体内，保持体温，并在饲料条件差时转化为热能供羊机体维持生命和生产。

羊体内的脂肪主要由饲料中的碳水化合物转化为脂肪酸后再合成体脂肪，但羊体不能直接合成十八碳二烯酸（亚油酸）、十八碳三烯酸（亚麻酸）和二十碳四烯酸（花生四烯酸）3种不饱和脂肪酸，必须从饲料中获得。若日粮中缺乏这些脂肪酸，羔羊生长发育缓慢，皮肤干燥，被毛粗直，有时易缺乏维生素A、维生素D和维生素E。由于瘤胃微生物的作用，羊可将饲料中不饱和脂肪酸氧化为饱和脂肪酸。同时，羊空肠后部能较好地吸收长链脂肪酸和饱和脂肪酸，因此羊的体脂肪组成与单胃动物不同，饱和脂肪酸比例明显大于不饱和脂肪酸。

豆科作物籽实、玉米糠及稻糠等均含有较多脂肪，是羊日粮中脂肪的重要来源，一般羊日粮中不必添加脂肪，因为羊对脂肪的需求量相对较少，一般饲料即能满足需求。羊日粮中脂肪含量超过10%会影响羊的瘤胃微生物发酵，阻碍羊体对其他营养物质的吸收和利用。

4. 矿物质

矿物质是构成机体组织的重要组成部分，参与羊的神经系统、肌肉系统活动，营养的消化、运输和代谢，以及体内酸碱平衡等活动，也是体内多种酶的重要组成部分和激活因子，参与体内的许多代谢活动和生命过程，是保证羊体健康和生长发育所必需的营养物质。矿物质和微量元素在羊的器官中有一定储备，短期内日粮中矿物质和微量元素不足时，羊可以动用其体内的储备加以弥补，保证羊的正常发育和生产繁殖，但矿物质和微量元素长期不足或过量，会造成羊的矿物质和微量元素缺乏或中毒，影响羊的生长发育、繁殖和生产性能，严重时导致死亡。现已证明，至少15种矿物质元素是羊体所必需的，其中常量元素7种，包括钠、钾、钙、镁、氯、磷和硫；微量元素8种，包括碘、铁、钼、铜、钴、锰、锌和硒。

（1）钙和磷 钙和磷是羊体内含量最多的矿物质，占矿物质总量的65%~70%，约有99%的钙和80%的磷主要存在于骨骼和牙齿中，其余少量钙存在于血清及软组织中，少量磷以核蛋白形式存在于细胞核中和以磷脂的形式存在于细胞膜中。钙是细胞和体液的重要成分，也是一些酶的重要激活因子，缺钙时会影响羊生理机能的发挥，如血液中缺钙，会严重影响凝血酶的生物学活性。磷是核酸、磷脂和蛋白质的组成成分，具有重要的生物学功能。

羊的日粮中钙、磷的适宜比例应为（1.5~2）:1，其吸收效果较好。日粮中缺钙或由于钙、磷比例不当和维生素D供应不足，幼羊会出现佝偻病，成年羊会发生骨软症和骨质疏松，高产泌乳母羊有可能发生骨折或瘫痪。磷缺乏时，羊出现异食癖，如啃食羊毛、砖块、泥土等。幼龄羊、泌乳羊需钙、磷，尤其是钙较多。产奶羊每千克体重每天约需0.05克钙和0.03克磷。若饲料中钙、磷不足，产奶羊就会动用骨骼成分中的钙、磷，影响机体健康。

一般性植物饲料都缺钙，但豆科牧草，如苜蓿、红豆草等含钙量较高，农作物秸秆含磷量较低，而谷实类（玉米、高粱等）、饼粕、糠麸含磷量较高。大量饲喂某些含草酸多的青绿饲料可能影响钙的吸收。大量研究表明，在放牧条件下，羊很少发生钙、磷缺乏，这可能与羊喜欢采食含钙、磷较多的植物有关。在舍饲条件下，如以粗饲料为主，应注意补充磷；若以精饲料为主，则应注意补充钙。钙、磷过量会抑制干物质采食量，抑制瘤胃微生物的生长繁殖，影响羊的生长，并会影响锌、锰、铜等矿物元素的吸收。通过日粮补钙、磷时，应使用碳酸钙、氯化钙、磷酸氢钙和磷酸三钙等。由于瘤胃微生物的作用，反刍动物对植酸磷的利用率高于单胃动物。

（2）钠、钾、氯 它们主要分布在羊体的体液及软组织中，是维持渗透压、调节酸碱平衡、控制水代谢的主要元素。此外，氯还参与胃液盐酸形成，以活化胃蛋白酶。植物性饲料中钠的含量最少，其次是氯，钾一般不缺乏。羊的饲料以植物性饲料为主，而植物性饲料尤其是作物

秸秆含钠、氯较少，所以钠和氯不能满足其正常的生理需要。羊缺乏钠和氯可引起食欲下降、消化不良、生长受阻，必须在日粮中加以补充。一般用食盐补充氯和钠，食盐既是营养品又是调味剂，可提高食欲，促进羊的生长发育，一般按日粮干物质的0.15%～0.25%或混合精饲料的0.5%～1%补给。在育肥羊的饲养中，每天每只补饲5～8克食盐，也可基本满足其需要。过量食入食盐，饮水又不足时会出现腹泻，严重者可引起中毒、死亡。为了避免中毒发生，可以将食盐与其他的矿物质及辅料混合后制成舔砖让羊舔食。钾的主要功能是维持体内渗透压和酸碱平衡。对于育肥羊，钾的需要量占饲料干物质的0.5%～0.8%。

（3）镁 体内70%的镁存在于骨骼和牙齿中，25%存在于软组织的细胞中，镁也是磷酸酶、氧化酶、激酶、肽酶、精氨酸酶等多种酶的活化因子，参与蛋白质、脂肪和碳水化合物的代谢和遗传物质的合成等，调节神经肌肉兴奋性，维持神经肌肉的正常功能。反刍动物需镁量高，一般是非反刍动物的4倍左右，加之饲料中镁含量变化大，吸收率低，因此出现缺乏症的可能性大。有些地区土壤中缺镁，所生长的牧草也缺镁，特别是在晚冬和早春放牧季节，牧地植物中含镁量最少，气候寒冷和多雨更易引起镁缺乏症。羊缺镁时出现生长受阻、兴奋、痉挛、厌食、肌肉抽搐等症状。缺镁初期，出现外周血管扩张，脉搏次数增加。随后，血清中含镁量显著降低。当血清中含镁量从正常的1.7～4毫克/100毫升下降到0.5毫克/100毫升时，出现神经过敏、震颤、面部肌肉痉挛与步态蹒跚等症状，称为牧草痉挛。缺镁是引起羊大量采食青草后患抽搐症的主要原因。

【注意】

在晚冬和初春放牧季节，因牧草含镁量少，羊只对嫩绿青草中镁的利用率较低，易发生镁缺乏。干草中镁的吸收率高于青草，饼粕和糠麸中镁含量丰富，舍饲育肥羊较少发生镁缺乏症。治疗羊缺镁病时可皮下注射硫酸镁药剂，以放牧为主的育肥羊可以对牧草施镁肥而预防缺镁。镁过量可造成羊中毒，主要表现为昏睡、运动失调、腹泻，甚至死亡。

（4）硫 硫是羊必需矿物质元素之一，参与氨基酸、维生素和激素的代谢，并具有促进瘤胃微生物生长的作用。羊体中的硫分布于全身的每个细胞，主要以蛋白质中的甲硫氨酸、胱氨酸、半胱氨酸形式存在，还存在于生物素和硫胺素中。羊的蹄、角、毛等角蛋白质含有较多的硫元素。硫对合成体蛋白质、激素和被毛及碳水化合物代谢有重要作用。正常情况下羊很少出现硫缺乏症。羊缺硫时，表现食欲减退、掉毛、多泪、流涎及体重下降。羊补饲非蛋白氮时必须补饲硫，否则瘤胃中氮与硫的比例不当，而不能被瘤胃微生物有效利用，有可能出现缺硫现象，补饲尿素的育肥羊应补硫酸盐。蛋白质饲料含硫丰富，青玉米及块根、块茎类饲料中含硫量低。常用的硫补充原料有无机硫和有机硫 2 种，无机硫补充料有硫酸钙、硫酸铵、硫酸钾等，有机硫补充料有甲硫氨酸，羊瘤胃中的微生物能有效地利用无机硫（硫酸钾、硫酸钠、硫酸钙）合成含硫氨基酸，有机硫的补充效果优于无机硫，对产毛量多的绵羊和补饲尿素的羊应补硫酸盐。

（5）铁 铁主要存在于羊的肝脏和血液中，参与血红蛋白的形成，是血红素、肌红蛋白和许多呼吸酶类的成分，还参与骨髓的形成。饲料中缺铁时，易导致羊患贫血症，对羔羊尤为敏感。铁过量会引起磷的利用率降低，导致软骨病。在通常情况下，青绿饲料和谷类含铁丰富，成年羊一般不易缺铁。对哺乳早期的羔羊和舍饲的生长期肥育羊应注意补铁，以免影响其生长发育。铁过量易引起羔羊的曲腿综合征。

（6）铜 铜对红细胞和血红素的形成有催化作用，还是黄嘌呤氧化酶及硝酸还原酶的组成成分。日粮中铜缺乏，会影响铁的正常代谢，出现贫血、生长停滞、骨质疏松、行动失调和心脏纤维变性等。肌体缺铜时，会减少铁的利用，造成贫血、消瘦、骨质疏松、皮毛粗硬、毛品质下降等。由于牧草和饲料中含铜量较多，放牧饲养的成年羊一般不易缺铜。但如果长期饲喂生长在缺铜地区土壤中的植物或草地土壤中钼的含量较高，容易造成铜的缺乏。通常在羊的日粮中补充硫酸铜、甲硫氨酸铜等添加剂。需要注意的是，羊对铜的耐受性较低，补饲不当会引起铜中毒。

（7）锌 锌是体内多种酶（如碳酸酐酶、羧肽酶）和激素（胰岛素、胰高血糖素）的组成成分，对羊的睾丸发育、精子形成有重要作用。锌缺乏时，公羊表现为精子畸形和睾丸萎缩，母羊繁殖力下降，羔羊生长受阻，采食量下降，降低机体对营养物质的利用率，增加氮和硫的尿排出量，皮肤不完全角化，可见羊毛、羊角脱落。青草、糠麸和饼粕含有较多的锌，玉米和高粱含锌量较低（15～20 毫克/千克）。NRC 推荐的锌需要量为 20～33 毫克/千克干物质。一般情况下，可根据日粮含锌量的多少来调节锌的吸收。当日粮含锌量小时，吸收率迅速增加并减少体内锌的排出。青草、糠麸、饼粕类含锌量高，玉米和高粱含锌量较低。日粮中含钙量高易引起缺锌。在配合羊的日粮时，要综合考虑这些因素。羊缺锌时，注射维生素 E 可缓解症状，但维生素 E 不能替代锌的生物学功能。

（8）锰 锰参与骨骼的形成，是性激素和某些酶的重要组成成分，对卵泡的形成、肌肉和神经的活动都有一定作用。锰可促进钙、磷的吸收，反过来钙、磷不成比例又影响锰的消化和吸收。

缺锰导致羊繁殖力下降，长期饲喂锰含量低于 8 毫克/千克的日粮，会导致青年母羊初情期推迟、受胎率降低、妊娠母羊流产率提高、羔羊性别比例不平衡、羔羊初生体重低、死亡率高、育肥效果差等现象。

【注意】

青绿饲料和糠麸中含锰量较高，谷物籽实及块根、块茎中含量较低。饲养中可用硫酸锰、氯化锰等补充锰。NRC 认为饲料中锰含量达到 20 毫克/千克时，即可满足各阶段羊对锰的需求。

（9）钴 钴是维生素 B_{12} 的组成成分，并以钴离子形式参与造血，参与血红素和红细胞的形成，在代谢作用中是某些酶的激活剂。钴对于羊还有特别意义，可以促进瘤胃微生物的生长，增强瘤胃微生物对纤维素的分解，瘤胃中的微生物能够利用钴合成维生素 B_{12}，供其吸收利用，对瘤胃蛋白质的合成及尿素酶的活性有较大影响。羊缺钴表现为食欲不振、贫血、消瘦，羔羊生长停滞。血液及肝脏中钴的含量可作为羊体是否缺钴的标志。血清中钴含量为 0.25 ~ 0.30 微克/升时，表示钴缺乏，若低于 0.20 微克/升为严重缺钴。正常情况下，羊的鲜肝中钴的含量为 0.19 毫克/千克。羊采食的饲草干物质含钴量低于 0.07 毫克/千克时出现缺钴症。羊缺钴时，表现食欲减退，逐渐消瘦、贫血，以及繁殖力、泌乳量和剪毛量都降低。钴可通过口服或注射维生素 B_{12} 来补充，也可用氧化钴制成钴丸，使其在瘤胃中缓慢释放，达到补钴的目的。牧草干物质含钴 0.1 ~ 0.25 毫克/千克，谷物含钴仅 0.06 ~ 0.09 毫克/千克。羊营养缺钴具有地区性，土壤缺钴导致饲草、饲料缺钴。缺钴地区，可以给羊补钴，每天每只 0.5 毫克左右，制成添加剂或钴化食盐，也可将氧化钴放入胶丸内制成钴丸喂给羊，使其在瘤胃内缓慢释放。羊对钴的耐受量比较高，日粮中含量可以高达 10 毫克/千克。日粮钴的含量超过需要量的 300 倍时动物会产生中毒反应。一般来说，在生产中，羊出现钴中

毒的可能性较小，并且钴的毒性较低。钴过量时会使羊出现厌食、体重下降、贫血等症状，与缺乏症相似。

（10）硒 硒是谷胱甘肽过氧化酶及多种微生物酶发挥作用的必需元素，还是体内一些脱碘酶的重要组成部分。硒和维生素 E 一样具有抗氧化作用，能把过氧化脂类还原，保护细胞膜不受脂类代谢产物的破坏。硒还有助于维生素 E 的吸收和存留。缺硒可引起羊食欲减退，生长缓慢，繁殖力受损，对羔羊生长有严重影响，主要表现是白肌病，尸体解剖可见横纹肌上有白色的条纹，羔羊生长缓慢。此病多发生于2~8 周龄羔羊，死亡率很高。缺硒有明显的地域性，常和土壤中硒的含量有关，当土壤含硒量在0.1 毫克/千克以下时，羊即表现为硒缺乏。我国存在大面积缺硒地带，缺硒地区饲料、饲草的含硒量低于 0.05 毫克/千克。一般以亚硒酸钠制成预混剂补硒，也可以制成硒丸，内含 5% 硒元素，将硒丸由口腔投入瘤胃、网胃，同时投入便于研磨矿物质的物质（如金属微粒），以使硒丸在投放并滞留在瘤胃、网胃内，不断地被磨掉表面包被的化学物质，将硒元素缓慢释放出来，然后被吸收到血液内。在缺硒地区，给母羊注射1% 亚硒酸钠 1 毫升，羔羊出生后注射0.5 毫升亚硒酸钠也可预防此病发生。

以日粮干物质计算，日粮中硒含量超过 4 毫克/千克时，即引起羊硒中毒。硒过量引起的硒中毒大多数情况下是慢性积累的结果，羊长期采食硒含量超过 4 毫克/千克的牧草，将严重危害肉羊的健康。一般情况下硒中毒会使羊出现脱毛、蹄溃烂、繁殖力下降等症状。

（11）碘 碘是构成甲状腺的成分，主要参与体内物质代谢过程。碘缺乏表现为明显的地域性，如我国新疆南部、陕西西南部和山西东南部等部分地区缺碘，其土壤、牧草和饮水中的碘含量较低。缺碘时表现为甲状腺肿大、生长缓慢、繁殖性能降低，新生羔羊衰弱、无毛；成年羊新陈代谢减弱，皮肤干燥，身体消瘦，剪毛量和泌乳量降低。成年羊血清中碘含量为 3 ~4 毫克/100 毫升，低于此数值是缺碘的标志。在缺碘地区，给羊舔食含碘的食盐可有效预防缺碘。补给方法：将食盐中加入 0.01% 碘化钾，每只羊每天啖盐 8 ~10 克。

（12）钼 钼是动物体内黄嘌呤氧化酶及硝酸还原酶的组成成分，是反刍动物消化道微生物的生长因子。常规饲料中钼的含量足够羊体需要，不必额外补钼。钼中毒症较常见，有区域性特征，表现为腹泻和丧失食欲。

矿物质营养的吸收、代谢及在体内的作用很复杂，某些元素之间存

在协同和拮抗作用，因此某些元素的缺乏或过量可导致另一些元素的缺乏或过量。此外，各种饲料原料中矿物质元素的有效性差别很大，目前大多数矿物质元素的确切需要量还不清楚，各种资料推荐的数据也很不一致，在实践中应结合当地饲料资源特点及羊的生产表现进行适当调整。

羊对矿物质和微量元素的需要量见表3-3。

表3-3 羊对矿物质及微量元素的需要量

矿物元素	绵羊（每只每天）				山羊（每只每天）		
	幼龄羊	成年育肥羊	种公羊	种母羊	幼龄羊	种公羊	种母羊
食盐/克	9～16	15～20	10～20	9～16	7～12	10～17	10～16
钙/克	4.5～9.6	7.8～10.5	9.5～11.6	6～13.5	4～6	6～11	4～9
磷/克	3～7.2	4.6～6.8	6～11.7	4～8.6	2～4	4～7	3～6
镁/克	0.6～1.1	0.6～1	0.85～1.4	0.5～1.8	0.4～0.8	0.6～1	0.5～0.9
硫/克	2.8～5.7	3～6	5.2～9.05	3.5～7.5	1.8～3.5	3～5.7	2.4～5.1
铁/毫克	36～75	—	65～108	48～130	45～75	40～85	43～88
铜/毫克	7.3～13.4	—	12～21	10～22	8～13	7～15	9～15
锌/毫克	30～58	—	49～83	34～142	33～58	30～70	32～88
钴/毫克	0.4～0.58	—	0.6～1	0.43～1.4	0.4～0.6	0.4～0.8	0.4～0.9
锰/毫克	40～75	—	65～108	53～130	45～76	40～85	48～88
碘/毫克	0.3～0.4	—	0.5～0.9	0.4～0.68	0.3～0.4	0.2～0.3	0.4～0.7

5. 维生素

维生素是维持生命的要素，维生素是羊生长发育、繁殖后代和维持生命所必需的重要营养物质，主要以辅酶和催化剂的形式广泛参与体内生化反应，对羊体神经的调节、能量的转化和组织的代谢都有重要作用。维生素缺乏可引起机体代谢紊乱，影响动物健康和生产性能。

维生素可分为脂溶性和水溶性两大类。脂溶性维生素包括维生素A、维生素D、维生素E和维生素K；水溶性维生素包括B族维生素和维生素C。成年羊的瘤胃内可以合成B族维生素（维生素B_1、维生素B_2、烟酸、维生素B_6、生物素、叶酸和维生素B_{12}）及维生素K，在肝脏和肾脏中可以合成维生素C。因此，除羔羊外，一般无须添加。对成年羊一般需要添加的只有维生素A、维生素D和维生素E。最近有资料认为，某些瘤胃微生物需要特定的B族维生素调节生长。当用尿素替代蛋白质饲料时，更应考虑维生素的平衡。羊的主要维生素日需要量可以参照表3-4。

表 3-4　羊对主要维生素的需要量

名　　称	绵羊（每只每天）				山羊（每只每天）		
	幼龄羊	成年育肥羊	种公羊	种母羊	幼龄羊	种公羊	种母羊
维生素 A/1000 国际单位	0.4~0.9	4~6	6~8	4~6	3~5	5~7	4~6
维生素 D/1000 国际单位	0.4~0.7	0.56~0.76	0.5~1.0	0.5~1.1	0.4~0.5	0.3~0.6	0.4~0.8
维生素 E/毫克	—	—	51~84	—	—	32~61	—

（1）维生素 A　维生素 A 是构成视紫质的组分，对维持羊正常的视觉、促进细胞增殖、器官上皮细胞的正常活动、调节有关养分代谢等有重要作用，是暗视觉所必需的物质。维生素 A 参与性激素的合成，与动物免疫、骨骼生长发育有关。维生素 A 仅存在于动物体内。植物性饲料中的胡萝卜素作为维生素 A 原，可在动物体内转化为维生素 A。一般优质青干草和青绿饲料中含有丰富的胡萝卜素。而作物秸秆、饼粕中缺乏胡萝卜素，羊长期饲喂这些饲料时要补充维生素 A。羔羊育肥需要量一般为 1500~2000 国际单位。

【提示】

维生素 A 缺乏时，羊采食量下降，生长停滞、消瘦，皮毛粗糙、无光泽，未成年羊出现夜盲，甚至完全失明；母羊发情期缩短或延迟，受胎率低，易流产或产死胎，公羊射精量少，精液品质下降。由于缺乏维生素 A，羊鼻内排出很浓的黏液和发生尿结石。维生素 A 不易从机体内迅速排出，摄入过量可引起动物中毒，羊的中毒剂量一般为需要量的 30 倍。维生素 A 中毒症状一般是器官变性，生长缓慢，特异性症状为骨折、胚胎畸形、痉挛、麻痹甚至死亡等。

（2）维生素 D　维生素 D 可以促进小肠对钙和磷的吸收，维持血中钙、磷的正常水平，有利于钙、磷沉积于牙齿与骨骼中，增加肾小管对磷的重吸收，减少尿磷排出，保证骨的正常钙化过程。

维生素 D 缺乏会影响钙、磷代谢，羊表现为食欲不振，体质虚弱，发育缓慢。羔羊会出现软骨症，成年羊骨质疏松、关节变形。维生素 D 可影

响动物的免疫功能，缺乏时，动物的免疫力下降。维生素 D 过多引起的主要病理变化是软组织普遍钙化，长期摄入过量干扰软骨的生长，出现厌食、失重等症状。维生素 D 连续饲喂超过需要量 4 ~ 10 倍及以上，60 天之后可出现中毒症状；短期使用时可耐受 100 倍的剂量。维生素 D_3 的毒性比维生素 D_2 大 10 ~ 20 倍。青绿饲料中麦角固醇含量高，经过阳光照射后转化为维生素 D_2，羊表皮层的 7-脱氢胆固醇经阳光照射能转化为维生素 D_3。舍饲或不见阳光的羊要注意补充维生素 D 或多喂青绿饲料和青干草。

（3）维生素 E 维生素 E 又称作生育酚，是一种抗氧化剂，能防止易氧化物质的氧化，保护细胞膜上的脂质不受破坏，维持细胞膜完整，具有调节生殖机能，维持肌肉正常功能的作用。维生素 E 不仅能增强羊的免疫能力，而且具有抗应激作用。在饲料中补充维生素 E 能提高羊肉贮藏期间的稳定性，延缓颜色的变化，减少异味，并且维生素 E 在加工后的产品中仍有活性，使产品的稳定性提高。

【提示】

维生素 E 缺乏时，羔羊和生长期羊的心肌和骨骼肌变性，出现运动障碍，甚至不能站立，后腿比前腿更严重；公羊睾丸发育不良，精液品质差；母羊受胎率低，流产或产死胎，所产羔羊身体瘦弱，不能抬头吸奶，生出时即死，或者生后不久夭折。我国北方，冬季枯草期长，在长期断青的情况下，母羊可能发生维生素 E 缺乏，羔羊易发生白肌病。因此，对冬季舍饲的种公羊、妊娠母羊和青年育成羊，都应在日粮中补充维生素 E。

维生素 E 相对于维生素 A 和维生素 D 对羊是无毒的，它能耐受维生素 E 需要量的 100 倍剂量。

【小经验】

植物能合成维生素 E，因此维生素 E 广泛分布于饲料中。谷物的胚中含有丰富的维生素 E，叶和优质干草也是维生素 E 很好的来源，尤其是苜蓿，维生素 E 的含量很丰富。青绿饲料（以干物质计）中维生素 E 含量一般较谷类籽实高出 10 倍之多。但在加工过程中易被氧化破坏，在饲料的加工和贮存中，维生素 E 损失较大，半年可损失 30% ~ 50%。

(4) B族维生素 B族维生素主要作为细胞的辅酶，催化碳水化合物、脂肪和蛋白质代谢中的各种反应。

长期缺乏和不足，可引起代谢紊乱和体内酶活力降低。成年羊的瘤胃机能正常时，瘤胃微生物能合成足够其所需的B族维生素，一般不需要日粮提供。但羔羊由于瘤胃发育不完善，机能不全，不能合成足够的B族维生素，维生素B_1、维生素B_2、维生素B_6、泛酸、生物素、烟酸和胆碱等是羔羊易缺乏的维生素，因此在羔羊料中应注意添加。

羊瘤胃微生物能合成烟酸。但日粮中亮氨酸、精氨酸和甘氨酸过量，色氨酸不足，会增加羊对烟酸的需要。另外，如果饲料中含有腐败的脂肪或某些降低烟酸利用率的物质，也会增加羊对烟酸的需要。

维生素B_{12}在肉羊体内丙酸代谢中起重要作用。羊缺乏维生素B_{12}常常由日粮中缺钴所致，瘤胃微生物没有足够的钴则不能合成最适量的维生素B_{12}。

(5) 维生素K 维生素K的主要作用是催化肝脏对凝血酶原和凝血质的合成，通过凝血因子的作用使血液凝固。

维生素K不足时，由于限制了凝血酶的合成而使血液凝固能力下降，从而引起出血。

青绿饲料中富含维生素K_1，瘤胃中可合成大量维生素K_2，一般不会缺乏。但由于饲料间的一些成分有拮抗作用，如草木樨和一些杂草中含有与维生素K化学结构相似的双香豆素，能妨碍维生素K的利用；霉变饲料中的真菌毒素有制约维生素K的作用；药物添加剂如抗生素和磺胺类药物，能抑制胃肠道微生物合成维生素K。出现这些情况时，需适当增加维生素K的喂量。

各生理阶段羊对维生素的需要量，一般来说，幼龄的、体小的羊比年老的、体大的及成熟而未产仔的成年羊要多一些。羔羊瘤胃发育不成熟，反刍功能尚未健全之前，需要补饲含维生素的补充料。具体要视母羊日粮和环境状况而定。如果母羊在户外放牧，草场又好，羊奶中就具有充足的维生素。如果母羊在户内舍饲，羊奶中的维生素含量就不能满足羔羊的需要。为了预防维生素缺乏，也可以在喂母羊的精饲料中添加维生素。

脂溶性维生素的生理功能、缺乏症及主要来源见表3-5。

表 3-5　维生素的生理功能、缺乏症和主要来源

维生素名称	特　征	生理功能	缺乏症	主要来源
维生素 A	植物含有胡萝卜素，动物可将其转化为维生素 A	维持上皮组织的健全与完整，维持正常的视觉，促进生长发育	眼干燥症、夜盲症、上皮组织角化，抗病力弱，生产性能降低	青绿饲料、胡萝卜、黄玉米、鱼肝油
维生素 D	结晶的维生素 D 比较稳定，晒太阳少时易缺乏	促进钙、磷的吸收与骨骼的形成	幼羊患佝偻病，成年羊患骨质疏松症	日光照射在体内合成，补充鱼肝油
维生素 E	对酸、热稳定，对碱不稳定，易氧化	维持正常的生殖机能，防止肌肉萎缩，抗氧化剂	肌肉营养不良或白肌病，生殖机能障碍	植物油、青绿饲料、小麦胚等
维生素 K	耐热，易被光、碱破坏	维持血液的正常凝固	凝血时间延长	青绿饲料

6. 水

从严格意义上讲，水不属于营养物质，但它是一切生命活动不可缺少的物质。水是机体器官、组织的主要组成部分，约占体重的一半。羊的一切生理活动都需要水的参与，是饲料的消化吸收、营养物质代谢、体内废物排泄及体温调节等生理活动所必需的物质。水可以溶解、吸收、运输各种营养物质，排泄代谢废物，调节体温，促进细胞与组织的化学作用，调节组织的渗透压。

羊饮水不足，会使羊的胃肠蠕动减慢，消化紊乱，血液浓缩，体温调节功能等遭到破坏。在缺水情况下，羊体内脂肪过度分解，会促进毒血症的发生，并导致肾炎等症状。饮水不足会影响食物的适口性，使采食量下降。羊体含水量一般占其体重的 55%～65%。羊对水的需要比对其他营养物质的需要更重要。一只饥饿的羊，可以失掉几乎全部脂肪、半数以上蛋白质和 40% 体重仍能生存，但失掉体重 1%～2% 的水，即出现渴感，食欲减退。继续失水达体重的 8%～10%，则引起代谢紊乱。失水达体重的 20%，可使羊致死。

羊所需要的水来自饮水、饲料中的水分及代谢水（即动物新陈代谢过程所产生的水)，但主要靠饮水。羊的代谢水只能满足其需要量的5%~10%。羊对水的利用率很高，但是还应该提供充足饮水。羊体需水量受机体代谢水平、环境温度、生理阶段、体重、采食量和饲料组成等多种因素影响。每采食1千克饲料干物质，需水1~2千克。成年羊一般每天需饮水3~4千克。羊的生产水平高时需水量大，环境温度升高需水量增加，采食量大时需水量也大。羊采食矿物质、蛋白质、粗纤维较多，则需较多的饮水。一般气温高于30℃，羊的需水量明显增加；当气温低于10℃时，需水量明显减少。气温在10℃时，采食1千克干物质需供给2.1千克的水；当气温升高到30℃以上时，采食1千克干物质需供给2.8~5.1千克水。舍饲养殖必须供给足够的饮水，在羊舍和运动场里设置水槽，保持清洁的饮水足量。尤其炎热的夏季更应该注意。羊饮水的水温不能超过40℃，因为水温过高会造成瘤胃微生物的死亡，影响瘤胃的正常功能。在冬季，饮水温度不能低于5℃，温度过低会抑制微生物活动，并且为维持正常体温，动物必须消耗自身能量。

四、熟悉常用饲料资源

根据营养特性，羊的饲料分为青绿饲料、粗饲料、青贮饲料、能量饲料、蛋白质饲料、矿物质饲料、维生素饲料和饲料添加剂。

1. 青绿饲料

青绿饲料主要包括青牧草、青刈饲草和叶菜类等，其特点是水分含量多，天然水分含量在60%以上；粗纤维含量少；蛋白质含量丰富，在一般禾本科和叶菜类中含1.5%~3%，豆科青绿饲料中含3.2%~4.4%。青绿饲料中维生素含量丰富，也是矿物质的良好来源，钙、磷丰富，尤其豆科牧草含量较高。由于青绿饲料柔嫩多汁，其有机物质消化率可达75%~80%。青绿饲料的种类主要分为青牧草、青刈饲草和叶菜类。

(1) 青牧草 青牧草包括自然生长的野草和人工种植的牧草。野草种类较多，其营养价值因植物种类、土壤状况等不同而有差异；人工种植的牧草如苜蓿、沙打旺、草木樨、苏丹草等营养价值较一般野草高。

(2) 青刈饲草 青刈饲草是把农作物如玉米、大麦、豌豆等进行密植，在籽实未成熟前收割，饲喂肉羊。青刈饲料的蛋白质含量和消化率均比结籽后高，茎、叶的营养含量上部高于下部，叶高于茎，因此，收贮时应尽量减少叶部损失。

(3) 叶菜类 叶菜类包括树叶（如榆、杨、桑、果树叶等）和青菜（如白菜等），含有丰富的蛋白质和胡萝卜素，粗纤维含量较低，营养价

值较高。

【注意】

萝卜叶、白菜叶等叶菜类含有硝酸盐，堆放时间过长，腐败菌能把硝酸盐还原为亚硝酸盐引起肉羊中毒；玉米苗、高粱苗、亚麻叶含氰甙，羊食后在瘤胃中会生成氢氰酸发生中毒，应晒干或制成青贮饲料饲喂；对喷过农药的牧草、蔬菜、田间杂草等，应在药效消失后饲喂，以防农药中毒。

2. 粗饲料

粗饲料是指粗纤维含量在18%以上，营养价值较低的一类饲料，常指各种农作物收获籽实后剩余的秸秆、秕壳及干草等。粗饲料无氮浸出物和粗纤维含量高，蛋白质、维生素和钙、磷含量低。但是，粗饲料来源广、种类多、产量大、价格低，是肉羊在冬、春两季的主要饲料来源。粗饲料包括干草、秸秆和秕壳三大类。

（1）干草 干草是指青草或其他饲料作物刈割下来，经干燥制成的。用于制干草的有豆科草类的苜蓿、红豆草、小冠花等；禾本科牧草，如狗尾草、羊草，谷类茎、叶等。优质青干草呈绿色，叶多，适口性好，含有较多的蛋白质、胡萝卜素、维生素D、维生素E及矿物质，是舍饲肉羊重要的基础饲料。由于所处生态环境、植被类型、牧草种类和收割与调制方法等的不同，干草品质差异很大。干草粗纤维含量一般为20%～30%。粗蛋白质含量，豆科干草为12%～20%，禾本科干草为7%～10%。钙含量，豆科干草如苜蓿为1.2%～1.9%，而一般禾本科干草为0.4%左右。谷物类干草的营养价值要低于豆科及大部分禾本科干草。优质干草一般绿色均匀、气味清爽，肉羊喜食；呈灰褐色、灰棕色、黑棕色，有焦糖味或似烧烟草味的干草，是因为晒制时雨淋或闷捂过热造成的，质量差，肉羊不爱采食，加工调制时尤其要注意。

（2）秸秆 秸秆是各种农作物收获籽实后剩余的茎秆和叶片，主要有玉米秸、谷草、稻草、麦秸、豆秸、甘薯秧和花生秧等。秸秆的粗纤维含量一般为25%～50%，蛋白质含量为3%～6%，除维生素D之外，其他维生素均缺乏，矿物质钾含量高，钙、磷缺乏。

（3）秕壳 秕壳包括籽实脱粒时分离出的颖壳、荚皮、外皮等，如麦糠、谷糠、豆荚、棉籽皮等，其营养价值略好于同作物的秸秆，但稻壳和花生壳质量差。

【提示】

青干草的质量与收割时间和调制方法有关。禾本科牧草在孕穗期或抽穗期收割，豆科牧草应在结蕾期或开花初期收割，晒制干草时应防止曝晒和雨淋，最好采用阴干法。秸秆的适口性差，消化率低，为提高秸秆的利用率，喂前应进行切短、氨化、碱化处理。羊日粮中粗饲料的含量一般为60%～70%。秸秆、秕壳、树枝、树叶等粗饲料中粗纤维含量较高，适口性差，在饲喂时要限制其用量。粗饲料的营养价值差别较大，优质的干草除可维持肉羊的生命之外，还可用于生产。而肉羊对秸秆类饲料的进食量不足体重的1%，生产中必须与精饲料合理搭配使用。禾本科应与豆科干草配合使用，有条件的再配合青绿饲料更好。

3. 青贮饲料

青贮饲料其实也是粗饲料的一种，只因其经过一定处理，可减少饲料营养流失及使饲料特性略有改变。青贮饲料是把新鲜的青绿饲料，如青绿玉米秸、高粱秸、红薯蔓、青草等装入密闭的青贮窖、塔、壕、袋中，在厌氧条件下经乳酸菌发酵产生乳酸或利用化学制剂调制，从而抑制有害腐败菌的生长，使青绿饲料能长期保存的技术。

青贮饲料酸香可口，柔软多汁，营养损失少。青贮饲料中由于存在大量乳酸菌，微生物蛋白质含量比青贮前提高20%～30%。而且，青贮饲料制作简便、成本低廉，经乳酸发酵，可使原来的粗硬秸秆变软，提高营养价值和适口性，解决了冬、春两季向肉羊供青绿饲料的难题，是舍饲肉羊的一类理想饲料。

一般根据青贮原料的种类、收获季节等的不同，可将青贮饲料分为全株玉米青贮、玉米秸青贮、牧草青贮、蔓秧及叶菜类青贮、混合青贮等。根据调制方法不同，除普通青贮法外，还可进行低水分青贮和外加剂青贮。低水分青贮又称半干青贮。采用此技术可以解决豆科牧草单独青贮不易成功的问题。外加剂青贮是指添加外源物质进行青贮。常用的有添加尿素、酸类、酶制剂、乳酸菌及添加营养物质等方式。

4. 能量饲料

能量饲料是指干物质中粗纤维含量低于18%，同时粗蛋白质含量低于20%的饲料，其特点是淀粉类碳水化合物含量丰富，粗纤维少，易消化；蛋白质含量较低（10%以下）；赖氨酸、甲硫氨酸、苏氨酸、色氨

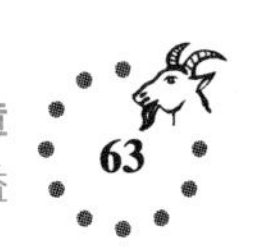

酸等必需氨基酸含量少，胡萝卜素缺乏，但B族维生素丰富。常用能量饲料主要包括谷实类、糠麸类和薯类饲料，主要功能是供给肉羊能量。

（1）谷实类 谷实类是指禾本科籽实，如玉米、高粱、大麦等。谷实类含无氮浸出物60%~70%，是羊补充热能的主要来源。这类饲料含粗蛋白质9%~12%、磷0.3%左右、钙0.1%左右。一般B族维生素和维生素E较多，而维生素A、维生素D缺乏，除黄玉米外都缺乏胡萝卜素。对羔羊和快速育肥肉羊需要喂一部分谷实类饲料，并注意搭配蛋白质饲料，补充钙和维生素A。

玉米易消化，所含能量在谷实类中最高。整粒玉米喂肉羊，消化不全，宜稍加破碎。高粱含能量略低于玉米，粗灰分略高，饲喂肉羊的效果相当于玉米的90%左右。大麦含粗蛋白质10%以上，高于玉米，钙、磷含量也较高，可大量用来喂肉羊。燕麦含粗蛋白质高于玉米和大麦，但因麸皮（壳）多，粗纤维超过11%，适当粉碎后是肉羊的好饲料。

（2）糠麸类 糠麸类是谷物加工后的副产品，除无氮浸出物外，其他成分都比原粮多，含能量是原粮的60%左右。糠麸体积大、重量轻，属于蓬松饲料，有利于胃肠蠕动，易消化。

麸皮中粗蛋白质含量达14%左右，适口性好，具轻泻作用，喂量不宜过大。玉米皮含粗蛋白质10.1%、粗纤维9.1%~13.8%，可消化性比玉米差。米糠的脂肪含量在15%以上，易酸败变质，不宜久存。为防止腹泻，勿喂过量。大豆皮是大豆加工过程中分离出的种皮，含粗蛋白质18.8%，粗纤维含量高，但其中木质素少，所以消化率高，适口性也好。研究表明，粗饲料中加入大豆皮能提高羊的采食量，饲喂效果与玉米相同。

（3）薯类 薯类饲料在其脱去水分之前，称块根、块茎类及瓜果类饲料，其特点是水分含量高，干物质相对较少。在干物质中它们的粗纤维含量低，无氮浸出物很高，占干物质的65%~85%，多是易消化的糖、淀粉等。冬季，在以秸秆、干草为主的肉羊日粮中配合部分此类饲料，能改善日粮的适口性，提高饲料利用率。

胡萝卜产量高、耐贮存、营养丰富。胡萝卜大部分营养物质是淀粉和糖类，因含有蔗糖和果糖，多汁味甜。每千克胡萝卜含胡萝卜素36毫克以上，含磷量约为0.09%，高于一般多汁饲料。另外，胡萝卜含铁量较高，颜色越深，胡萝卜素和铁含量越高。甘薯产量高，粗纤维少，富含淀粉，能量含量居多汁饲料之首。甘薯怕冷，宜在13℃左右贮存。有黑斑病的甘薯有异味且含毒性酮，喂羊易导致喘气病，严重的可引起死亡。马铃薯与甘薯一样，能量含量比其他多汁饲料高。马铃薯含有龙葵素，在幼芽及未成熟的块茎和在贮存期间经日光照射变成绿色的块茎中含量较高，饲喂过多可引起中毒。饲喂时要切除发芽部位并仔细选择，以防中毒。关于甜菜及甜菜渣，饲用甜菜产量高，含糖量为5%～11%，喂量不要过多，也不宜单一饲喂。糖用甜菜含糖量为20%～22%，经榨汁制糖后剩余的残渣叫甜菜渣。甜菜渣中80%的粗纤维可以被羊消化，所以按干物质计算可看成年羊的能量饲料。甜菜渣含钙较多，并且钙多于磷，比例优于其他多汁饲料。需要注意的是，干甜菜渣在饲喂前应先用2～3倍重量的水浸泡，以免干饲后在消化道内大量吸水引起膨胀致病。

甜菜渣加糖蜜和7.8%尿素可以制成甜菜渣块制品，质硬、消化慢、尿素利用率高、安全性好，可使采食量提高20%。

5. 蛋白质饲料

蛋白质饲料是指干物质中粗蛋白质含量在20%以上，粗纤维含量在18%以下的饲料，包括油料籽实提取油脂后的饼粕、豆类籽实、糟渣。

1）豆科籽实的无氮浸出物含量为30%～60%，蛋白质含量为20%～40%。除大豆外，脂肪含量较低（1.3%～2%）。大豆的粗蛋白质含量约为35%，脂肪含量为17%，适合做蛋白质补充料。但由于大豆中含有抗胰蛋白酶等抗营养物质，喂前需煮熟或蒸炒，以利于蛋白质的消化吸收。

2）饼粕类粗蛋白质含量为30%～45%，粗纤维含量为6%～17%，所含矿物质一般磷多于钙，富含B族维生素，而胡萝卜素含量较低。

① 豆饼质量居饼粕之首，粗蛋白质含量在40%以上。质量好的豆饼色黄味香，适口性好，价格高，在日粮中含量不要超过20%。

② 棉籽饼是棉区喂羊的好饲料，去壳机榨或浸提的棉籽饼的粗纤维含量在10%左右，粗蛋白质含量为32%～40%；带壳的棉籽饼的粗纤维含量高达15%～20%，粗蛋白质含量在20%左右。棉籽饼中含有游离棉酚毒素，长期大量饲喂（日喂1千克以上）会引起中毒，影响公羊精液进而引起不育，种公羊饲料禁止添加，羔羊日粮中一般不超过20%。

③ 菜籽饼的粗蛋白质含量在36%左右，矿物质和维生素比豆饼丰富，含磷较高，含硒量比豆饼高6倍，居各种饼粕之首。菜籽饼含芥子毒素，不宜用来饲喂羔羊和妊娠羊。

④ 向日葵饼去壳压榨或浸提的饼粕粗蛋白质含量在45%左右，能量

比其他饼粕低；带壳饼的粗蛋白质含量在30%以上，粗纤维含量在22%左右，喂羊的营养价值与棉籽饼相近。

3）糟渣类是谷实及豆科籽实加工后的副产品。这类饲料含水分多，宜新鲜时喂用。酒糟中的粗蛋白质占干物质的19%～24%，无氮浸出物的含量为46%～55%，是育肥肉羊的好饲料。

粉渣是玉米或马铃薯制取淀粉后的副产品，粗蛋白质含量较低，但无氮浸出物含量较高，折成干物质后能量接近甚至超过玉米。

6. 矿物质饲料

矿物质饲料主要是用于补充日粮中矿物质的不足。常用的矿物质饲料有食盐、骨粉、贝壳粉、石粉、磷酸氢钙。食盐的主要成分是氯化钠，可补充钠和氯，并促进唾液分泌，增强食欲。贝壳粉由贝壳煅烧粉碎而成，钙含量达34%～40%，是钙补充剂。石粉即石灰石粉，为天然碳酸钙，一般钙含量在34%左右，是补充钙质最廉价的原料。

7. 维生素饲料

维生素是指工业提取或人工合成的饲用维生素，如维生素A醋酸酯、胆钙化醇醋酸酯等。维生素在饲料中的用量非常少，常以单独一种或复合维生素的形式添加到配合饲料中，用以补充维生素的不足。

由于成年羊的瘤胃微生物能合成B族维生素和维生素K；肝脏、肾脏可合成维生素C，一般不缺乏。因此，一般除羔羊外，不需要额外添加。哺乳羔羊应补给维生素B_2。但当青绿饲料不足时应考虑添加维生素A、维生素D、维生素E。通常认为反刍动物中需要补充的仅仅是脂溶性维生素。目前研究表明，水溶性维生素，如生物素、烟酸和胆碱等对肉羊的育肥作用也很显著。

实际生产中，为适应不同生长阶段肉羊对维生素的营养需要，添加剂预混料生产厂可有针对性地复合多种维生素产品，用户可以根据肉羊生产需要直接选用。

8. 饲料添加剂

饲料添加剂品种繁多，主要包括营养性饲料添加剂和非营养性饲料添加剂。营养性饲料添加剂是指用于补充饲料营养成分的少量或微量物质，包括饲料级氨基酸、维生素、矿物质微量元素、非蛋白氮等。市场上多数是将氨基酸、维生素、矿物质微量元素混合在一起，称为预混料添加剂。非营养性饲料添加剂是指为保证或改善饲料品质、提高饲料利用率而加入饲料中的少量或微量物质，包括酶制剂、抗氧化剂、饲用微生物制剂、防腐剂、着色剂、调味剂、香料、黏结剂、抗结块剂等。近年来，新增加的酶制剂、微生态制剂、中草药制剂或提取物等多自天然物质提取物，具有无残留或微量残留等优点，对促进肉羊生长和免疫，以及改善羊肉品质具有重要作用。

肉羊饲料中使用的营养性添加剂和非营养性添加剂应符合《饲料添加剂品种目录》所规定的品种，或者是取得试生产产品批准文号的新型饲料添加剂品种。饲料添加剂产品的使用应遵守产品说明书所规定的用法、用量。在使用添加剂时，一定要注意不要添加瘦肉精等违禁添加的物质，否则将属于违法，重者会受到法律的制裁。

五、做好饲草储备，保障日粮供应

饲草储备是肉羊生产中非常重要的基础工作，就如同行军打仗，粮草先行一样。无论是新建羊场还是老羊场，在合适的时候都要储备饲草，如场地允许，最好做出一周年的储备。粗饲料一般是在作物收获之后，南方一些地方是一年多季，在北方一般在 11 月进入气候学上所指的冬季，其实在 10 月中下旬地里的草和植被已经枯黄，因此在饲草储备方面，要提早做好越冬准备。

1. 根据羊场规模制订饲草储备计划

（1）粗饲料储备 应在秋季从附近收购一些像花生秧、红薯蔓、玉米秸等农作物秸秆，购买苜蓿、花生秧等或混合草粉，每只羊每天按 1 千克粗饲料计算进行储备。在做饲草储备计划时，需要事前对羊周转做出大致估计，预计冬季成年羊和育肥羊的饲养量，因为这两类羊粗饲料需要量所占比重较大。每只成年羊每天饲喂量按 2 千克计算，根据羊场规模就可以计算出一周年所需要的干草的重量。另外，粗饲料储备场要远离火源，可以搭建简易草棚，能够遮风挡雨即可，不需要昂贵设施，以减少投入。

（2）青绿饲料储备 青绿饲料主要是指青贮饲料，在繁殖配种季节还可以给基础母羊和公羊饲喂胡萝卜，每天按 0.5 ~1 千克的量饲喂。青贮饲料对于规模化种羊场十分重要，特别在冬季，青贮饲料在日粮中占有很大比重，青贮饲料的主要作用是填充，使羊有饱感，另外，起到多汁饲料的作用，是冬季肉羊能够吃到的比较好的多汁饲料，仅靠干草很难满足需要，因此，规模羊场一定要做好青贮饲料。青贮玉米秸秆是最为常见的青贮饲料，在玉米收获之后要做好青贮玉米秸秆工作，如果有充足的青贮窖和青玉米秸，可以做够一周年的饲喂量，这样就可以免去

冬季缺乏青绿饲料的困扰，以及雨季无法收割鲜草的麻烦。在做青贮饲料时要趁天气晴朗加快进度，避免遭雨淋。

青贮玉米秸秆按每只成年基础母羊每天采食 3 千克计算，然后根据养殖规模计算一周年需要多少千克的青贮玉米秸秆。有条件的羊场可利用自有土地或流转土地种植青贮玉米或牧草，根据饲养规模确定种植面积，做到种植与养殖紧密连接，农牧一体循环生产。图 3-3 和图 3-4 分别为联合收割机收割粉碎全株玉米和全株玉米秸秆装入青贮窖。

图 3-3　联合收割机收割粉碎青贮玉米

图 3-4　粉碎的全株玉米秸秆装入青贮窖

（3）精饲料的储备　精饲料的供应并不像粗饲料那样具有季节性，但对于规模化羊场还是要储备一些，由于冬季缺乏青绿饲料，羊从粗饲料中获取的营养减少，需要由精饲料补充，精饲料的需要量要稍大一些，无论是自配精料还是购买浓缩料，都要储备一些玉米，玉米是用量最大的饲料原料，特别是在冬季，遇上风雪天气或接近春节时，随时购买有时可能做不到，因此，规模羊场更要做好准备。精饲料的储备主要是指用量大的能量饲料玉米和饼粕类饲料，每只成年基础母羊平均需要大约300克玉米，根据季节和市场行情变化及库存容量可以适时储备玉米和蛋白质饲料。

2. 遵循饲料多样化原则，广开饲料资源

只有开辟非常规饲料资源才能减少成本，提高饲料利用率，为羊提供多样化的饲料原料，实现均衡营养的目的。在优质牧草缺乏的情况下，可以利用一些农副产品及下脚料作为羊的饲料，如树叶、糟渣类、蘑菇根及非蛋白氮等能够提供营养、不会产生毒性的非常规饲料资源。在进入初冬时节，收集一些乔木树叶、灌木树枝、果树叶等。如附近有一些农副产品下脚料可以与常规牧草搭配饲喂，这样既可以节约成本，又可以使粗饲料营养之间互补，平衡营养。此外，对于参加配种的公羊和繁殖的母羊，如有条件可以饲喂一些胡萝卜，增加繁殖母羊和公羊的营养。

【注意】

冬季气候寒冷，羊的营养需要加大，在温暖季节的基础上需要有一部分营养用来御寒，特别是毛用羊，如果营养跟不上，产毛量、产绒量减少。如果遇寒冷的冬季，更要加大营养水平，提高日粮能量浓度，保证羊的御寒需要。如果营养跟不上，羊的体质下降，容易患疾病，甚至被冻死冻伤。

六、掌握粗饲料加工调制技术

饲料经过科学的加工调制，可以改善适口性，提高其营养价值和饲料转化率，从而达到提高饲喂效果的目的。粗饲料在羊日粮中占的比例很大，经过调制后可以提高羊采食量和饲料转化率，能使养羊生产获得较高效益。

1. 青干草的调制

青草或其他饲料作物割下来后，经晒干或人工干燥到水分含量为14%~17%时即成青干草。青干草的优劣与草的种类、收割时期、制作及贮存有很大关系。一般说豆科和禾本科植物调制的干草质地好，营养价值高，豆科又优于禾本科。豆科干草粗蛋白质含量为12%~20%，钙含量较高，如苜蓿可达1.2%~1.9%。禾本科干草粗蛋白质含量为7%~10%，钙含量在0.4%左右。谷物类干草则不如豆科、禾本科。优质青

干草呈绿色，气味芳香，叶量大，含有丰富的蛋白质、矿物质和胡萝卜素、维生素D和维生素E，是养羊的重要基础饲料。新鲜饲草通过调制干草，可实现长时间保存和商品化流通，同时干草又是生产其他草产品（如草粉、草颗粒等）的主要原料。

（1）收割时期 调制青干草的植物要适时刈割、合理调制。青草收割时期过早，虽然含蛋白质、维生素等营养丰富，但产量低，单位总养分量相对少，并且因草中水分多，不易晾晒，容易腐烂变质，在草甸子上割打青草正值夏末秋初，阴雨连绵，对收贮干草极为不利；收割过迟，虽然收获的产量较高，但粗纤维增多，蛋白质等营养流失，适口性也下降。而且割草过晚，残草的草根营养不足，对青草越冬不利，会影响第二年青草返青生长。对多年生牧草来说，收割不仅是一次产品的收获，也是一项田间管理措施，因为收割时期是否得当，割茬是否合适（一般留茬5~8厘米），都对牧草的生长发育产生很大的影响，延期收割不仅饲草质量低，也影响生长季的收割次数。因此，选择适宜的收割期，对保证调制干草的质量和效果非常重要。一般豆科草从孕蕾到开花末期，禾本科草在抽穗期收割最为适宜。这个时期收割并晾晒好的干草，营养物质均衡，蛋白质完善，维生素保存较多，钙、磷含量也较高，粗纤维尚未木质化，因而消化率高，是羔羊育肥的好饲料。

1）禾本科牧草。一般应以抽穗初期至开花初期收割为宜。此类牧草主要是天然草地、荒山野坡、田埂及沼泽湖泊内所生长的无毒野草和人工种植的牧草，其特点是茎秆上部柔软，基部粗硬，大多数茎秆呈空心，上下较均匀，整株均可饲用，抽穗初期收割其生物产量、养分含量均最高，质地柔软，非常适于调制青干草。但一旦抽穗开花结实，茎秆就会变得粗硬光滑，此时牧草的生物产量、养分含量、可消化性等均已有很大下降，再用于调制青干草，其饲用价值也会明显降低。

2）豆科牧草。以始花期到盛花期收割为最好。因为此时牧草养分比其他任何时候都要丰富，茎秆的木质化程度很低，有利于羊的采食、消化。用于制作干草的牧草多为人工种植，常见的有苜蓿、草木樨、红三叶、白三叶、紫云英，以及豆科类作物如豌豆、蚕豆、黄豆等。这类牧草一般生长到开花期时茎秆逐渐变得粗硬光滑，木质化程度提高，由此调制而成的青干草饲用价值下降。彩图9为苜蓿打捆。一些牧草品种适宜收割期见表3-6。

表 3-6　一些调制干青草用的牧草品种的适宜收割期

牧草品种	适宜收割期
苜蓿	少于1/10花开时或长新花蕾时
红三叶	早期至1/2开花期
杂三叶	早期至1/2开花期
绛三叶	开花开始时
草木樨	开花开始时
红豆草	1/2豆荚充分成熟
大豆草	1/2豆荚充分成熟
胡枝子	盛花期
绢毛铁扫帚	株高30～40厘米
白三叶	盛花期
禾本科草	抽穗至开花期
苏丹草	开始抽穗
小谷草	籽粒乳熟期至蜡熟期

（2）干燥方法　青干草干燥方法有4种：地面晒制法、铁丝架晒制法、草架晒制法和机器干燥法。不同的干燥方法，对保持鲜草所含养分有着很大的影响。牧草调制时间应尽量缩短，收割后的饲草应尽快地调制成干草，以免营养物质损失太多。在干制过程中酶的活动加剧，牧草中的氨基酸将被分解成氨化物和有机酸，甚至形成氨气。干燥时间过长，蛋白质损失量将超过25%。

1）地面晒制法。目前调制干草一般都靠自然日光晒制，在我国应用最普遍。晒制干草首先考虑当地气候条件，应选择晴天进行。将收割的青草在原地或运到地势比较干燥的地方薄薄地平铺在地面上曝晒，晴天晾晒一天，叶片凋萎，含水量为45%～50%时，集成高约1米的小堆，减少曝晒程度，当水分降到20%～25%后再集成较大的圆堆，继续干燥，经过2～3天，当禾本科牧草揉搓草束发出沙沙声，叶卷曲，茎不易折断，而豆科牧草叶、嫩枝易折断，弯曲茎易断裂，不易用手指甲刮下表皮时，即已下降到含水量为18%左右，可以运回羊圈附近堆垛贮存。青干草含水量超过17%便容易腐烂变质；过分干燥则叶片易脱落，养分损失大。

禾本科牧草茎、叶干燥速度较一致，比较容易晒制。豆科牧草茎、叶干燥时间不同，叶片干燥快而茎秆干燥慢，往往晒制过程中叶片大量损失，严重降低干草的营养价值。在晒制豆科牧草时，要想方设法地避免叶子的损失，因为叶子中的营养价值最高。以苜蓿为例，其所含蛋白质的70%~80%都存在于叶片中，如调制不当，叶片极易脱落，也极易腐烂，必须引起重视。在运送豆科牧草时最好利用早晨时间。豆科牧草在白天晾晒后，晚上要及早集成小堆，使其保持稍湿润，不易掉叶子，早上再晾晒，晚上还要用草帘子盖上，使牧草返潮并少淋露水，这样干得快。禾本科牧草与豆科牧草相反，为了少吸收空气中的水分，最好在晴天曝晒，迅速晒干垛起来。晒制过程一定要避免雨水淋湿、霉变，以保证干草的质量。堆垛后应特别注意草垛不要被水渗透，以致干草腐烂发霉。优质青干草应该颜色鲜绿，气味芳香，脆度适当，不易折断，杂质少。颜色发黑、有腐烂味是质量最差的干草。

2）铁丝架晒制法。在晴天时2~3天即可获得优质干草。中间遇到20~70毫米降雨也不会影响质量。选用直径为10~20厘米、长180~200厘米的材料作为铁丝立柱，每隔2米立1根，埋深40~45厘米，直线排列。从地面起每隔40~45厘米拉1条横线，共3条横线分为3层。每2根立柱左右加拉1条横向跨线，一端斜插木桩固定，以防碰倒。排柱的两端安装2根长80厘米的木桩，斜插地中，各层铁丝延长4~5米，将3根铁丝拧在一起，缠绑在斜插的木桩上，以防倾倒。也可用竹竿、木杆代替铁丝，立柱可用木头，如用角铁更好，不用时拆掉。把青草挂在各层铁丝上晒干，每层每米可放鲜草8千克，晒得干草20千克。也可采用预晒方法，将青草就地晾几天，每天翻3~4次，水分含量降到40%~60%再架到铁丝上，能减轻铁丝负重。离地面近的草要留出通风空隙，最上层草用塑料绳横向捆住，防止风吹乱。

3）草架晒制干草法。在比较潮湿的地区或在雨水较多的季节，可以根据当地条件在专门制作的草架子上进行干草调制。晒草架可做成组合式，任意拆装和调整大小，适于配合机械运输、堆积。干草架子有独木架、三脚架、幕式棚架、铁丝长架、活动架等。在架子上干燥可以大大提高牧草的干燥速度，保证干草的品质。在架子上干燥时应自上而下地把草置于草架上，厚度应小于70厘米，并保持蓬松和一定的斜度，以利于采光和排水。

4）机器干燥法。现代化牧草加工企业为了加工出优质牧草，往往使用机器干燥方法，又称高温干燥法。将收割的牧草放在高温烘干机中快速烘干。利用烘干机将牧草水分快速蒸发掉。含水量很高的牧草在烘干机内经过几分钟或几秒钟后，水分含量便下降到5%~10%。此法调制干草对牧草的营养价值及消化率影响很小，但需要较高的投入，成本大幅增加。

（3）贮存和保管 调制好的干草应及时妥善保存。青干草的贮藏方法是否合理，对青干草品质影响很大。若青干草含水比较多，营养物质易发生分解和破坏，严重时会引起青干草发酵、发热、发霉，使青干草变质，失去原有的色泽，并有不良气味，饲用价值会大大降低。保存方法可因具体情况和需要而定，不论采用什么方法贮藏，都应尽量缩小与空气的接触面，减少日晒雨淋等影响。

1）散干草的贮藏。露天堆垛是一种最经济、较省事的贮存青干草的方法。晒制好的青干草要及时堆垛贮存。选择离羊舍较近、平坦、干燥、易排水、不易积水的地方，做成高出地面的平台，台上铺上树枝、石块或作物秸秆约30厘米厚，作为防潮底垫，四周挖好排水沟，堆成圆形或长方形草堆。长方形草堆一般高6~10米、宽4~5米；圆形草堆底部的直径为3~4米、高5~6米。堆垛时，第一层先从外向里堆，使里边的一排压住外面的梢部。如此逐排向内堆排，成为外部稍低，中间隆起的弧形。每层30~60厘米厚，直至堆成封顶。封顶用绳索纵横交错系紧。堆垛时应尽量压紧，加大密度，缩小与外界环境的接触面，垛顶用薄膜封顶，防止日晒漏雨，以减少损失。为了防止自燃，上垛干草的含水量一定要在15%以下。堆大垛时，为了避免垛中产生的热量难以散发，应在堆垛时每隔50~60厘米垫放一层硬秸秆或树枝，以便于散热。此外，还可以采用草棚堆藏，在草棚中贮存，四面透风，草不易变质。气候湿润或条件较好的牧场应建造简易的干草棚或青干草专用贮存仓库，避免日晒、雨淋。堆草方法与露天堆垛基本相同，要注意干草与地面、棚顶保持一定距离，便于通风散热。也可利用空房或屋前屋后能遮雨地方贮藏。无草棚时要在垛尖上盖草帘子严防漏雨。

2）压捆青干草的贮藏。散干草体积大，贮运不方便，为了便于贮运，使损失减至最低限度并保持干草的优良品质，生产中常把青干草压缩成长方形或圆形的草捆，然后一层一层叠放贮藏。草捆垛的大小，可根据贮存场地加以确定，一般长20米、宽5米、高18~20层干草捆，每层应有0.3米^{3}的通风道，其数目根据青干草的含水量与草捆垛的大

小而定。

青干草在贮存中应注意控制含水量在17%以下，并注意通风和防雨。这是由于青干草仍含有较高水分，发生于青干草调制过程中的各种变化并未完全停止。如果不注意通风，周围环境湿度大或漏雨，致使青干草水分升高，则酶和微生物共同作用会导致青干草内温度升高，当温度达72℃以上时会出现化学氧化，导致进一步产热，热量的累积最后会引起青干草自燃。因此，要定期检查维护，发现漏缝、温度升高应及时采取措施加以维护。

青干草经过长期贮存后，干物质的含量及消化率降低，胡萝卜素被破坏，草香味消失，适口性也差，营养价值下降。因此，过长时间贮存或隔年贮藏的方法是不适宜的。

2. 草粉加工

草粉是指将适时刈割的牧草经快速干燥后粉碎而成的青绿色粉状饲料，许多国家把草粉作为重要的蛋白质、维生素饲料资源。我国草粉生产的主要原料是青干草、作物秸秆、树叶等。

（1）加工草粉的原料 生产优质草粉的原料主要是一些高产优质的豆科牧草及豆科与禾本科混播牧草，如苜蓿、沙打旺、草木樨、三叶草、红豆草和野豌豆等；若采用混播牧草，则优质豆科牧草的比例（按干物质计）应不低于1/3～1/2，目前世界各国加工草粉的主要原料是苜蓿。不适宜加工草粉的有杂类草、本质化程度较高且粗纤维含量高于33%的高大粗硬牧草，含水量在85%以上的多汁、幼嫩饲草，如聚合草、油菜等也不适宜加工草粉。

（2）适宜刈割期 草粉的质量与原料牧草的刈割期有很大关系，应选择营养价值最高的时期进行刈割。一般豆科牧草第一茬的适宜刈割期应在孕蕾初期，以后各茬次的刈割期应在孕蕾末期；禾本科牧草不得迟于抽穗期。如果错过最适刈割期，生产出来的草粉纤维素含量就会增加，胡萝卜素和蛋白质含量下降。另外，宜采用牧草联合收割机，完成牧草的刈割、切碎（30毫米）、装运、干燥等环节的流水作业，这样有利于保存牧草的营养品质。

（3）粉碎与制粒 用于养羊的草粉加工属粗粉碎，筛孔直径为15～30毫米。一般采用锤片式粉碎机进行粉碎。我国目前已鉴定定型的草粉加工单机和机组已达20多种，配套动力为5.5～17千瓦，主轴转速为3000～4000转/分，小时生产量为150～3500千克。国外加工草粉的成套

设备和单机多数是专门设计的，生产率高，有的每小时产量高达 10～12 吨。一般工艺过程是牧草收获→运输→切碎→烘干→粉碎，再进一步加工时还要配备制粒、冷却、筛选等设备。

为了减少草粉在贮存中的养分损失及运输和贮藏中的容积，便于贮运，通常再把草粉压制成草颗粒，草颗粒的容重一般为草粉的 2～2.5 倍，这样可减少草粉与空气的接触面积，从而减轻氧化作用和养分损失，在需要远销而进行长途运输的情况下，可显著减少运输和贮存的费用。此外还可以减少饲喂中的浪费，增加采食量，提高生产性能。几种饲草混合制粒，防止择食，提高干草利用率。在制粒过程中，还可添加抗氧化剂，以防止胡萝卜素的损失。但将干草制成颗粒饲料，只有在大规模养殖场或兼作饲料加工厂时才划算。

3. 青贮技术

青贮饲料是指在厌氧条件下经过乳酸菌发酵调制而成的青绿饲料。此外，还包括经过添加酸制剂、酶制剂等添加剂，抑制有害微生物发酵、促使 pH 下降而保存的青绿饲料，这个过程称为青贮。青贮过程被认为是一种酸的发酵过程，而进行这一发酵过程的设施称为青贮窖。优质青贮饲料是养羊生产的重要饲料来源，因而掌握青贮饲料制作技术十分必要。

（1）青贮设施

1）青贮窖是我国北方地区使用最多的青贮设施（彩图 10）。根据其在地平线上下的位置可分为地下式、半地下式和地上式青贮窖，根据其形状又有圆形与长方形之分。一般在地下水位比较低的地方，可使用地下式青贮窖，地下式窖装填青贮料方便，容易踩实压紧，在生产中最常见。而在地下水位比较高或沙石较多、土层较薄的地方建造半地下式和地上式青贮窖。建窖时要保证窖底与地下水位至少距离 0.5 米（地下水位按历年最高水位为准），以防地下水渗透进青贮窖内，同时要用砖、石、水泥等原料将窖底、窖壁砌筑起来，以保证密封和提高青贮效果。当青贮原料较少时，最好建造圆形窖，因为圆形窖与同样容积的长方形窖相比，窖壁面积要小，贮藏损失少。一般圆形窖的大小以直径 2 米，窖深 3 米，直径与窖深比例为 1:（1.5～2）为宜。如果青贮原料较多，宜采用长方形窖，其宽、深比与圆形窖相同，长度可根据原料的多少来决定。一般小型长方形窖，宽 1.5～2 米（上口宽 2 米，下底宽 1.5～1.6 米）、深 2.5～3 米、长 6～10 米。大型长方形窖宽 4.5～6 米、深 3.5～7

米、长 10～30 米（图 3-5）。窖址选择要求地势高燥、易排水，离圈舍较近。不要在低洼处或树荫下建窖。窖壁修建要光滑，长方形的窖壕四角应做成圆形，便于青贮料下沉，排出空气。半地下式窖先把地下部分挖好，内壁上下垂直，再用湿黏土或砖、石等向上垒砌 1 米高的壁，窖底挖成锅底形。

图 3-5　青贮窖

圆形青贮窖容积（米^3）= 3.14 × 青贮窖直径的二次方（米^2）× 青贮窖高度（米）÷ 4

长方形青贮窖容积（米^3）=（窖上口宽 + 窖下口宽）÷ 2 × 窖深或高 × 窖长

可以根据青贮饲料重量（表 3-7）设计窖的修建规格。

表 3-7　各种青贮饲料单位体积重量

切碎的原料	重量/（千克/米^3）	切碎的原料	重量/（千克/米^3）
全株玉米	600	野草	600～750
收获后的玉米秸	450～500	甘薯藤	500～550
青草	500～550	萝卜缨	750

2）塑料薄膜可采用 0.8～1.0 毫米厚的双幅聚乙烯塑料薄膜制成塑料袋，将青贮原料装填于内；也可将青贮原料用机械压成草捆，再用塑料袋或薄膜密封起来，均可调成优质青贮饲料。这种方法操作简便，存放地点灵活，并且养分损失少，还可以商品化生产。但在贮放期间要注意预防鼠害和薄膜破裂，以免引起二次发酵。

（2）青贮原料的准备

1）调制青贮饲料应具备的基本条件。

① 适宜的含水量。一般为65%~70%，不宜过低或过高。青贮原料中含有适宜的水分是保证乳酸菌正常活动与繁殖的重要条件，过高或过低的含水量都会影响正常的发酵过程与青贮的品质。用手抓一把铡短的原料，轻揉后用力握，手指缝中出现水珠但不成串滴出，说明含水适宜，无水珠则含水分少，应均匀洒清水或加入含水量高的青绿饲料；若成串滴出水珠，说明水分过多，青贮前需加入干草或适量麸皮等吸收水分。水分含量过少的原料，在青贮时不容易踏实压紧，青贮窖内会残存大量的空气，从而造成好气性细菌大量繁殖，使青贮料发霉变质。而含水量过高的原料，在青贮时会压得过于紧实，一方面会使大量的细胞汁液渗出细胞造成养分的损失；另一方面过高的含水量会引起酪酸发酵，使青贮料的品质下降。因此，青贮时原料的含水量一定要适宜。

② 足够的含糖量。青贮过程是一个由乳酸菌发酵，把青贮原料中的糖分转化成乳酸的过程，通过乳酸的产生和积累，使青贮窖内的 pH 下降到4.2以下，从而抑制各种有害微生物的生长和繁殖，达到保存青绿饲料的目的。因此，为产生足够的乳酸，使 pH 下降到4.2以下，就需要青贮原料中含有足够的糖分。所有的禾本科饲草、甘薯藤、菊芋、向日葵、芜菁和甘蓝等，含糖量均符合青贮要求，可以单独进行青贮；但豆科牧草、马铃薯的茎叶等，其含糖量不能满足青贮的要求，因而不能单独青贮，若需青贮，可以和禾本科饲草按1∶2的比例混合青贮，也可以采用一些特种方法进行青贮。

③ 原料切短。青贮原料装窖前必须铡短，质地粗硬的原料，如玉米秸等以2~3厘米长为宜。柔软的原料，如藤蔓类以3~5厘米为宜。切短的优点概括起来如下：经过切碎之后，装填原料变得容易，增加密度（单位体积内的重量）；改善作业效率，节约踩压的劳动时间；易于清除青贮窖内的空气，可阻止植物呼吸并迅速形成厌氧条件，减少养分损失，提高青贮品质；如使用添加剂，能使添加剂均匀地分布于原料中；切碎后会有部分细胞汁液渗出，有利于乳酸菌的生长和繁殖；切短后在开窖饲喂时取用也比较方便，羊也容易采食。

上述3个条件是青贮时必须要给予满足的条件，此外青贮时还要求青贮窖内要有合适的温度，因为乳酸菌适宜的生长发育温度为20~30℃。然而，青贮过程中温度是否适宜，关键在于上述3个条件是否满

足。如果不能满足上述条件，就有可能造成青贮过程中温度过高，形成高温青贮，使青贮饲料品质下降，甚至不能饲用。当能满足上述3个条件时，青贮温度一般会维持在30℃左右，这个温度条件有利于乳酸菌的生长与繁殖，保证青贮的质量。

2）常用的青贮原料。青刈带穗玉米，乳熟期整株玉米含有适宜的水分和糖分，是制作青贮的最佳原料；玉米秸，收获果穗后的玉米秸上若仍有1/2的绿色叶片，则适于青贮，若部分秸秆发黄、3/4的叶片干枯视为青黄秸，则青贮时每100千克原料需加水5～15千克；甘薯蔓，应及时调制，避免霜打或晒成半干状态而影响青贮质量；白菜叶、萝卜叶等，菜叶类的含水量为70%～80%，最好与干草粉或麸皮混合青贮。

（3）青贮制作步骤和方法

1）适时收割。一般早期收割其营养价值较高，但收割过早单位面积营养物质收获量较低，同时易于引起青贮料发酵品质的降低。收割过晚可引起可消化营养物质含量下降，同时由于营养物质含量下降，还会导致羊采食量下降。根据青贮品质、营养价值、采食量和产量等综合因素来判断禾本科牧草的最适宜收割期为抽穗期（大概出苗或返青后50～60天）。而豆科牧草为开花初期最好。专用青贮玉米，即带穗整株玉米，多采用在蜡熟末期收获。兼用玉米即籽粒做粮食或精饲料，秸秆作为青贮饲料，目前多选用在籽粒成熟时，茎秆和叶片大部分呈绿色的杂交品种，在蜡熟末期及时掰果穗后，抢收茎秆用作青贮。目前，在平原区大多采用联合收割机收割（彩图11）。

2）原料切碎。必须在短时间内将原料收运到青贮地点，不要长时间在阳光下曝晒。切铡时防止原料的叶、花序等细嫩部分损失。切碎的程度取决于原料的粗细、软硬程度、含水量和铡切的工具等情况。一般把禾本科牧草和豆科牧草及叶菜类等原料切成2～3厘米，玉米和向日葵等粗茎植物切成0.5～2厘米为宜。柔软幼嫩的原料可切得长一些。切碎工具各种各样，有切碎机、甩刀式收割机和圆筒式收割机等。无论采取何种切碎措施均能提高装填密度，改善干物质回收率、发酵品质和消化率，增加摄取量，尤其是圆筒式收割机的切碎效果更高。利用切碎机切碎时，最好把切碎机放置在青贮设施旁，使切碎的原料直接进入窖内，这样可减少养分损失。尽量在1周之内完成，青贮能否成功与铡草机的质量和生产效率关系密切。铡草机质量不过关，切割长度或破碎率达不到性能指标，工作时发生故障，都会延长青贮时间，影响青贮效果。另一方面要求购买与青贮窖容积相配套的铡草机，100 米³ 以下的青贮窖宜选择 2～2.5 吨/小时的铡草机；100～200 米³ 的青贮窖宜选择 4 吨/小时的铡草机；200 米³ 以上的青贮窖应至少选择 6 吨/小时的铡草机，或一窖多机（图 3-6）。

图 3-6　一窖多台铡草机制作青贮饲料

3）装填压实。选晴好天气进行，尽量一窖当天装完，防止变质与雨淋。一般小型窖要当天完成，大型窖要在 2～3 天内装填完毕。装填时间越短，青贮品质就越高。

在装填青贮原料之前，要把青贮设施清理干净，可先在窖底铺一层 10～15 厘米切短的秸秆软草，以便吸收青贮汁液。窖壁四周衬一层塑料薄膜，可加强密封和防漏气渗水（永久性窖不铺衬），然后把铡短的原料逐层装入铺平、压实。装填过程一般是将青贮切碎机械置于青贮窖旁，使切碎的原料直接落入窖内。每隔一定时间将落入窖内的青贮原料铺平并压实。为了避免在青贮原料的空隙间存在空气而造成好气性微生物活动，导致青贮原料腐败，任何切碎的青贮原料在青贮窖中都要压实，而且压得越实越好，要特别注意靠近壁和角的地方不能留有空隙，这样更有利于创造厌氧环境，便于乳酸菌的繁殖和抑制好气性微生物的生存。关于原料的压实，小规模青贮窖可由人力踩踏，大型青贮窖宜用履带式拖拉机来压实，但其边、角部位仍需由专人负责踩踏。用拖拉机压实不要带进泥土、油垢、铁钉或铁丝等物，以免污染青贮原料，并避免羊采食后造成胃穿孔，伤害羊的健康。压实过程一般是每装入 30 厘米厚的一层，就要压实一次。四角与窖壁要注意踩得越实越好，大型窖可采用机械碾压（图3-7，彩图12）。由于封窖数天后，青贮料会下沉，最后一层应高出窖口0.5~0.7米。

图3-7　青贮饲料采用机械碾压

4）封严整修。原料装填完毕后，都要及时封严，其目的是隔绝空气继续与原料接触，保持青贮窖内的厌气环境，以利于乳酸菌的生长和繁殖，并防止雨水进入。封顶一定要严实，绝对不能漏水透气，这是调制优质青贮饲料的一个非常重要的步骤。封顶时，首先在原料的上面盖一层10~20厘米切短的秸秆或青干草，上面再盖一层塑料薄膜，薄膜上面再压30~50厘米厚的土层，窖顶呈蘑菇状，以利于排水。四周挖排水沟。

封顶之后，青贮原料都要下沉，特别是封顶后第一周下沉最多。因此在密封后要经常检查，一旦发现由于下沉造成顶部裂缝或凹陷，就要及时用土填平并密封，以保证青贮窖内处于无氧环境。

（4）青贮饲料品质鉴定　主要进行感观鉴定，有条件的地方可做实验室鉴定。感观鉴定根据色、香、味和质地来判断。优等青贮饲料呈绿色或黄绿色，有光泽；芳香味重，给人以舒适感；质地松柔、湿润，不粘手，茎、叶、花能分辨清楚。中等青贮饲料呈黄褐色或暗绿色；有刺鼻的醋酸味，芳香味淡；质地柔软，水分多，茎、叶、花能分清。低等青贮饲料呈黑色或褐色；有刺鼻的腐败味、霉味；腐烂、发黏、结块，分不清结构。劣质青贮饲料不要饲喂，以防消化道疾病。

实验室鉴定用pH试纸测定青贮饲料的酸碱度，pH在3.8~4.4为优质，pH在4.5~5.0为中等。pH越高，则青贮饲料质量越差，pH大于5.0的为劣质青贮。测定有关酸类含量也可判定青贮饲料品质，在品质优良的青贮饲料里，含游离酸2%，其中乳酸占1/2，醋酸占1/3，酪酸不存在。

(5）青贮饲料取用注意事项

1）开窖时间。青贮饲料一般要经过30~40天才能完成发酵过程，此时即可开窖饲用。对于圆形窖，因为窖口较小，开窖时可将窖顶上的覆盖物全部去掉，然后自表面一层一层地向下取用，使青贮饲料表面始终保持一个平面，切忌由一处挖窝掏取，而且每天取用的厚度要达到6厘米以上，高温季节最好要达到10厘米以上。对于长方形窖，开窖取用时清除全部覆盖物，如黏土、碎草层、上层发霉青贮饲料等，由上而下取用，保持表面平整，每次取用的厚度不应小于5厘米，千万不要将整个窖顶全部打开，而是由一端打开70~100厘米的长度，然后由上至下平层取用，等取到窖底后再将窖顶打开70~100厘米的长度，如此反复即可。取后及时覆盖草帘或席片，防止二次发酵。

2）防止二次发酵。青贮饲料的二次发酵是指在开窖之后，由于空气进入导致好气性微生物大量繁殖，温度和pH上升，青贮饲料中的养分被分解并产生好气性腐败的现象。为了防止二次发酵的发生，在生产中可采取以下措施：一是要做到适时收割，控制青贮原料的含水量在60%~70%，不要用霜后刈割的原料调制青贮饲料，因为这种原料会抑制乳酸发酵，容易导致二次发酵；二是要做到在调制过程中一定要把原料切短，并压实，提高青贮饲料的密度；三是要加强密封，防止青贮和保存过程中漏气；四是要做到开窖后连续使用；五是要仔细计算日需要量，并据此合理设计青贮窖的断面面积，保证每天取用的青贮饲料的厚度，冬季在6厘米以上，夏季在10厘米以上；六是喷洒甲酸、丙酸、己酸等防腐剂。

3）青贮饲料的饲喂。第一，喂量要由少到多，先与其他饲料混喂，使其逐渐适应。第二，由于青贮饲料含水量较高，因此冬季往往冰冻成块，这种冰冻的青贮饲料不能直接饲喂，要先将它们置于室内，待融化后再进行饲喂，以免引起消化道疾病。第三，对于霉变的青贮饲料必须要扔掉，不能饲喂。第四，每天自青贮窖内取用的数量要和羊的需要量一致，也就是说取出的青贮饲料要在当天喂完，不能放置过夜。第五，

尽管青贮饲料是一种良好的饲料，但它不能作为羊的唯一饲料，必须要和其他饲料，如精料、干草等按照羊的营养需要合理搭配进行饲喂。

4. 秸秆微贮技术

在农作物秸秆中，加入高效活性菌（秸秆发酵活干菌）贮藏，经一定的发酵过程使农作物秸秆变成具有酸、香味的饲料称为秸秆微贮饲料。其原理是秸秆在微贮过程中，在适宜的温度和厌氧条件下，由于秸秆发酵菌的作用，秸秆中的半纤维素糖链和木质素聚合物的酯键被酶解，增加了秸秆的柔软性和膨胀度，使羊瘤胃微生物能直接与纤维素接触，从而提高了粗纤维的消化率。同时，在发酵过程中，部分木质纤维素类物质转化为糖类，糖类又被有机酸发酵菌转化为乳酸和挥发性脂肪酸，使 pH 降到 4.5～5.0，抑制了丁酸菌、腐败菌等有害菌的繁殖，使秸秆能够长期保存不坏。

微贮秸秆具有成本低、效益高等优点，而且解决了畜牧业与种植业争化肥的矛盾。此外，秸秆微贮饲料可随取随喂，不需要晾晒，无毒无害，安全可靠，可长期饲喂。秸秆微贮饲料的制作除需进行菌种的复活和菌液配制外，其他步骤和尿素氨化秸秆制作方法基本相同。微贮秸秆可以作为草食家畜日粮中的主要粗饲料，饲喂时可以与其他草料搭配，也可以与精饲料同喂。开始喂时家畜对其有一个适应过程，应循序渐进，逐步增加饲喂量。当完全适应后，可任其自由采食。羊的饲喂量一般为每天每只 1.5～2.5 千克。

七、合理利用饲料资源，科学配置日粮

1. 日粮配合的原则

羊的日粮是指一只羊一昼夜所采食的各种饲料的总量。羊的配合日粮是根据不同生理时期羊的营养需要和原料的营养价值，选择若干饲料原料按一定比例配合而成的。按照饲养标准和饲料的营养价值配制出的完全满足羊在基础代谢和增重、繁殖、产乳、肥育等过程中需要的全价日粮，在养羊生产中具有重大意义。随着养殖规模的不断扩大，配制营养全、成本低的日粮成为许多养殖场实现高效养羊的基础条件，因而掌握日粮配合技术十分必要。具体配合时应掌握以下原则：

（1）符合饲养标准 羊的日粮的配合应按不同羊不同生长发育阶段的营养需要为依据，结合生产实际不断加以完善。配合日粮时，首先满足能量和蛋白质的需求，对于其他营养物质，应添加富含这类营养物质的饲料，再加以调整。羊是群饲家畜，在实际工作中，对以放牧饲养的

羊群，应在日粮中扣除放牧采食获得的营养数量，不足部分补给干草、青贮饲料和混合精饲料。此外，在高温季节或高温地区，羊的采食量下降，为减轻热应激、降低日粮中的热增耗而保持净能不变，在调整日粮时，应减少粗饲料的含量，保持有较高浓度的能量、蛋白质和维生素，以平衡生理上的需要。

（2）饲料搭配合理 要多种搭配，既提高适口性又能达到营养互补。能量饲料是决定日粮成本的主要因素，应以就地生产、就地取材为原则，一般先从粗饲料计算能满足日粮的能量浓度，不足再适当调整各种饲料的比例，达到既能满足能量需要，又能降低饲料开支的最佳组合。羊是反刍家畜，能消化较多的粗纤维，在配合日粮时应根据这一生理特点，以青、粗饲料为主，适当搭配精料，以达到营养全价或基本全价。日粮中蛋白质不足，首先考虑饼粕类高蛋白质饲料。对早期断奶育肥羔羊应适当降低粗饲料比例，提高精饲料比例。为了防治尿结石，在以谷类饲料和棉籽饼为主的日粮中，可将钙含量提高到 0.5% 的水平或加 0.25% 的氯化铵，避免日粮中钙、磷比例失调。抗高温添加剂有维生素 C、阿司匹林、氯化钾、碳酸氢钠、氯化铵、无机磷、瘤胃素、碘化酪蛋白等。在寒冷季节，为减轻冷应激，在日粮中，应添加含热能较高的饲料。从经济上考虑，用粗饲料作为热能饲料比精饲料价格低。

（3）注意原料质量 要选用优质干草、青贮饲料、多汁饲料，严禁饲喂有毒和霉烂的饲料。所用饲料要干净卫生，同时注意各类饲料的用量范围，防止含有害因子饲料的含量超标。

（4）因地制宜 要根据当地条件，选择营养丰富又价格便宜的饲料，充分利用当地资源，特别是廉价的农副产品，尽量降低饲料成本，提高羊生产的经济效益。

（5）日粮体积适当 日粮配合要从羊的体重、体况和饲料适口性及体积等方面考虑。日粮体积过大，羊吃不进去；体积过小，可能难以满足营养需要，即使能满足需要，也难免有饥饿感觉。饲料在满足一定体重阶段日增重的营养基础上，喂量可高出饲养标准的 1%~2%，但也不要过剩。饲料的采食量大致为 10 千克体重 0.3~0.5 千克青干草或 1~1.5 千克青草。

（6）日粮相对稳定 应保证不断料，不轻易变更饲料。日粮突然变换，瘤胃中的微生物不能马上适应各种变化，会影响瘤胃发酵，降低各种营养物质的消化吸收，甚至会引起消化系统疾病。如果需要改变日粮组

成，应逐渐改变，使瘤胃微生物有一个适应过程，过渡期一般为7～10天。

2. 日粮配制的方法

羊的日粮是指一只羊在一昼夜内采食的各种饲料的数量总和，但在实际生产中并不是按一只羊一天所需来配合日粮，而是针对一群羊所需的各种饲料，按一定比例配成一批混合饲料来饲喂。一般日粮中所用饲料种类越多，选用的营养指标越多，计算过程越复杂，有时甚至难以用手算完成日粮配制。在现代畜牧生产中，借助计算机，通过线性规划原理，可方便快捷地求出营养全价且成本低廉的最优日粮配方。

下面仅介绍常用的手算配方的基本方法。手算常用试差法。试差法就是先按日粮配合的原则，结合羊的饲养标准规定和饲料的营养价值，粗略地把所选用的饲料原料加以配合，计算各种营养成分，再与饲养标准相对照，对过剩的和不足的营养成分进行调整，最后达到饲养标准要求。具体步骤如下：

（1）确定营养需要量 查询羊的饲养标准，根据羊群的平均体重、生理状况等，查出各种营养需要量。可参照美国国家研究委员会（NRC）标准或国内的饲养标准，并根据本地区具体情况进行适当调整。

（2）确定配方所选饲料的营养成分 查询羊常用饲料成分及营养价值，列出常用参数。对于要求精确的，可采用实测的原料营养成分含量值。

（3）确定各类粗饲料的喂量 根据当地粗饲料的来源、品质及价格，最大限度地选用粗饲料。例如，育肥羔羊的精粗比为6∶4，可以按照此比例计算粗饲料用量，其中青绿饲料和青贮饲料可按3千克折合1千克青干草和干秸秆计算。

（4）确定混合精料的配方及数量 与饲养标准比较，计算剩余应由精饲料提供的养分量，每天的总营养需要与粗饲料所提供的养分之差，即是需要精饲料部分提供的养分量。对精饲料原料比例进行调整，直到达到饲养标准要求。

（5）确定日粮配方 在完成粗、精饲料所提供养分及数量后，将所有饲料提供的各种养分进行汇总，调整矿物质（主要是钙和磷）和食盐含量。此时，若钙、磷含量没有达到羊的营养需要量，就需要用适宜的矿物质饲料来进行调整。食盐另外添加。最后进行综合，将所有饲料原料提供的养分之和与饲养标准相比，调整到二者基本一致。如果实际提供量与其需要量相差在±5%范围内，说明配方合理。如果超出此范围，应适当调整个别精饲料的用量，以便充分满足各种养分需要而又不致造成浪费。

3. 手工计算设计饲料配方示例

现举例说明羊日粮配合的设计方法。例如，现有一批4月龄、活重30千克早熟品种羔羊进行育肥，计划日增重300克，羊场现有苜蓿干草（初花期收割）、羊草、玉米和豆粕4种饲料，配制肥育日粮。日粮配制的步骤如下：

（1）确定营养需要量 参照NRC（2007）30千克体重、日增重为300克，早熟品种羔羊的营养需要量，查出羊每天的养分需要量，每天每只需干物质1.25千克、代谢能14.92兆焦、代谢蛋白质104克、钙4.9克、磷4.0克。

（2）确定所选饲料营养成分 从饲料营养成分表查找现有4种饲料的营养成分，列出常用参数（表3-8）。

表3-8 羔羊营养需要量及4种饲料营养成分

项目	干物质（%）	代谢能/（兆焦/千克）	代谢蛋白质（%）	钙（%）	磷（%）
苜蓿干草	90	8.78	13.30	1.41	0.26
羊草	88	8.78	7.00	0.60	0.21
玉米	88	13.38	6.30	0.02	0.30
豆粕	91	12.54	34.30	0.38	0.71

（3）根据日粮精粗比计算粗饲料采食量 一般羔羊的日粮精粗比为6∶4，则需粗饲料干物质为1.25×0.4=0.50（千克），设苜蓿干草和羊草的配比为各占50%，由此计算出粗饲料提供的养分量，见表3-9。

表3-9 粗饲料提供的养分量

粗饲料	干物质/千克	代谢能/兆焦	代谢蛋白质/克	钙/克	磷/克
苜蓿干草	0.25	2.20	33.25	3.53	0.65
羊草	0.25	2.20	17.50	1.50	0.53
合计	0.50	4.40	50.75	5.03	1.18
与标准比较	-0.75	-10.52	-53.25	+0.13	-2.82

（4）选用精饲料 粗饲料提供的营养与营养需要标准比较相差的部分由精饲料来满足。现有玉米和豆粕2种精饲料，调配二者的比例以补充其所缺少的代谢能和代谢蛋白质。根据经验，设玉米和豆粕的配比为70%和30%。精饲料选用与配合见表3-10。

表 3-10 精饲料选用与配合

精 饲 料	干物质/千克	代谢能/兆焦	代谢蛋白质/克	钙/克	磷/克
玉米	0.53	7.09	33.39	0.11	1.59
豆粕	0.22	2.76	75.46	0.84	1.56
合计	0.75	9.85	108.85	0.95	3.15

（5）日粮试配 计算粗饲料和精饲料共含养分数量，与营养需要标准相比较。日粮试配结果见表 3-11。

表 3-11 日粮试配结果

饲 料	干物质/千克	代谢能/兆焦	代谢蛋白质/克	钙/克	磷/克
粗饲料	0.50	4.40	50.75	5.03	1.18
精饲料	0.75	9.85	108.85	0.95	3.15
合计	1.25	14.25	159.60	5.98	4.33
与标准比较	0	-0.67	+55.60	+1.08	+0.33

（6）微调配方 由表 3-11 看出，上述饲料所组成的日粮，能满足肥育羔羊对代谢蛋白质、钙和磷的需要，但是代谢能较低，由于代谢蛋白质超出较多，可以减少精饲料中豆粕的比例，增加玉米的比例。经调整后的日粮能满足肥育羔羊对代谢能、代谢蛋白质、钙和磷的需要，调整后的结果见表 3-12 和表 3-13。

表 3-12 精饲料调整配比

精 饲 料	干物质/千克	代谢能/兆焦	代谢蛋白质/克	钙/克	磷/克
玉米	0.69	9.23	43.47	0.14	2.07
豆粕	0.11	1.38	37.73	0.42	0.78
合计	0.80	10.60	81.20	0.56	2.85

表 3-13 日粮调整结果

饲 料	干物质/千克	代谢能/兆焦	代谢蛋白质/克	钙/克	磷/克
粗饲料	0.50	4.40	50.75	5.03	1.18
精饲料	0.80	10.60	81.20	0.56	2.85
合计	1.30	15.00	131.95	5.59	4.03
与标准比较	+0.05	+0.08	+27.95	+0.69	+0.03

（7）总结　活重30千克、计划日增重300克的肥育羔羊日粮组成见表3-14。由于之前是采用干物质进行配制的，而在实际饲喂时，应将各种饲料的干物质喂量换算成饲喂状态时的风干物质喂量（干物质喂量/干物质含量）。为进一步提高肥育的效果，根据当地的实际情况，有针对性地另外添加一些矿物质微量元素、维生素和生长剂即可。

表3-14　肥育羔羊的日粮组成

饲　料	干物质喂量/千克	风干物质喂量/千克
苜蓿干草	0.25	0.28
羊草	0.25	0.28
玉米	0.69	0.78
豆粕	0.11	0.12

第四章
做好种羊繁育，向繁殖要效益

第一节　种羊繁育管理的误区

一、不重视种羊选育

繁育包含两方面，繁殖和选育。繁殖就是通过人为措施让羊生产出质高量多的羔羊；选育就是选留遗传性能稳定、生产性能较高的种羊。因此，繁育是肉羊生产的关键环节，从经营方面要重视繁育管理，从技术层面要运用好繁育技术。在繁殖技术方面，有一些切实可行、效果稳定的技术，如人工授精、同期发情、诱导发情、诱导多羔、频密产羔体系等，这些技术简单易学，生产者可以自己操作使用；还有一些技术性较强，理论性要求较高的新技术，如超数排卵、胚胎移植、体外受精等，这些技术需要专用设备、特定环境条件和操作技能，因此在特殊需求下可以采用，如种羊场利用胚胎移植进行扩繁，迅速扩繁价格较高的优秀种羊时可以考虑运用。

繁殖效率是规模舍饲羊场效益的核心问题，提高产羔数是保证获取最大产出的关键，需要从母羊繁殖和羔羊成活率两个方面来采取措施。胎产羔数、产羔间隔、繁殖季节等是母羊繁殖的重要性状，是影响繁殖效率的关键因素。因此，提高繁殖效率首先要从母羊群体选育采取措施，通过选种和选配等方面来提高胎产羔数多和产羔间隔短的母羊比例，如选留胎产羔数多的母羊，增加母羊产多羔的频率，提高群体平均胎产羔数；选留产羔间隔短、发情规律的羊，产后短时间内发情的羊，缩短产羔间隔，提高母羊的年产羔数。母羊产羔数多是保证羔羊数量的前提和基础，此外还要从羔羊出生成活率、断奶成活率等方面来做好工作，保证母羊产的出，羔羊生的活。

二、不重视可繁母羊的管理

可繁母羊的管理是羊群管理的核心，可繁母羊决定羊群的繁殖效率。但在实际生产中，规模越大，可繁母羊中不孕不育母羊的比例越大，发情不规律、配后不孕、产后发情间隔长是生产中的常见现象，不孕不育母羊不仅影响羊群的繁殖效率，而且会增加养殖成本。因此，只有重视可繁母羊的管理，对每只可繁母羊的生理阶段了如指掌才能做到精准管理，实现高产。

第二节　肉羊的繁殖规律

一、性成熟及适宜的初配年龄

羔羊经过一段时间的生长之后，生殖机能达到了比较成熟的阶段，生殖器官发育完全，开始出现第二性征，能够产生成熟的生殖细胞（精子或卵子），并且具有繁殖后代的能力，此时称为性成熟。由于品种、遗传、营养、气候和个体发育等因素的不同，肉羊的性成熟时间也不尽相同，一般肉用公绵羊、公山羊的性成熟在6～10月龄，母羊在6～8月龄，体重达到成年羊的70%左右性成熟。早熟品种在4～6月龄达到性成熟，晚熟品种在8～10月龄达到性成熟，并且公羊的性成熟年龄要比母羊稍晚。我国地方品种的绵羊、山羊在4月龄时便出现公羊爬跨、母羊发情等性活动，不过此时的公羊、母羊性器官还未发育完全，如进行过早的交配，对本身和后代的发育都不利，所以羔羊在断奶后要分开饲养，防止早配和近亲交配的发生。一般肉用绵羊、山羊的初配年龄在12月龄左右，早熟品种或饲养条件较好的母羊也可以提前进行配种，如小尾寒羊母羊可以6～8月龄配种。

二、发情与发情周期

发情是母羊的一种性活动现象，发情的内在生理变化是指母羊输卵管和子宫做好了受孕的准备，并且在发情持续期间有卵子从卵巢上排出。

（1）正常发情　正常发情是指母羊发育到一定阶段所表现的一种周期性的性活动现象。发情是由于发育成熟的卵巢分泌雌激素，并在少量黄体酮的协同作用下，对中枢神经产生刺激，进而引起兴奋。母羊的发情表现为3个方面的变化：一是精神变化；二是生殖道变化；三是卵巢变化。

1）精神变化。母羊发情时，常常表现为兴奋不安，对外界刺激敏感，常鸣叫，频频排尿，食欲减退，举尾背弓，愿意接受公羊的爬跨，并摆动尾部。若是泌乳期的母羊发情，会产生泌乳量下降，不照顾羔羊的现象。山羊的发情表现比绵羊更为明显，一般山羊发情鸣叫，有时发情母羊会自己跳出圈舍，主动寻找公羊。

2）生殖道变化。母羊的发情周期中，由于雌激素和孕激素的共同作用，母羊的生殖道会发生周期性的变化。处于发情期的母羊的卵泡会迅速增大并发育成熟，雌激素分泌量增多，母羊外阴部松弛、充血、肿胀，阴蒂勃起，阴道充血、松弛，并分泌有助于交配的黏液。发情初期的黏液分泌量少且稀薄透明，发情中期分泌量会增多，到了发情末期，黏液分泌量会减少，并且黏液稠如胶状。

3）卵巢变化。母羊发情开始前，卵巢中的卵泡已经开始生长，发情前2~3天卵巢的卵泡发育很快，卵泡内膜增生，到发情开始时卵泡已经发育成熟，卵泡液不断分泌并增多，使卵泡的体积增大，此时卵泡部分凸出于卵巢表面，卵子被颗粒层细胞包围，在激素的作用下促使卵泡壁破裂，致使卵子被挤压而排出。

（2）异常发情 母羊的异常发情多见于初情期之后、性成熟之前，以及繁殖季节开始的阶段，而且也会由营养不良、内分泌失调、疾病或环境温度的骤然变化所引起。常见的异常发情有以下4种：

1）安静发情。安静发情也称为静默发情，它是由于雌激素分泌不足产生的，表现为发情时没有明显的发情表现，卵巢上的卵泡在发育成熟后不排卵。

2）短促发情。它是由于卵泡迅速成熟且排卵产生，也有可能是由于卵泡突然停止发育或卵泡发育受阻继而使发情期缩短。在这种情况下如不注意观察，就很容易错过配种期。

3）断续发情。断续发情常见于早春及营养不良的母羊，表现为母羊发情持续时间很长，并且发情时断时续，其原因是母羊的排卵机能不全，以至于卵泡之间出现交替发育，卵泡在发育到一定阶段后便退化萎缩，而另一侧的卵巢又有卵泡开始发育，产生的雌激素使母羊再次发情，继而出现断续发情。对于断续发情的母羊，如果调整饲养管理且加强营养，母羊会恢复正常发情的状态，并且能够正常排卵，在配种之后也可以受孕。

4）孕期发情。大约有3%的母羊会在妊娠期出现发情的迹象，其主要原因是激素分泌失调而引起的。孕期发情的母羊的妊娠黄体分泌黄体酮不足，并且胎盘分泌的雌激素过多，继而引起孕期发情。在妊娠早期

发情的母羊，卵泡虽然发育，但是并不会排卵。

（3）发情周期 发情周期是指母羊从上一次发情开始到下一次发情开始之间所间隔的时间，或者从上次发情结束到下次发情结束的时间，而且如果不配种受孕，在发情季节这种发情表现为周期性。在一个发情周期内，无论母羊配种与否，或者配种后受孕与否，其生殖器官和机体都会发生一系列周期性的变化，这种变化周而复始，一直到母羊达到停止繁殖的年龄为止。绵羊的发情周期平均为17天，山羊的发情周期平均为21天。

一个发情周期由发情前期、发情期、发情末期和休情期4个阶段构成。在发情前期，母羊卵巢有卵泡开始发育，但是并不表现出发情征兆，无性欲表现；到了发情期，卵泡迅速发育且能够达到成熟，母羊表现出发情征兆，有强烈的性欲表现，出现摆尾、食欲减退、主动接近公羊并能够接受公羊爬跨、外阴部充血肿胀并有黏液从阴门部流出等发情表现，母山羊的发情表现尤为明显，这一阶段山羊一般持续26～42小时，绵羊持续30小时左右；发情末期，卵子已经成熟且从卵泡中排出，卵巢上形成黄体，生殖器官上的发情征兆开始逐渐消失，母羊的性欲减退，不再接受公羊的爬跨；休情期为下一段发情前的一段时间，此阶段母羊的精神状态正常，生殖器官的生理状态也处于稳定状态。绵羊和山羊的发情周期和发情期的持续时间的比较见表4-1。

表4-1 绵羊和山羊发情周期及发情期持续时间的比较

种 类	发情期/天	平均范围/天	发情期持续时间/小时	排卵时间
绵羊	17	14～19	24～36	发情快结束时
山羊	21	18～22	26～42	发情结束后不久

三、繁殖季节

大多数的山羊和绵羊都是季节性发情，只有处于繁殖季节，母羊才会表现出发情的征兆，卵巢处于活动状态，卵巢上的卵泡发育成熟且排卵，接受公羊的爬跨并与之交配。

一般而言，母羊为季节性多次发情，经过漫长的进化和自然选择，母羊会在每年的秋季随着日照的逐渐变短继而进入繁殖季节。由于不同季节的光照、温度、营养条件等外在因素的不同，自然状态下，在秋季进行交配，第二年的春季产羔为最适时期。在我国的牧区和山区饲养的

品种一般为季节性发情，而在某些地区的品种经过长期的人工驯养和品种改良，如小尾寒羊、湖羊等品种，会常年发情，没有繁殖季节和非繁殖季节之分。

羊的繁殖季节受诸多因素的影响，其中光照是主要的影响和限制性因素。羊为短日照繁殖动物，即母羊随着日照时间的逐渐变短而性活动加强，进入繁殖期。在赤道附近地区，由于昼夜长度比较恒定，此地区的羊在全年都可以发情。随着饲养地区的纬度的增加，不同季节的日照时间差异也不断加大，继而母羊在繁殖方面的季节性也就越来越明显。

此外，羊的品种、年龄、温度、饲养条件和异性刺激等因素也会在不同程度上对羊的繁殖季节产生影响。例如，在我国北方的山区、牧区，绵羊多会在秋季或冬季发情，而湖羊和小尾寒羊在全年都可以发情。一般未经产的母羊和老龄羊较壮年的羊发情开始得晚，繁殖季节持续得也较短。在饲料充足、营养水平高的条件下饲养的母羊，其繁殖季节可以提前，反之就要适当推迟。若在繁殖季节到来之前采取加强营养的措施，进行催情补饲，不仅可以使母羊提早进入发情期，还可增加双羔率。酷热和严寒都会对羊的繁殖行为造成不利的影响，从而推迟繁殖季节，反之凉爽的气温可使繁殖季节提前到来。在繁殖季节来临之前，若将公羊放入母羊群中，可使母羊提早发情，此效应称为公羊效应。

四、种羊利用年限

种公羊的使用年限为 10 年左右，以 3 ~ 5 岁繁殖力最强、繁育后代最好、生产效益最优，一般利用年限为 4 ~ 6 年，7 ~ 8 岁以后逐渐衰退，直到丧失繁殖力和生产力。母羊一般在生产中利用年限为 5 ~ 7 年，10 ~ 15 岁终止发情，失去繁殖能力。不按严格条件来说，种羊的使用年限还可以延长一些，但是若要提高羊的产量和质量，一般的情况下就按上述种羊的使用年限进行淘汰。公羊和母羊的使用年限还与饲养管理有密切的关系，营养缺乏或营养过度都会造成不育。因此，想要延长羊的使用年限，就应进行合理的饲养管理。

第三节　利用好繁殖技术提高繁殖效率

一、做好母羊发情鉴定

山羊的发情表现比绵羊明显，往往呈现典型的发情表现，而绵羊发

情表现不明显，在生产中通常采用试情的方法鉴别发情母羊。试情公羊多采用去势后的公羊或体形外貌不符合品种要求但性欲旺盛的青年公羊。对于常年发情的品种羊，要对所有产后2个月的母羊和8～10月龄的青年母羊试情；季节性繁殖品种羊，在春季和秋季对所有可繁母羊试情。

二、做好可繁母羊的配种工作

在配种前期及配种期，应该对公羊、母羊给予充足的蛋白质、维生素和矿物质元素等营养物质。营养状况不但影响公羊精子的产生和精子的质量，也会对母羊卵子和早期胚胎的发育产生很大的影响。增加配种前体重，还可以使母羊发情整齐、排卵数量增多，继而可以提高母羊的配种率、受胎率和多胎性。在母羊妊娠期尤其是妊娠后期加强饲养管理，可以降低母羊的流产率、死亡率和死胎率，初生羔羊的体重也会增加。哺乳期饲养管理的加强，可以使母羊的泌乳力提高，羔羊生长发育快，成活率也会提高。

要做好配种工作，既要做好对配种公羊、母羊的选育和选配，又要掌握好配种时机，做到适时配种和多次配种。对于种用的公羊要进行严格的选择，选择体形外貌符合种用要求、体格健壮、睾丸发育良好、性欲旺盛的个体，并且要适时对其精液进行检查，及时发现并剔除不符合要求的公羊。除此之外，还要注重从繁殖力高的母羊后代中选择并培育适合作为种用的公羊。种用母羊的选择应从生产的角度进行考虑，着重选留多胎的母羊后代，从中选择出优秀的个体，获得多胎性强的母羊。此外，还要注意母羊的泌乳量、哺乳性能和母性。母羊的繁殖力随着年龄的增长而增长，在4～5岁时母羊的繁殖力达到最高，在选择过程中，应特别注意初产母羊的多胎性对后代繁殖力的影响。

母羊的发情期持续时间短，尤其是绵羊，因而要把握好配种时机，及时发现羊群中发情的母羊，以免造成漏配。大量的生产实践证明，在繁殖季节开始后的第1、2个发情期，母羊的配种率和受胎率是最高的，而且在此时期所配母羊所生羔羊的双羔率也高。一些高产的母羊的排卵量高，但是所产的卵子不是同时成熟和排出的，而是陆续成熟然后排出的，因而要对母羊进行多次配种或输精，可利用重复交配、双重交配和混合输精的方法，令排出的卵子都能有受精的机会，从而提高产羔率。

三、因地制宜利用人工授精技术

肉羊的配种方法分为3种：自然交配、人工辅助交配和人工授精。

现在自然交配的方法一般只限于条件较差的农户使用，使用这种方法不但需要的公羊比较多，不能记录系谱，并且还容易传播一些疾病。因而在育种场，还是会较多利用人工辅助交配和人工授精的方法。

1. 自然交配

自然交配为最简单的配种方式，它分为2种形式：一种是公羊与母羊在平时分开饲养，到了繁殖季节按照100只母羊中放入3~4只公羊的比例进行组群，使其自然交配；另一种方式是公羊与母羊混群饲养。自然交配的优点是：可以节省人力和设备，适合小群分散的生产单位，并且如果公羊、母羊的比例适当，可获得较高的受胎率。其缺点是：系谱不清，后代血统不明，无法避免近亲交配，不能对配种公羊的后代品质进行了解；无法对母羊的确切配种时间和产羔时间进行控制，并且容易发生早配的现象；需要较多的种公羊，公羊之间经常发生争斗，不仅对公羊的体力消耗较大，还会影响母羊的进食；种公羊的利用率低，优秀种公羊不能得以充分利用。为了克服以上缺点，在非配种季节应该将公羊与母羊分开，只有在配种季节才将公羊混入母羊群，每隔2~3年，群与群之间应该有计划地进行公羊调换，交换血统。这种自然交配方法有很多弊病，因此在规模舍饲条件下不提倡肉羊自然交配。

2. 人工辅助交配

人工辅助交配是将公羊与母羊分群饲养，在配种期用试情公羊找出发情母羊，用指定的公羊进行配种（图4-1）。人工辅助交配的优点是：交配由人为控制，可以知道配种的确切时间和配种公羊的号码，不但可以预测产羔日期，还可以进行选种选配，提高后代质量；减少种公羊的体力消耗，提高优秀种公羊的利用率，延长种公羊的利用年限。对于母羊群不大、公羊数量较多的羊场，可以采用这种方法进行交配。对于饲养在农区的肉羊多采用这种配种方式。这种方法是不具备人工授精条件的中小规模羊场和农户饲养条件下比较理想的配种方法。

3. 人工授精

人工授精是用器械以人工的方式采集公羊的精液，经过精液品质的检查和一系列的处理，再利用器械将精液输入到发情母羊的生殖道内，以达到母羊受胎的配种方式。其优点是可以使优秀种公羊得以充分利用，加快遗传育种进程。人工授精在生产上是最佳的配种方式，尤其在经济杂交肉羊的生产上，从异地引入的种公羊数量少，其他的配种方式根本无法满足杂交改良的需要时，人工授精是一种极为有效的配种方式。

图 4-1　人工辅助交配

人工授精技术是一项较为成熟的繁殖技术，特别是对于规模羊场来说，采用人工授精技术是减少公羊饲养数量的一个措施，但如何运用这项技术需要注意以下几点：

① 根据气候条件和季节采用人工授精技术。在北方的冬季，要尽量减少人工授精配种比例，多采用人工辅助交配，即使采用人工授精也要在温暖干净的室内进行采精、输精，适当增大输精量。

② 配种任务繁重季节保持公羊旺盛的性欲，公羊旺盛的性欲和精液质量是提高配种率的前提，特别是在配种季节或胚胎移植集中连续配种时，一是要增加公羊日粮营养，每天喂 1 ~2 个鸡蛋；二是坚持运动，每天让公羊运动 1 ~2 小时，这样可以维持较高性欲和精液质量。

（1）人工授精技术在生产中的意义

1）提高优秀种公羊的配种效率，扩大配种母羊的数量。人工授精技术不仅有效地改变了肉羊的交配过程，更重要的是这项技术大大提高了优秀种公羊的利用效率。公羊在交配时，一次的射精量为 0.8 ~1.8 毫升，每毫升精液含有的精子数为 25 亿 ~40 亿个，为了使人工授精的成功，每只母羊应输精子 0.85 亿 ~1 亿个，按照每只种公羊单次采精量为 1 毫升来计算，一只种公羊的单次采精量可以满足 20 ~40 只母羊的配种要求。

2）加速肉羊杂交改良，促进育种进程。人工授精技术大大地提高了优秀种公羊的利用效率，使肉羊的良种基因在种群中的分布得到了提高，从而促进了育种进程。

3）降低饲养管理费用。人工授精技术使优秀种公羊的配种母羊数量大大提高，从而可以相应减少种公羊的饲养数量，降低了饲养管理费用。

4）可以防止各种疾病，特别是生殖道疾病的传播。人工授精技术避免了配种的公羊、母羊的直接接触，并且人工授精技术有严格的操作规程，从而防止了公羊与母羊之间的疾病传播。

5）提高受胎率。人工授精技术克服了公羊、母羊在自然配种中由于体格差异或生殖道异常造成的困难，同时也可以及时发现生殖障碍，以便及时采取相应的措施来减少不孕。人工授精所用的发情母羊需要事先经过发情鉴定，掌握适宜的配种时机，所用的精液均经检查合格。因此，通过人工授精技术，可以提高母羊的受胎率。

6）扩大了种公羊配种地区范围。保存的种公羊精液，特别是冷冻精液，便于携带和运输，可以使配种不受地域和地区的限制，还能有效地解决无种公羊或种公羊缺乏地区母羊配种的问题。

人工授精技术适用于养殖场、养羊大户、专业养羊村和广大牧区，是实现肉羊高效生产的一项重要繁殖技术。人工授精所需仪器、设备及药物见表4-2。

表4-2　羊人工授精所需的仪器、设备及药物

序号	名　称	规　格	单位	数　量
1	显微镜	300～600倍	架	1
2	蒸馏器	小型	套	1
3	天平	0.1～100克	台	1
4	假阴道外壳		个	4
5	假阴道内胎		条	8～12
6	假阴道塞子（带气嘴）		个	6～8
7	玻璃输精器	1毫升	支	8～12
8	输精量调节器		个	4～6
9	集精杯		个	8～12
10	金属开膣器	大、小2种	个	各2～3
11	温度计	100℃	支	4～6
12	载玻片		盒	1
13	盖玻片		盒	1～2
14	酒精灯		个	2
15	玻璃量杯	50毫升、100毫升	个	各1
16	玻璃量筒	50毫升、100毫升	个	各1
17	蒸馏水瓶	500升、1000毫升	个	各1
18	玻璃漏斗	8厘米、12厘米	个	各1

（续）

序号	名　　称	规　　格	单位	数　　量
19	漏斗架		个	1～2
20	广口玻璃瓶	125毫升、500毫升	个	4～6
21	细口玻璃瓶	500毫升、1000毫升	个	各1～2
22	烧杯	500毫升	个	2
23	带盖搪瓷杯	250毫升、500毫升	个	各2～3
24	灭菌锅		个	1
25	长柄镊子		把	2
26	剪刀	直把	把	2
27	吸管	1毫升	个	2
28	玻璃棒	0.2厘米、0.5厘米	个	2
29	药勺		个	2
30	纱布	医用		1千克
31	脱脂棉	医用		1千克
32	试情布	60厘米×40厘米	条	30～50
33	手电筒		个	2
34	酒精			
35	白凡士林			1千克
36	新洁尔灭	500毫升		
37	采精架		个	1
38	输精架		个	2
39	橡皮圈或橡皮筋		个	4～6

（2）人工授精技术程序

1）采精。

① 采精场所的准备。要有固定的采精室，以使公羊建立交配的条件反射。如果在露天采精，采精场地应当避风、平坦，并且要防止尘土飞扬，采精时应保持环境安静。

② 台羊的准备。应选择健康的，并且体格大小与采精公羊相适应且发情症状明显的母羊作台羊。用不发情的母羊做台羊不能引起公羊性欲时，可先用发情的母羊训练采精几次，然后再改用不发情的母羊做台羊。台羊外阴部用2%来苏儿消毒，再用温水擦干净。如果用假母羊做台羊，必须先经过训练，即先用真母羊为台羊，采精数次，再改用假母羊为台羊。

③ 采精公羊的准备。采精公羊阴茎包皮孔部分如有长毛应事先剪短。采精前用温水清洗种公羊阴茎的包皮，并擦干净。

④ 假阴道的准备。首先安装假阴道和消毒，检查所用的内胎有无损

坏和沙眼。安装时先将内胎装入外壳，使光面朝内，并要求两头等长，然后将内胎一端翻套在外壳上，依同法套好另一端，此时勿使内胎有扭转情况，并使松紧适度，然后在两端分别套上橡皮圈固定。用长柄镊子夹 70% 酒精棉球，从内向外旋转消毒内胎，要求消毒全面彻底，待酒精挥发后再用生理盐水棉球多次擦拭。消毒好的集精杯也要用生理盐水棉球多次擦拭，然后安装在假阴道的一端。第二步是灌注温水。左手握住假阴道的中部，右手用量杯或吸水球将温水（50 ~ 55℃）从灌水孔灌入，水量为外壳与内胎间容量的 1/3 ~ 1/2 为宜。实践中常以竖立假阴道，其中的水可达到灌水孔为适宜。最后装上带活塞的气嘴，并将活塞关好。第三步是涂抹凡士林。用消毒玻璃棒取少许经消毒的凡士林，在安装集精杯的对面一端的假阴道内胎上涂抹一薄层凡士林，凡士林涂抹深度以假阴道长度的前 1/3 ~ 1/2 处为宜。第四步是检温、吹气、加压。用消毒的温度计插入假阴道内检查温度，以采精时达 39 ~ 42℃ 为宜。若温度过高或过低，可用冷水或热水加以调节。当温度适宜时向夹层注入空气，使涂凡士林一端的内胎壁遇合，口部呈三角形裂隙为宜。最后用纱布盖好入口，准备采精。

⑤ 采精技术。采精人员右手握住假阴道后端，固定好集精杯（瓶），让假阴道的气嘴活塞朝下，蹲在台羊右后侧，在公羊跨上母羊背侧的同时，将假阴道与地面保持 35 ~ 40 度角迅速将公羊的阴茎导入假阴道内，切勿用手抓碰摩擦阴茎。若假阴道内温度、压力、润滑度适宜，公羊后躯会急速用力向前一冲，这表明已射精，然后随着公羊向后移动，顺势取下假阴道，集精杯一端向下迅速将假阴道竖起，然后打开活塞上的气嘴，放出空气，取下集精杯，用盖子盖好集精杯送精液处理室待检（图 4-2）。

图 4-2　人工采精

2）精液品质的检查。精液品质的检查在18～25℃室温条件下进行。正常精液色泽为乳白色或乳黄色，一次射精量为0.8～1.8毫升。镜检活力达80%、密度在中等以上的精液可用于输精或制作冷冻精液。

通常在显微镜下评定精液密度，分为密（大于25亿个精子/毫升）、中（20亿～25亿个精子/毫升）、稀（小于20亿个精子/毫升）三级。“密”指在视野中精子之间距离小于一个精子的长度；“中”指在视野中精子之间距离大约等于一个精子的长度；“稀”指在视野中精子之间距离大于一个精子的长度。

3）精液的稀释。

① 稀释液的种类及配制。常用的稀释液有0.9%氯化钠溶液、乳汁、维生素 B_{12} 注射液、柠檬酸钠-卵黄-葡萄糖稀释液。乳汁稀释液的配制方法是：先将乳汁（牛乳或羊乳）用4层纱布过滤到三角瓶或烧杯中，然后水浴煮沸消毒10～15分钟，取出冷却，除去奶皮即可应用。柠檬酸钠-卵黄-葡萄糖稀释液的配方为：柠檬酸钠1.4克，葡萄糖3.0克，新鲜卵黄20.0克，青霉素10万国际单位，蒸馏水100毫升。新鲜卵黄的制备：洗净蛋壳，用酒精棉球擦拭，待蛋壳全干，打破蛋壳，倾出蛋白，蛋黄轻轻倒在滤纸上，注意不要弄破蛋黄外膜；轻轻转动滤纸，使剩余蛋白吸附在滤纸上；用滤纸兜住蛋黄，一手捏紧滤纸四角，一手在滤纸外轻轻挤压蛋黄，将蛋黄液滴入烧杯内，弃去滤纸上蛋黄外膜，用消毒玻璃棒打匀烧杯内蛋黄，特别是一个烧杯内盛有多个卵黄时更要打匀。柠檬酸钠-卵黄-葡萄糖稀释液的配制：在100毫升蒸馏水中加葡萄糖3.0克、柠檬酸钠1.4克，溶解后过滤灭菌，加新鲜卵黄20.0克、青霉素10万国际单位充分混合。

② 精液稀释倍数。0.9%氯化钠溶液适于精液稀释后马上输精，稀释倍数不宜超过2倍；乳汁、维生素 B_{12} 液稀释倍数一般为2～4倍；柠檬酸钠-卵黄-葡萄糖稀释液可用于精液稀释后常温保存，稀释倍数为4～8倍。实际操作中是根据发情母羊的数量确定。

③ 精液的稀释方法。精液稀释温度要与精液的温度一致，多在20～25℃稀释。首先将稀释液沿精液瓶壁缓缓倒入，用经消毒的细玻璃棒轻轻搅匀，稀释后再次进行精液品质检查。

4）精液的保存与运输。

① 精液的保存。羊精液保存时间较短，一般在20℃时可保存6小时，10℃时可保存12小时以上，4℃时可保存24小时左右，2～4℃保存

效果较好，也可将精液冷冻起来长期保存，但因羊的精子耐冻性差，受胎率较牛、马偏低。

② 精液的运输。精液运输距离较近，不必进行降温，将装有精液的集精杯或小试管口封严，用棉花包好后放入保温瓶中即可。远距离运输时，可直接降温运输。运输的关键是在运输途中如何防止温度发生巨变和剧烈振动。每次输送的精液都要注明公羊号、采精时间、精液量和精液品质等级。

5）发情鉴定。

① 外部观察法。外部观察法的观察对象主要是母羊的外部表现和精神状态。发情的母羊主要表现为喜欢接近公羊，并且会强烈摇摆尾部，兴奋不安，对外界刺激敏感，常鸣叫，举尾不安，排尿频繁，食欲减退，反刍停止，外阴部肿胀充血，并伴有黏液的排出。泌乳期的母羊发情时，泌乳量会下降，不照顾羔羊，当被公羊爬跨时会站立不动，后肢叉开。绵羊的发情期短，外部表现不太明显，山羊的发情相对较为明显，因此母羊的发情鉴定需结合试情法进行鉴定。

② 试情法。鉴定母羊是否发情，多采用试情法进行鉴定。

【试情公羊的准备】 试情公羊一般为2~4岁体格健壮、无疾病、性欲旺盛、无异食癖的非种用公羊。试情公羊的数量应为母羊数量的2%~2.5%，以保证试情时可以轮流替换使用。试情布应采用长60厘米、宽40厘米的细软白布一块，四角系上或缝上长度适宜的布袋，拴在试情公羊的腰部，以试情布能将试情公羊的阴茎兜住使其不能与母羊直接交配且不影响公羊的正常行走、爬跨和射精为准。为了防止偷配发生，可以对试情公羊进行输精管切除，具体的方法为：选择1~2岁健康的公羊，在4~5月进行手术，此时天气温和，无蚊虫叮咬，利于伤口的愈合。将公羊左侧卧，由助手绑定，取手术者方便的姿态对其进行消毒，如果手术者不熟练可以对公羊进行麻醉。在睾丸基部触摸精索找到输精管，用拇指和食指捻转捏住，用食指压紧皮肤。术部切口，切开皮肤和鞘膜，露出输精管。用消好毒的钳子将输精管带出创面，分离结缔组织和血管。剪去4~5厘米长的一段输精管，如剪得过少会在术后愈合时连接。术后撒抗生素粉剂，缝合伤口。重复另一侧进行输精管切除手术。手术成功地话，公羊2~3天即可恢复性欲和正常爬跨行为，但要将输精管内残存的精子完全排出起码还需要6周的时间，因此在术后6周时间里应避免公羊与母羊接触。

【试情公羊的管理】 试情公羊要进行单圈饲养，除试情外不能与母羊进行接触，在不用时应当将试情公羊关好，不能混入母羊群内。

【试情方法】 此法是根据母羊对试情公羊的反应行为来判断母羊是否发情。试情公羊与母羊的比例要适宜，一般为1:（40～50）。在试情公羊进入母羊圈之后，工作人员不能轰打和叫喊，只能适当的轰母羊，使母羊不要聚在一起。发情的母羊表现为愿意接近公羊，弓腰举尾，后肢张开，频繁排尿，当公羊对其爬跨时会站立不动，而不发情的母羊对公羊的爬跨行为进行躲避，甚至会出现踢、咬等抗拒行为。在发现母羊发情后，应当将母羊迅速挑出或做出标记。这种方法虽然简单，但是准确性很高。

6）输精。

① 输精前的准备。将发情母羊两后肢担在输精室内离地高度50厘米左右的横杠式输精架上或站立在输精坑边。若无输精架或输精坑时可由工作人员保定母羊，方法是工作人员倒骑在羊的颈部，用双手握住羊的两后肢关节上部并稍向上提起，以便于输精。在输精前先用0.01%高锰酸钾或2%来苏儿消毒输配母羊外阴部，再用温水洗掉药液并擦干，最后以生理盐水棉球擦拭。

各种输精用具在使用之前必须彻底洗净消毒，用灭菌稀释液冲洗。玻璃和金属输精器，可置入高温干燥箱内消毒或蒸煮消毒。阴道开张器及其他金属器材等用具，可高温干燥消毒，也可浸泡在消毒液内或利用酒精火焰消毒。

输精枪以每只母羊1支为宜。当不得已数只母羊用1支输精枪时，每输完1只母羊后，先用湿棉球（或卫生纸或纱布块）由尖端向后擦拭干净外壁，再用酒精棉球涂擦消毒，其管内腔先用灭菌生理盐水冲洗干净，后用灭菌稀释液冲洗方可再使用。

输精人员要身着工作服，手洗干净后以75%酒精消毒，待酒精完全挥发干再持输精器。

② 输精。母羊输精时间一般在发情后10～36小时。在生产上，一般早晨发现母羊发情，可在当天下午输精；傍晚发现母羊发情，可于第二天上午输精。为提高母羊受胎率，可于第一次输精后间隔12小时再输精一次，此后若母羊仍继续发情，可再输精1次。

原精液可为0.05～0.1毫升，稀释后精液或冷冻精液应为0.1～0.2毫升。要求每个输精剂量中有效精子数应不少于2000万个。

将开膣器插入阴道深部，之后旋转90度，开启开膣器寻找子宫颈口，如果在暗处输精，要用头灯或手电筒光源辅助。开膣器开张幅度宜小（2～3厘米），从缝里找子宫颈口较容易；否则开张越大，刺激越大，羊努责，越不易找到子宫颈口。子宫颈口的位置不一定正对阴道，但其在阴道内呈一小突起，附近黏膜充血而颜色较深。找到子宫颈口后，将输精器插入子宫颈口内1～2厘米处将精液缓缓注入。有些羊需用输精器前端拨开子宫颈外口上、下2片或3片凸起的皱襞，方可将输精器插入子宫颈口内。若子宫颈口较紧或不正，可将精液注到子宫颈口附近，但输精量应加大1倍。输完精后先将输精器取出，再将开膣器抽出。

输精瞬间，应缩小开膣器开张程度，减少刺激，并向外拉1/3，使阴道前边闭合，容易输精。输精完毕的母羊在原保定位置停留一会儿再放走。输精总的原则要求做到"适时""深部""慢插""轻注""稍站"。

第四节　提高繁殖效率的主要途径

一、增加能繁母羊的比例

在羊群的结构中，能繁母羊所占比例的大小，对羊群的增殖和养羊业的效益有很大的影响。因此，每年都要对羊群进行整顿，及时对老龄羊和不孕羊进行淘汰，能繁母羊的年龄以2～5岁为宜，7岁以后的母羊即为老龄羊。

1. 不断调整羊群结构，保持可繁母羊较高比例

一个好的羊群结构是保持较高生产性能的重要因素。一般公羊与母羊的比例为1∶30，可繁母羊所占比例为80%左右，后备母羊占15%左右，成年可用公羊占3%，后备公羊占2%。要做好繁殖记录，及时了解羊的发情配种情况，掌握羊群繁殖状况，保持可繁母羊较高的比例。

2. 及时处理不孕母羊，减少不孕不育母羊的比例

对于规模羊群，不可避免地存在一些繁殖规律不正常的羊，如产后发情间隔长，繁殖季节不发情，屡配不孕，对于那些繁殖不正常的羊，要及时通过人为干预促使发情，提高配种率，如果人为措施不见效果，要及时淘汰，减少此类羊的比例，降低饲养成本。

二、导入多胎基因来提高母羊胎产羔数

用多胎品种与地方品种羊杂交是提高繁殖力最快、最有效和最简便的方法。湖羊、小尾寒羊作为我国优良的多胎、早熟的地方品种在不少省份相继引种，以改进当地羊的繁殖性能。选择多胎品种的公羊与单胎品种的母羊进行杂交，其所生的后代多具有多胎性，以此提高产羔率。在同一品种内，选留多胎公羊作为种用。

三、有条件羊场可采用繁殖新技术

1. 同期发情

同期发情除用于胚胎移植技术外，还多应用于肉羊生产，可有计划地进行羔羊的同期育肥和出栏，有利于减少管理开支，降低生产成本。常用的药物有氯前列烯醇、孕激素海绵栓、孕马血清、三合激素等。

2. 超数排卵

超数排卵对提高母羊产羔数，特别是发挥优良母羊的遗传潜力及使用效率具有重要意义，同时也是胚胎移植技术的核心技术之一。具体方法：在成年母羊发情前4天，肌肉或皮下注射孕马血清促性腺激素200～400国际单位，出现发情后立即配种，并在当天肌肉或静脉注射人绒毛膜促性腺激素500～700国际单位，以达到超数排卵的目的。

3. 诱导发情

诱导发情是针对乏情期内的成年母羊，人为借助外源激素、生物学刺激等方法，引起其发情并进行配种的技术，其通过打破母羊的季节性繁殖规律，缩短其繁殖周期，提高母羊的繁殖率和养羊的经济效益。

四、诱导多（双）羔技术提高母羊产羔数

目前，在养羊业上应用较为广泛的诱导多（双）羔技术主要为：遗传选择法、生殖激素法、营养调控法等。

1. 遗传选择法及其效果

遗传选择法主要在绵羊上使用。绵羊的多胎性状是由基因所决定的，所以是可以遗传给下一代的。目前，公认的多胎基因是FecB基因，该基因最早是在布鲁拉美利奴羊中发现的。近年来，有很多报道在小尾寒羊、湖羊、新疆勒刺、洼地绵羊等中发现有多胎基因（FecB），国内外均有报道将该基因通过杂交方式可以导入到后代中，进而提高产羔率。在生产实践中，利用表型选择的方法来提高产羔率的遗传进展很慢，利用分子标记辅助选择技术可大大提高产羔数选择效果。

2. 生殖激素法及其效果

目前在生产中常用的诱导双（多）羔的激素类制剂主要有 PMSG、LH 类似物和双羔素等。由于 PMSG 的半衰期长，在应用时只需注射 1 次，特别是与抗 PMSG 的药物配合使用时，使其副作用大大降低，从而使 PMSG 在生产中得到了更多的应用。张居农等（2003）报道，用 500 国际单位的 PMSG 对母羊进行处理，并在首次输精的同时静脉注射促性腺激素释放激素类似物 LRH-A3，羊群总体繁殖率达到 165%，双胎、三胎和四胎的比率分别为 52.8%、7.24% 和 1.2%。双羔素的主要成分是睾酮-3-羧甲基肟和牛血清白蛋白，由中国农业科学院兰州畜牧与兽药研究所研制，有水剂和油剂 2 种类型。张卫平等（2007）报道，使用水剂型双羔素于配种前 42 天、21 天分别 2 次免疫注射，结果试验组双羔率为 22.7%，比对照组高 12.5%。

3. 营养调控法及其效果

全价的营养能为诱导多（双）羔的工作打下坚实的基础，它可以提高种公羊的性欲，从而产生高质量的精液，也可以促进母羊发情时排卵数的增加。加强公羊、母羊的营养，实行满膘配种是提高多（双）羔率的有效措施。孙晓萍（2010）等报道，对 300 只滩羊进行放牧加补饲，母羊从配种期和妊娠前期每天补饲 0.1 千克，妊娠 30 天到产后 40 天每天补饲混合精料 0.5 千克，对照组按正常情况饲养，2 年下来，试验组平均产羔率比对照组高 45.5%。

五、缩短产羔间隔，提高母羊产羔胎次

1. 早期断奶

母乳喂养的方式一般为 3～4 月龄断奶，其缺点主要有以下几点：①哺乳的母羊由于要照顾羔羊，其体力难以得到恢复，因而延长了繁殖周期，降低了配种利用率。②母羊泌乳 3 周后，乳量明显下降，60 日龄的乳量已经明显不能满足羔羊的生长需求，限制了羔羊的增重。③常规的断奶方法会导致羔羊的瘤胃和肠道发育迟缓，断奶后的过渡期长，会影响到断奶后的育肥。

羔羊的早期断奶是在常规 3～4 月龄断奶的基础上，将羔羊的哺乳时间缩短到 40～60 天，并利用羔羊在 4 月龄时生长速度最快这一特点，使羔羊在短期内迅速育肥，以便达到预期的体重。从理论上来讲，羔羊断奶的月龄和体重以羔羊能够独自生活且能够以饲料为主要营养来源为准。3 周龄以内的羔羊应以母乳为营养来源，3 周龄以后可以慢慢消化一

部分植物性饲料，8 周龄后瘤胃已经充分发育，能够消化大量的植物性饲料，此时可以进行断奶。

羔羊进行早期断奶的意义：①羔羊断奶后，母羊可以减少体力消耗，体况迅速恢复后可以为下一轮配种做好准备，从而缩短了母羊的繁殖周期。②羔羊早期断奶后进行强度育肥，有的达到4～5 月龄就可以进行屠宰，增加经济效益。③羔羊早期断奶后可以较早采食植物性饲料，促进了瘤胃的发育。断奶后用代乳粉饲喂羔羊，可以为羔羊提供全面的营养，从而促进了羔羊整体的生长发育，并且还能降低常见病的发病率，提高羔羊的成活率。

2. 采用频密产羔体系来增加母羊产羔数

对于常年繁殖的母羊要缩短其空怀期，使母羊间隔 6～7 个月产羔 1 次，1 年产羔 2 次或 2 年产羔 3 次；对羔羊进行提早断奶，由 4 个月断奶改为 1.5～2.5 个月断奶，使哺乳的母羊可以早发情配种；还可以适当地提早母羊的初配年龄，继而使母羊一生的产羔数量增加。使用频繁产羔技术是增加羔羊数量的有效方法，但要对母羊和羔羊都加强饲养管理。

3. 早期妊娠诊断

随着养羊产业规模化和集约化的不断提高，在羊繁殖领域中，一般在 40～45 天，借助 B 超诊断技术对母羊进行早孕诊断，较传统的触摸法提早 1.5 个月，这一技术的应用，提高了妊娠诊断的准确性，缩短了肉羊的空怀天数，降低了空怀的饲养成本，提高了经济效益。B 超诊断法是将超声波回声信号以灰阶的形式显示出来，光点的强弱反映了回声界面对超声反射和衰减的强弱，根据声像图形态和羊的解剖特点来判断羊妊娠与否（图 4-3）。

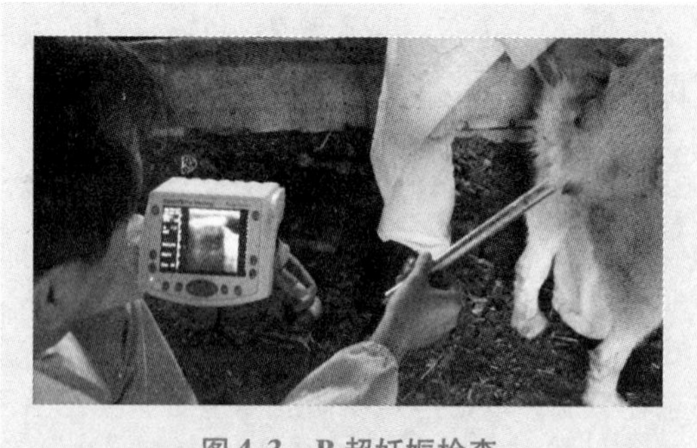

图 4-3　B 超妊娠检查

B 超诊断法的具体操作步骤为：将待测母羊站立保定，将医用耦合剂涂抹在 B 超仪的探头上，探头垂直贴近羊后肢股内侧腹壁与乳房间的少毛区，或者将探头通过直肠来检测，一边观察显示器显示的图像，一边缓慢移动探头进行扫描，寻找清晰准确的扫描效果，从而进行妊娠判断。当探测到膀胱的暗区后，向膀胱的左上或右上方探查。对于规模种羊场建议可以采用 B 超做早期妊娠诊断。

六、通过常规繁殖性能指标来判断羊群整体的生产水平

繁殖性能指标是羊群生产水平的重要体现。因此，羔羊断奶后要及时根据各项记录总结这一繁殖年度的繁殖成绩，总结生产上的经验和所存在的问题，分析原因，并针对问题制订相应的措施，为下一年度提高繁殖成绩打下基础。评定母羊繁殖成绩的指标有配种率、受胎率、分娩率、产羔率、羔羊成活率、繁殖率和繁殖成活率七项，下面是这七项指标的意义及计算方法的介绍。

1. 配种率

配种率是指本年度发情配种的母羊数占本年度全部适繁母羊数的百分率。例如，某羊场在某年度适合繁殖的母羊数为 100 只，其中有 95 只母羊发情配种成功，那么配种率为 95%。计算公式：

配种率 =（配种母羊数/适繁母羊数）×100%

适繁母羊是指适合繁殖的母羊，又称适龄母羊、可繁母羊、基础母羊。

2. 受胎率

受胎率是指受胎母羊数占配种母羊数的百分率。例如，95 只配种母羊中有 90 只母羊受胎，其受胎率为 94.74%。计算公式：

受胎率 =（受胎母羊数/配种母羊数）×100%

3. 分娩率

分娩率是指分娩母羊占受胎母羊数的百分率。例如，90 只受胎母羊中有 3 只流产、有 2 只死亡，只有 85 只受胎母羊产羔，其分娩率为 94.4%。计算公式：

分娩率 =（分娩母羊数/受胎母羊数）×100%

4. 产羔率

产羔率是指产羔数占分娩母羊数的百分率。例如，85 只分娩母羊产出 255 只羔羊，其产羔率为 300%。计算公式：

产羔率 =（产羔数/分娩母羊数）×100%

5. 羔羊成活率

羔羊成活率是指在本年度内断奶存活羔羊数占产出羔羊数的百分率，反映羔羊的饲养水平。计算公式：

羔羊成活率 =（断奶存活羔羊数/产出羔羊数）×100%

也可指断奶时存活的羔羊数占产活羔羊数的百分率。例如，产活羔羊 255 只，死亡 25 只，到断奶时存活 230 只，其羔羊存活率为 90.2%。计算公式：

羔羊成活率 =（存活羔羊数/产活羔羊数）×100%

6. 繁殖率

繁殖率是指产活羔羊数占适繁母羊数的百分率。例如，产活羔羊数为 255 只，适繁母羊数为 100 只，其繁殖率为 255%。计算公式：

繁殖率 =（产活羔羊数/适繁母羊数）×100%

7. 繁殖成活率

繁殖成活率是指断奶存活的羔羊数占适繁母羊数的百分率。例如，断奶存活羔羊 230 只，共有 100 只适繁母羊，其繁殖成活率为 230%。计算公式：

繁殖成活率 =（断奶存活羔羊数/适繁母羊数）×100%

我们从前五项公式中可以看出：前一个公式的分子即为后一个公式的分母。因此，应当连续计算，不能缺项。这五项计算公式是计算与分析母羊繁殖成绩的基本项目。之后的第六项和第七项公式是全面反映总体繁殖成绩的计算项目。所列的计算公式是简便方法，复杂计算方法如下：

繁殖率 = 配种率 × 受胎率 × 分娩率 × 产羔率

繁殖成活率 = 配种率 × 受胎率 × 分娩率 × 产羔率 × 羔羊成活率

= 繁殖率 × 羔羊成活率

我们不难看出，繁殖率的高低受配种率、受胎率、分娩率和产羔率的影响，所以可以把这四项作为影响因子。如果这四项指标都高，那么繁殖率也就会高，如果其中有一项或几项较低，繁殖率也会降低。同理，繁殖成活率是受上述四项和羔羊成活率制约的。我们通过分析出某项数值较低的原因，继而找出相应的切实可行的办法加以改进，从而提高整个群体的繁殖效率。

七、做好羊群繁殖统计管理工作，做到心中有数

统计是生产必不可少的工作，及时准确地进行统计可以了解羊群生产状况，有了统计数据才能计算繁殖效率，才能知道怎样提高养殖效益。实际生产中规模越大，不孕不育羊的比例往往越高，因此，规模羊场就要注意保持可繁母羊较高比例，做好繁殖记录，及时了解羊的发情配种

情况，以便掌握羊群繁殖状况。繁殖记录主要包括配种记录（表4-3）、产羔记录（表4-4）、新生羔羊耳标记录（表4-5）、母羊繁殖产羔档案（表4-6）和母羊配种档案（表4-7）。配种记录是指记录每天配种公羊所配母羊的情况，通过配种记录可以统计全年配种次数，以及公羊的配种能力等。母羊产羔记录是指记录每天分娩的母羊数量，以及每只母羊的产羔数量等。母羊产羔记录可以统计一定周期内产羔母羊数量、胎平均产羔数、年产羔数等指标。新生羔羊耳标记录是指对新生羔羊编制耳标，并在出生后用耳标钳打上耳标，新生羔羊耳标记录是记录每只母羊所生后代的耳标，是血统的重要依据，根据耳标记录可以查询本场繁殖后代的血统，为选种选配提供基础数据。母羊繁殖产羔档案是指母羊一生产羔的记录，包含胎次、产羔日期、胎产羔数、推算的产羔间隔、初产日龄及利用年限。母羊配种档案是指每只母羊一生所有配种的记录，包含每次配种公羊信息、配种日期。利用母羊配种档案可以观察母羊发情是否规律，以及产后发情时间等信息。通过上述统计基本可以判断羊群整体生产水平，因此一定要重视统计工作，生产数据就是羊群生产水平的晴雨表。

【提示】

繁殖率是肉羊生产的核心问题，也是比较重要的数据，如果繁殖率上不去，将直接影响羔羊的数量，进而影响效益。当然，繁殖率也是个需要多方面注意的问题，从品种角度：选择那些繁殖率高、常年发情的品种；其他的主要是管理方面的，如选种、发情、配种、羊群周转、羊群结构等。选择繁殖率高和产羔间隔短、发情规律、产后短时间就发情的羊留种。配种主要是看配种率高，产羔数多。母羊的主要产品是羔羊，在保证母羊产得多的同时还要保证羔羊成活，因此要加强羔羊的培育，提高羔羊成活率。

表4-3　配种记录

日期	公羊号	母羊号	配种方式	负责人	备注

表4-4　母羊产羔记录

日期	母羊号	产羔数/只	性别只数		成活数/只	死亡		备注
			公羔/只	母羔/只		数量/只	原因	

表 4-5　新生羔羊耳标记录

母羊号	产羔日期	性别只数		种公羊号	耳标		打号日期	备注
		公羔/只	母羔/只		母羔号	公羔号		

表 4-6　母羊繁殖产羔档案

母羊	胎次	日期	与配公羊	总数/只	性别只数		成活/只	死亡/只	备注	胎次	日期	与配公羊	总数/只	性别只数		成活/只	死亡/只	备注	胎次	日期	与配公羊	总数/只	性别只数		成活/只	死亡/只	备注
					公羔/只	母羔/只								公羔/只	母羔/只								公羔/只	母羔/只			

表 4-7　母羊配种档案

母羊	第一次		备注	第二次		备注	第三次		备注	第四次		备注	第五次		备注	第六次		备注
	日期	公羊		日期	公羊		日期	公羊		日期	公羊		日期	公羊		日期	公羊	

第五章
做好饲养管理，向管理要效益

第一节　饲养管理的误区

饲养管理贯穿肉羊生产的整个过程，处处都需要饲养管理，饲养管理既需要理论又需要经验技能，同时还需要计划管理，以及整个羊群的生产周转计划和结构安排。

一、对种羊的重视程度不够，舍不得投入

种羊是整个羊群的关键，负责繁育后代，只有量多质优的后代，才有可能获得较大产出，获得较大利润。但实际生产中，对种羊重视程度不足，舍不得投入，特别是舍饲养羊，做不到合理搭配，均衡营养，导致种羊生产能力较低，产出较少。

二、没有精品意识，羊群管理不精细

很多从业者没有树立精品意识，对羊群管理不精细。在实际生产中，羊群规模越大，不孕不育羊的比例也越高，因此，规模羊场更要注意保持可繁母羊较高的比例，做好繁殖记录，及时了解羊的发情配种情况，以便掌握羊群繁殖状况。对于规模羊群，不可避免地存在一些繁殖规律不正常的羊，如产后发情间隔长、繁殖季节不发情、屡配不孕，对于那些繁殖不正常的羊，要及时通过人为干预促使其发情，提高配种率，如果人为措施不见效果，要及时淘汰，减少此类羊的比例，降低饲养成本。

三、不同生理阶段的羊群管理不到位

一个好的羊群结构是保持较高生产性能的重要因素，在繁育羊群中一般公母比例为1∶30，可繁母羊所占比例为80%左右，后备母羊占15%左右，能够配种的成年公羊占3%，后备公羊占2%。而实际生产中，很多羊场羊群管理不到位，特别是小规模自繁自养的家庭农场，大群混养，不分公母，不分胖瘦，不分大小，羊群管理混乱。

第二节 做好不同类别羊群的饲养管理

羊与猪或其他单胃动物相比，最主要的区别是具有一个较大的瘤胃，寄生着大量厌氧性微生物，就像一个高效且连续接种的活体发酵罐，对粗纤维具有较强的消化能力，并且可以利用食物中的含氮物质合成微生物蛋白质，在发酵过程中还能合成B族维生素和维生素K。根据羊的生理特点，肉羊的饲料要求原则是以粗料为主，精料为辅。根据生长发育（羔羊、青年羊、成年羊）和生殖生理特点（发情、配种、受精、妊娠、分娩、哺乳、空怀），在生产上，可分为羔羊、青年羊、空怀母羊、妊娠前期、妊娠后期、哺乳期等几个阶段（图5-1）。

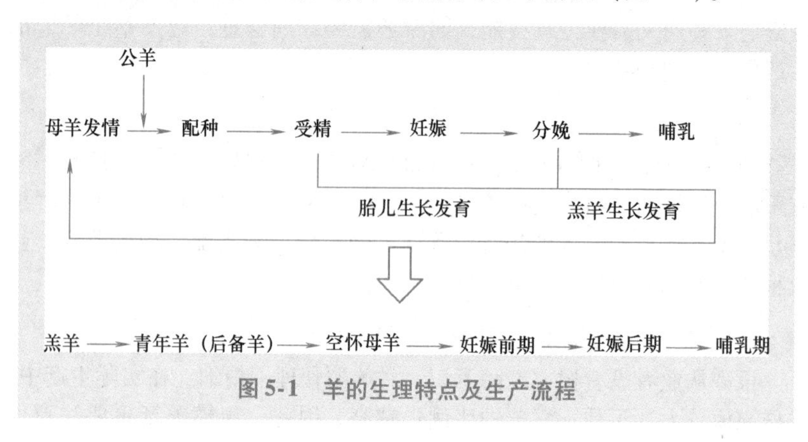

图5-1 羊的生理特点及生产流程

一、做好种公羊的饲养管理

俗话说："公羊好，好一坡；母羊好，好一窝。"种公羊对于种羊场也非常重要，种公羊管理的优劣不仅关系到配种受胎率的高低、繁殖成绩的好坏，更重要的是影响羊的选育质量、羊群数量的发展和生产性能与经济效益的提高。因此，在种公羊饲养管理中应做到合理饲喂，科学管理，使种公羊拥有健壮的体质、充沛的精力和高品质的精液，充分发挥其种用价值。一般在没有人工授精的羊场，公母比例为1∶30，所以公羊承担着全场的配种任务，公羊的质量也直接影响全场羔羊的产出质量。由于公羊饲养数量远远少于母羊，血统问题非常重要，不能近亲配种，因此就需要产羔记录和配种记录详细准确，否则就很容易造成血统系谱错乱，导致近亲繁殖，出现一些畸形、发育不良的羔羊，影响经济效益。每次配种前，通过查询记录血统，避免使用发情母羊的儿子、同胞公羊、半同胞公羊、父亲及祖父公羊配种。

1. 种公羊的选择

对种用公羊要求相对较高，在留种或引种时必须进行严格挑选。通常从以下4个方面进行选择：

（1）体形外貌 必须符合品种特征，发育良好，结构匀称，颈粗大，鬐甲高，胸宽深，肋开张，背腰平直，腹紧凑不下垂，体躯较长，四肢粗大端正，被毛短而粗亮。

（2）查找档案系谱 所选种公羊的年龄不宜过大，应在3岁以下，最好来源于双羔羊或多羔羊个体。

（3）生殖器官发育良好 单睾、隐睾一律不能留种，睾丸大而对称，以手触摸富有弹性，不坚硬，这样精液量才多，品质好。

（4）雄性特征明显 精力充沛、敏捷活泼、性欲旺盛，符合本品种种用等级标准，即特级、一级，低于一级不可留种。

2. 合理饲喂

羊主要表现为春、秋两季发情，部分母羊可全年发情配种。因此，种公羊的饲养尤为重要。种公羊的饲料应选择营养价值高，含足量蛋白质、维生素和矿物质，并且易消化，适口性好的饲料。生产中根据实际情况适当调整日粮组成，满足种公羊在不同阶段对饲料的需求。

（1）非配种期 我国大部分绵羊品种的繁殖季节很明显，大多集中在9~12月，非配种期较长。冬季，既要有利于种公羊的体况恢复，又要保证其安全越冬度春。精、粗饲料应合理搭配，喂适量青绿饲料（或青贮饲料）。对舍饲70~90千克的种公羊，每天每只喂给混合精饲料0.5~0.6千克，优质干草2~2.5千克，青绿多汁饲料1~1.5千克。

（2）配种预备期 配种预备期是指配种前1~1.5个月，逐渐调整种公羊的日粮，逐渐将混合精饲料增加到配种期的喂量。

（3）配种期 种公羊在配种期内要消耗大量的营养和体力，为使种公羊拥有健壮的体质、充沛的精力、良好的精液品质，必须精心饲养，满足其营养需求。一般对于体重在70~90千克的种公羊，每天每只饲喂混合精饲料1~1.2千克，苜蓿干草或优质干草2千克，胡萝卜0.5~1.5千克，食盐15~20克，必要时可补给一些动物性蛋白质饲料，如羊奶、鸡蛋等，以弥补配种时期大量的营养消耗。

3. 科学管理

（1）环境卫生 一般种公羊的圈舍要适当大一些，每只种公羊占地

1.5～2 米^2。运动场面积不小于种公羊舍面积的 2 倍，为种公羊提供充足的运动场地。圈舍地面坚实、干燥，舍内保持阳光充足，空气流通。冬季圈舍要防寒保温，以减少饲料的消耗和疾病的发生；夏季高温时防暑降温，避免影响种公羊的食欲、性欲及精液质量。为防止疾病发生，定期做好圈舍内外的消毒工作。

（2）加强运动 运动有利于促进食欲，增强公羊体质，提高性欲和精子活力，但过度的运动也会影响公羊配种，一般运动强度以 30～60 分钟为宜，每天早晨或下午运动 1 次，休息 1 小时后参加配种。

（3）定期检测精液品质 精液品质的好坏决定种公羊的可利用价值和配种能力，对母羊受胎率影响极大。配种季节，无论本交还是人工授精，都应提前检测公羊的精液质量，确保配种工作的成功。通常对精液的射精量、颜色、气味、pH、精子密度和活力等项目进行检测。

（4）疫病防治

1）为防止传染病的发生，必须严格执行免疫计划，保质保量地完成年羊三联（羊快疫、猝狙、肠毒血症）、口蹄疫、羊痘、羊口疮及布氏杆菌病、传染性胸膜肺炎等疫苗的接种工作。

2）定期检测布氏杆菌病，疫区每年检测 1 次，非疫区可 2 年检测 1 次。

3）定期驱虫。一般春、秋两季进行，严重时可 3 个月驱虫 1 次。对于躯体内的虫，可注射阿维菌素，口服左旋咪唑、阿苯达唑、虫克星等；对于躯体外的虫，可用敌百虫片按比例加入温水洗浴羊身，或者用柏松杀虫粉、虱蚤杀无敌粉灭虫。

（5）单独饲养 对种公羊的管理应保持常年相对稳定，最好有专人负责。单独组群，避免公母混养，避免造成盲目交配，影响公羊性欲。图 5-2 为单独饲养的小尾寒羊种公羊。

图 5-2 单独饲养的小尾寒羊种公羊

（6）精心护理 经常对种公羊进行刷拭，最好每天 1 次。定期修蹄，一般每季度 1 次。耐心调教，和蔼待羊，驯养为主，防止恶癖。

4. 及时调教

（1）调教要求 种公羊一般在10月龄开始调教，体重达到60千克以上时应及时训练配种能力。调教时地面要平坦，不能太粗糙或太光滑。不可长时间训练，一般以调教1小时左右为宜，待第二天再进行调教。

（2）调教训练

1）刺激训练。给种公羊带上试情布放在母羊群中，令其寻找发情母羊，以刺激和激发其产生性欲。

2）观摩训练。让种公羊观摩其他种公羊配种。

3）本交训练。调教前应增加运动量以提高其运动能力和肺活量。调教时，让其接触发情稳定的母羊，最好选择比其体重小的母羊进行训练，不可让其与母羊进行咬架。第一次配种完成时应让其休息。

4）采精训练。将与其体格匹配的发情母羊作为台羊，当后备公羊爬跨时，迅速将阴茎导入假阴道内，注意假阴道的倾斜度应与公羊阴茎伸出的方向一致。整个采精过程要保持安静，利于公羊在放松的情况下进入工作状态。

5. 合理使用

种公羊配种采精要适度，通常情况下，自然交配每只种公羊可负担20~30只母羊，辅助交配可负担50~100只母羊，人工采精可负担150~200只母羊。本地品种一般在8~10月龄、体重达到35~40千克时，开始配种使用。国外品种相对晚些，最好在10~12月龄、体重达55~65千克时使用。小于1岁应以每周2次为佳，1~2岁青年公羊可隔天1次，2~5岁的壮年公羊每周可配种4~6次，连续4~5天后休息1天。采精一般在配种季节来临前1~1.5个月开始训练，每周采精1次，以后增加到每周2次，到配种时每天可采1~2次，不要连续采精。即使任务繁重，国外品种的种公羊每天配种或采精次数也不应超过3次，本地品种不超过4次。为防止种公羊使用过度，第一次和第二次配种或采精需间隔15分钟，第二次和第三次需间隔2小时以上，确保种公羊的精液质量和使用年限。

二、做好种母羊的饲养管理

种母羊承担着繁殖产羔的任务，羊场的主要产出就是羔羊，所以种母羊的管理是整个羊场的重中之重，是整个种羊场的重要环节，是羊群正常发展的基础。种母羊饲养得好坏对羔羊的发育、生长和成活影响很大，是决定羊群能否长久发展、品质能否改善和提高的重要因素。通常对繁殖母羊饲养分为空怀期、妊娠前期、妊娠后期、哺乳前期和哺乳后期4个阶段，根据其各个生理时期特点，种母羊生产管理主要包括空怀期管理、配种期管理、妊娠期管理、产羔管理、羊群结构管理等。空怀期是指产羔之后到配种妊娠的时间间隔，空怀期的长短直接影响种母羊产羔间隔，产羔间隔直接影响母羊的繁殖效率和利用率。产羔间隔必须做到实时监控才能避免过长，对于配种后没有返情的母羊要做妊娠诊断，妊娠诊断可以采用B超早期诊断，没有B超的羊场一般是通过观察外观、膘情和采食、精神状态等判断是否妊娠，一般在3个月后也可以通过人工触摸胎儿来确定妊娠，妊娠3个月后即进入妊娠后期，到4.5个月时要将种母羊转入产房待产，产羔后2个月左右断奶，断奶后再次转入空怀羊舍。

1. 空怀期种母羊的饲养

种母羊空怀期的营养状况直接影响着发情、排卵及受孕，加强空怀期种母羊的饲养管理，尤其是配种前的饲养管护对提高种母羊的繁殖力十分关键。

种母羊空怀期因产羔季节不同而不同。羊的配种季节大多集中在每年的5~6月和9~11月。常年发情的品种也存在一定季节性，春季和秋季为发情配种旺季。空怀期的饲养任务是尽快使种母羊恢复中等以上体况，以利配种。中等以上体况的种母羊发情期受胎率可达到80%~85%，而体况差的只有65%~75%。因此，哺乳种母羊应根据其体况适当加强日粮营养浓度进行短期优饲，适时对羔羊早期断乳，尽快使种母羊恢复体况。

对于没有妊娠和泌乳负担且膘情正常的成年种母羊，进行维持饲养即可。通常1只体重40千克的种母羊，每天青干草的供给量为1.5~2千克，青贮饲料为0.5千克。日粮中粗蛋白质含量需求为130~140克，不必饲喂精饲料。如果粗饲料品质差，每天可补饲0.2千克精饲料。种母羊体重每增加10千克，饲料供给量应增加15%左右，保证不同生长阶段种母羊身体的营养需求，保持中等膘情。

配种前45天开始给予短期优饲，可以使种母羊尽快恢复膘情，尽早发情配种，也有利于种母羊多排卵，提高多羔率。配种前3周可适当服用维生素A、维生素D和维生素E。有一部分种母羊在哺乳期能够发情，因此应在产羔后1个月左右开始利用试情公羊进行试情，同时刺激种母羊尽快发情。

另外，空怀种母羊的疫苗接种和驱虫工作应安排在配种前 1 ~ 2 个月完成，减少疾病的发生。

总之，在配种前期和配种期，加强空怀期种母羊的饲养管理，是提高种母羊受胎率和多羔率的有效措施。

2. 妊娠前期母羊的饲养

母羊的妊娠期平均为 5 个月，妊娠 3 个月为妊娠前期，胎儿发育缓慢，重量仅占羔羊初生重的 10%，但做好该阶段的饲养管理，对保证胎儿正常生长发育和提高母羊繁殖力起着关键性作用。

母羊在配种 14 天后，开始用试情公羊进行试情，观察是否返情，初步判断受孕情况；45 天后可用超声波做妊娠诊断，较准确地判断受孕情况，及时对未受孕羊进行试情补配，提高母羊的利用率。

母羊妊娠 1 个月左右，受精卵在附植未形成胎盘之前，很容易受外界饲喂条件的影响，喂给母羊变质、发霉或有毒的饲料，容易引起胚胎早期死亡；母羊的日粮营养不全面，缺乏蛋白质、维生素和矿物质等，也可能引起受精卵中途停止发育，所以母羊妊娠 1 个月左右的饲养管理是关键时期。此时胎儿尚小，母羊所需的营养物质虽要求不高，但必须相对全面，在青草季节，一般来说母羊采食幼嫩牧草能达到饱腹且可满足其营养需要，但在秋后、冬季和早春，多数养殖户以晒干草和农作物秸秆等粗饲料饲喂母羊，由于采食饲草中营养物质的局限性，则应根据母羊的营养状况适当地补喂精饲料增加营养。

3. 妊娠后期母羊的饲养

母羊妊娠 2 个月为妊娠后期，这个时期胎儿在母体内生长发育迅速，90% 的初生重是在这一时期长成的，胎儿的骨骼、肌肉、皮肤和内脏各器官生长很快，所需要的营养物质多、质量高。如果母羊妊娠后期营养不足，胎儿发育就会受到很大影响，导致羔羊初生重小、抵抗力差、成活率低。

妊娠后期，一般母羊体重要增加 7 ~ 8 千克，其物质代谢和能量代谢比空怀期的母羊高 30% ~ 40%。为了满足妊娠后期母羊的生理需要，舍饲母羊应增加营养平衡的精饲料。这个时期，母羊的营养一定要全价。若营养不足，会出现流产的现象，即使妊娠期满生产，初生羔羊也往往跟早产胎儿一样，会因为发育不健全而导致生理调节机能差、抵抗能力弱，从而导致死亡；母羊会造成分娩衰竭、产后缺奶。若营养过剩，会造成母羊过肥，容易出现食欲不振，反而使胎儿营养不良。所以，这一时期应当注意补饲蛋白质、维生素、矿物质丰富的饲料，如青干草、豆饼、胡萝卜等。临产前3天，做好接羔准备工作。

妊娠期的母羊除了需要加强饲养外，还应加强管理。舍饲母羊日常活动要以“慢、稳”为主，饲养密度不宜过大，要防拥挤、防跳沟、防惊群、防滑倒，不能吃霉变饲料和冰冻饲料，不饮冰碴儿水，以免引起消化不良、中毒和流产。羊舍要干净卫生，应保持温暖、干燥、通风良好。母羊在预产期前1周左右，可放入待产圈内饲养，适当进行运动，为生产做准备。在日常管理中禁忌惊吓、急跑等剧烈动作，特别是在出入圈门或采食时，要防止相互挤压。

母羊在妊娠后期不宜进行防疫注射。羔羊痢疾严重的羊场，可在产前14~21天接种1次羔羊痢疾菌苗或五联苗，提高母羊抗体水平，使新生羔获得足够的母源抗体。

4. 哺乳期母羊的饲养

产后母羊经过阵痛和分娩，体力消耗较大，机能代谢下降，抗病力降低，如若护理不好，会对母羊的健康、生产性能和羔羊的健康生长造成严重影响，更应加强护理。

（1）保持羊体和环境卫生 产房注意保暖，温度一般在5℃以上，严防“贼风”，以防感冒、风湿等疾患。母羊产羔后应立即把胎衣、粪便、分娩污染的垫草及地面等清理干净，更换上清洁干软的垫草。用温肥皂水擦洗母羊后躯、尾部、乳房等被污染的部分，再用高锰酸钾消毒液清洗一次，擦干。要经常检查母羊乳房，如果发现有奶孔闭塞、乳房发炎、化脓或乳汁过多等情况，要及时采取相应措施予以处理。

（2）产后饮喂温水 母羊产后休息半小时，应饮喂1份红糖、5份麸皮、20份水配比的红糖麸皮水。之后喂些易消化的优质干草，注意保暖。5天后逐渐增加精饲料和青绿多汁饲料的喂量，15天后恢复正常饲养方法。

（3）加强喂养和护理 母羊产后身体虚弱，补喂的饲料要营养价值高、易消化，使母羊尽快恢复健康和有充足的乳汁。泌乳初期主要保证其泌乳机能正常，细心观察和护理母羊及羔羊。对产羔多的母羊更要加强护理，多喂些优质青干草和混合饲料。泌乳盛期一般在产后30~45天，母羊体内贮存的各种养分不断减少，体重也有所下降。在这个阶段，饲养条件对泌乳量有很大影响，应给予母羊最优越的饲养条件，增加精饲料的喂量，日粮水平的高低可根据泌乳量的多少进行调整，通常每天每只母羊补喂青绿多汁饲料2千克，全价精饲料600～800克。泌乳后期要逐渐降低营养水平，控制混合饲料的喂量。

（4）搞好圈舍卫生 哺乳母羊的圈舍必须经常打扫，以保持清洁干燥，对胎衣、毛团、塑料布、石块、烂草等要及时扫除，以免羔羊舔食而引起疫病。

在生产中，有的母羊产羔断奶后一年都没有配种妊娠，这样无疑增加了饲养成本。产后不发情的原因是多种的，有可能是因为发情表现不明显或有生殖障碍，因此这就需要对产羔断奶母羊进行实时监控，密切注意产后发情，要对所有产后断奶母羊了如指掌，这样才能及时发现产后不发情和屡配不孕的羊，对没有及时发情的母羊要进行检查，采取人为干预措施促使其发情，对于人为干预无效的母羊可以考虑淘汰育肥；对于配种过的羊要观察配种后前2～3个情期是否返情，如果对于配种后的羊没有动态实时监测很容易错过或没有发现返情，耽误配种妊娠。

三、做好育成羊和后备羊的饲养管理

对于种羊场和自繁自养场来讲，后备羊是指羔羊从断奶后到配种前准备留作种用的公羊和母羊。这一阶段生长发育较快，营养物质需要量大，是羊骨骼和器官充分发育的时期，饲养是否合理，对生长发育速度和体形结构起着决定性的作用。如果羊营养不良，就会显著影响其生长发育，形成个头小、体重轻、四肢高、胸窄、躯干浅的体形。严重者造成被毛稀疏且品质不良、性成熟和体成熟推迟、不能按时配种，甚至失去种用价值。可以说育成羊是羊群的未来，其培育质量是整体羊群能否健康可持续发展的关键。

很多农户对育成羊的饲养重视不够，认为其不配种、不怀羔、不泌乳，没负担，常常出现程度不同的发育受阻。

1. 育成羊的生长发育特点

（1）生长发育速度快 育成羊全身各系统均处于旺盛生长发育阶段，与骨骼生长发育密切的部位仍然继续增长，如体高、体长、胸宽、胸深增长迅速，头、腿、骨骼、肌肉发育也很快，体形发生明显的变化。

（2）瘤胃的发育更为迅速 6月龄的育成羊，瘤胃迅速发育，容积增大，占胃总容积的75%以上，接近成年羊的容积比。

（3）生殖器官发生变化 一般育成母羊6月龄以后即可表现正常的发情，卵巢上出现成熟卵泡，达到性成熟。国内品种育成公羊8月龄左右时接近体成熟，具有产生正常精子的能力，可以配种。国外品种性、体成熟相对要晚些。育成羊开始配种的体重应达到成年母羊体重的70%。

2. 育成羊的培育

（1）分群饲养 羔羊断奶后，按性别、大小、强弱进行分群，按不同饲养标准制订合理的饲养方案。按月抽测体重，饲养方案根据增重情况及时做出调整。

（2）育成羊的选择 选择合适的育成羊留作种用是羊群质量提高的基础和重要手段，生产中经常在育成期对羊进行挑选，把品种特性优良的、高产的、种用价值高的公羊和母羊选出来留作繁殖用，不符合要求的或使用不完的公羊则转为商品生产使用。生产中常用的选种方法是根据羊本身的体形外貌、生产成绩进行选择，辅以系谱审查和后代测定。

（3）适时配种 一般育成母羊在满8～10月龄，体重达到40千克或达到成年体重的70%以上时配种。育成母羊不如成年母羊发情明显和规律，所以要加强发情鉴定，以免漏配。8月龄前的公羊一般不要采精或配种，必须在12月龄以后再参加配种。

3. 育成羊的饲养管理

（1）供给适当的精料 育成羊阶段需注意精饲料的添加量，有优良豆科干草时，日粮中精饲料的粗蛋白质含量提高到15%或16%，混合精饲料中的能量水平占总日粮能量的70%左右为宜。每天喂混合精饲料以0.4千克为好，同时还需要注意矿物质，如钙、磷和食盐的补给。

育成期分为育成前期（4～8月龄）和育成后期（8月龄～配种），根据其不同时期对营养需求采用合理的精饲料配方。常用2种育成前期精饲料配方：①玉米68%，花生饼12%，豆饼7%，麦麸10%，磷酸氢钙1%，添加剂1%，食盐1%。②玉米50%，花生饼20%，豆饼15%，麦麸12%，石粉1%，添加剂1%，食盐1%。常用2种育成后期精饲料配方：①玉米45%，花生饼25%，葵花饼13%，麦麸14%，磷酸氢钙1%，添加剂1%，食盐1%。②玉米80%，花生饼8%，麦麸10%，添加剂1%，食盐1%。

（2）合理饲养 饲喂方式、饲料类型对育成羊的体形和生长发育影响很大，不同性别、不同阶段或不同饲喂方式有着不同的饲养特点。为促进消化器官的充分发育，培育出体格高大、乳房发育明显、产奶多的育成羊，应做好以下工作：

育成公羊、母羊对培育条件的要求和反应不同，公羊一般生长发育较快，异化作用较强，生理需要精饲料较多，对饲养可有良好反应，而饲养不良则发育不如母羊。所以在整个育成时期，公羊的饲料定额应比母羊多些。

育成期不同阶段对草料的要求不同，根据每个阶段的特点选择合适的饲料类型，制订合理的饲喂方法。育成前期，羔羊刚断奶，生长发育快。瘤胃容积有限且机能不完善，对粗饲料的利用能力较差。因此，这个时期羊的日粮应以精饲料为主，并能饲喂优质干草和青绿多汁饲料，日粮的粗纤维含量不超过15%～20%。育成后期，羊的瘤胃机能基本完善，可以采食大量的牧草和青贮、微贮秸秆。若有品质优良的豆科干草，其日粮中精饲料的粗蛋白质以12%～13%为宜。若干草品质一般，可将粗蛋白质的含量提高16%，混合精饲料中能量以不低于整个日粮能量的70%～75%为宜。

（3）加强运动 精饲料过多而运动不足，容易使羊肥胖，早熟、早衰，缩短利用年限。充足的阳光和运动，可使羊胸部宽广，心肺发达，体质强壮，减少疾病。

（4）疾病预防 严格按照制定的免疫程序做好三联四防、口蹄疫等的疫苗接种和春、秋两季的驱虫工作，保障育成羊的健康成长。

后备羊的留种对于更新羊群至关重要，留种是个不断选择的过程，从出生、断奶、青年羊培育等几个阶段都要不断选择，主要从品种体形外貌、系谱血统和同胞生产记录等考虑，母羊体形要匀称，生殖器官正常，后躯宽大；公羊体格强健，高大，性欲旺盛；系谱血统符合品种特点，母羊要看其母亲繁殖记录，选留那些多胎的母羊，并考虑其发情规律、配种率、产羔数、产活羔数，以及有无繁殖疾病史等，另外还要看其同胞繁殖性能；公羊要注意与已用公羊血统要分开，不要选留与已经参加配种的公羊近亲的公羊，保持公羊血统越远越好。

四、加强羔羊护理

羔羊时期是羊一生中生长发育最旺盛的阶段，为其创造适宜的饲养管理条件，加强对羔羊的培育，既是提高羊群生产性能，培育高产羊群的重要措施，也是增加羊肉产量，提高羊肉品质的重要措施。

1. 掌握羔羊的生长发育规律

（1）体重增长的一般规律 妊娠后胎儿2月龄以前生长速度缓慢，之后逐渐加快。临近分娩时，发育速度最快，胎儿身体各部位的生长特点在各个时期不同。一般是头部生长迅速，以后四肢生长加快，整体体重的比例不断增加，维持生命的重要器官，如头部、四肢等发育较早，而肌肉、脂肪等组织发育较晚。从出生到4月龄断奶的羔羊，生长发育迅速，所需的营养物质较多，特别是质好量多的蛋白质。羔羊出生后的1个月内，生长速度较快，母乳充足，营养好时，生后2周体重可增加1倍，肉用品种羔羊日增重在300克以上。因此，应根据羔羊的生长发育特点，在生长发育迅速的阶段给予良好的营养和管理，才能获得最大的增重效果。

一般采用初生重、断奶重、屠宰活重、平均日增重等指标来反映羊的生长发育情况。测量上述指标时，应定时在早晨饲喂前空腹称重，用连续2天的平均值表示。增重受遗传和饲养两个方面的因素影响较大。

（2）营养水平与补偿生长 营养水平影响肉羊的生长发育速度，营养水平低不能发挥优良品种的遗传潜力，限制肉羊身体各部位的生长发育。在肉羊生产中，常见因某阶段营养水平低不能满足生长发育需要而影响增重，当营养水平达到生长发育需要时，生长速度比营养水平低时增重要快，经过一段时间后，能够恢复到正常体重，这种现象称为补偿生长。因而，在生产中，可以灵活运用补偿生长的特性，进行短期优饲育肥，提高经济效益。若在生长的关键阶段（断奶前后）生长发育受阻，则在以后很难补偿，因此，要重视羔羊的培育，加强羔羊饲养管理，以免造成不可弥补的损失。

（3）不同品种类型的体重增长 肉羊品种类型不同是影响肉羊生长发育的遗传因素。肉羊品种可分为大、中型品种和早熟小型品种。在同样的饲养条件下，早熟小型品种出栏快，大型品种先要长骨骼，当骨骼发育起来之后才长肌肉和脂肪组织。不同类型的肉羊育肥有以下共同特点：当体重相同时，增重快的羊饲料利用率高，当饲喂到相同胴体等级时，小型与大型品种的饲料利用率相近。

（4）体组织生长特点 在生长期骨骼、肌肉和脂肪在体内变化较大，骨骼是个体发育最早的部分，刚出生的羔羊四肢骨的相对长度比成年羊高。出生后，骨骼生长发育比较稳定，只是长度和宽度的增长，头骨发育较早，肋骨发育相对较晚。骨重占活重的比例，出生时为17%～18%，10月龄时为5%～6%。肌肉的生长主要是肌纤维体积的增大，肌纤维呈束状，肌纤维增大使肌纤维束相应增大，随着年龄增大，肉质的纹理变粗。因此，青年羊和羔羊的肉质比老龄羊、成年羊的柔嫩，出生羔羊肌肉生长速度比骨骼快，体重不断增长，肌肉和骨骼重量相差较大。肌肉的生长强度与不同部位的功能有关，羔羊出生后要行走，腿部肌肉的生长强度大于其他部位的肌肉，胃肌在羔羊采食后才有较快的生长速度。头部、颈部肌肉比背腰部肌肉生长要早，不同部位的肌肉重量与年龄、性别有关，后肢肌肉在出生时已经发育完全，以后在全身肌肉中的比重有所下降，颈部肌肉、背腰部肌肉、肩部肌肉占整个肌肉组织的比例有所增加。总的来看，羔羊体重达到初生重的4倍时，体组织的肌肉生长重量已超过50%，断奶时羔羊各部位的肌肉重量分布接近成年羊，不同的是绝对量小，肌肉占躯体重的比例约为30%。

羔羊骨骼、肌肉和脂肪的生长变化特点如下：

1）肌肉生长速度最快，大胴体的肉骨比要比小胴体的高。

2）脂肪重量的增长在羔羊阶段呈平稳上升趋势，当胴体重超过10千克时，脂肪沉积速度明显加快。

3）骨骼重量的增长速度最慢，其重量基础在出生前已经形成，出生后的增长率小于肌肉。

4）从生长的相对强度来看，骨重下降幅度在生长初期大于后期，肉重初期下降，相对平稳一定阶段后继续下降，脂肪重量呈现上升趋势，而且到后期更明显。

羔羊的生长是从小到大，从少到多的变化。例如，肌肉、脂肪、骨骼、皮毛不断增长，体重不断增加，体积不断扩大，体躯向长、宽、高发展。羔羊的发育是指体组织、器官发生质的变化，但生长和发育并不是孤立的，也不是截然分开的，在生长的同时都伴有器官和机能的发育，是相互统一、相互促进的。

2. 加强羔羊培育，提高断奶成活率

（1）防寒保温 初生羔羊体温调节能力差，对外界温度变化极为敏感，舍内温度应保持在5℃以上。地面上铺一些御寒的材料，如柔软的干草、麦秸等，并注意检查门窗是否密闭，墙壁不应有透风的缝隙，防止因贼风侵袭造成羊只患病和其他不必要的损失。

（2）初生护理 羔羊出生后应尽快擦去口鼻处黏液，以免造成异物性肺炎或窒息，让母羊舔去羔羊身上的黏液。对出现假死状况的羔羊，应立即采取人工呼吸等措施抢救。羔羊脐带最好能自然拉断，在断处抹上5%~7%碘酊；若没有拉断，可用消毒过的剪刀在距体躯8~10厘米处结扎后剪断，然后涂碘酊消毒。初乳对羔羊的生长发育至关重要，它不同于常乳，浓度高，矿物质、抗体含量高，可促进胎粪排出和提高免疫力。当羔羊能够站立时，应立即让其哺食初乳。如果初乳不足或没有初乳，可按下列配方配成人工初乳。配方为：新鲜鸡蛋2个、鱼肝油8毫升或浓鱼肝油丸2粒、食盐5克、健康牛奶500毫升、适量的硫酸镁。在羔羊哺食初乳前，应将母羊乳房擦净，挤掉几滴乳，然后辅助羔羊哺食。为便于管理，哺食初乳后在羔羊体躯部位做上与其母亲相同的标记或编号。出生3天后，对健康的羔羊进行断尾。

（3）羔羊的哺乳 哺乳期的羔羊发育迅速，大多情况下是母乳喂养，但是有些弱羔、双羔及母羊产后死亡所留下的羔羊，应采取代哺或人工哺乳。

1）母乳喂养。初乳营养价值较常乳要高，不但含有大量对生长及防止下痢不可缺少的维生素A，而且含有大量蛋白质，特别是清蛋白及球蛋白要比常乳多20~30倍。母乳中的营养物质无须经过肠道分解，可以直接被吸收，是新生羔羊获得抗体的唯一来源，也是羔羊前期最好的食物来源。

2）寄养代哺。当母羊乳少或母羊死亡后，可将羔羊寄养给乳母代哺。乳母需找产后死羔或泌乳特别多、母性强的母羊。母羊是用嗅觉来识别羔羊的，寄养时，最好选在夜间，将乳母的乳汁抹在羔羊身上，或者将羔羊的尿液抹在母羊的鼻端，使气味混淆。将羔羊放入乳母栏内，连续2~3天后，即可寄养成功。

3）人工哺乳。目前，大多羊场一般采用新鲜牛奶或羔羊代乳粉作为人工哺乳原料。牛奶哺乳，要加温消毒，而且要定人、定温、定量、定时、定质。温度一般为38~39℃。喂量一般为：1周龄0.6千克，2周龄0.9千克，3~4周龄1.2千克，5周龄1.5千克，14周龄以上减为0.5千克。时间一般为：1~4周龄每间隔4小时喂1次，5~7周龄每间隔6小时喂1次，8周龄以上每间隔12小时喂1次。羔羊代乳粉用60℃左右的水冲开，进行饲喂。使用量和饲喂次数因不同生产厂家使用说明而定。

常用的人工哺乳方法有盆饮法、胶皮哺乳瓶和自动哺乳器喂给3种方法。盆饮法羔羊哺乳很快，对个别羔羊，因饮乳过快，极易产生拉稀现象。而采用胶皮哺乳瓶和自动哺乳器，则可以避免这一缺陷。

采用人工哺乳的羔羊，一般都要经过训练才能使羔羊习惯。如果采用的是盆饮法，最初可用两手固定羔羊头部，使其在盆中舔乳，以诱其自己吮食，或者给羔羊吸吮指头，并慢慢将羔羊引至乳汁表面，饮到乳汁，然后才慢慢取出指头。在用手指头训练羔羊采食乳汁时，事先必须将指甲剪短、磨平、洗净，避免刺破羔羊口腔及吮入污垢。用带胶皮哺乳瓶或自动饮乳器人工哺喂羔羊时，只要将橡皮头或自动哺乳嘴放进羔羊嘴里，羔羊就会自动吸吮乳汁。

人工哺乳应注意几个方面：①羔羊出生后最初几天，应该让其吸吮到足够数量的初乳。②人工喂养中的“定人”，就是从始至终固定一专人喂养。这样可以熟悉羔羊的生活习性，掌握吃饱程度，喂奶温度、喂量及在食欲上的变化，健康与否等。③喂奶时尽量采用自饮方式，用胶皮哺乳瓶或自动哺乳器喂奶时，不要让嘴高过头顶，以免把奶灌进气管，造成死亡事故。让奶头中充满奶汁，以免吸进空气引起肚子胀或肚子痛。④搞好人工哺乳各个环节的卫生消毒工作。喂奶前，饲养员应洗净双手。喂完后随即用温水将奶瓶、盛奶用具冲洗干净，用净布或塑料布盖好。喂完病羔的用具要先用高锰酸钾、来苏儿、新洁尔灭等消毒，再用温水冲洗干净。⑤每次哺奶后，为防止羔羊互相舔食，应用清洁的毛巾擦净羔羊嘴上的余奶。⑥病羔和健康羔使用的器具应分开。

4）羔羊补饲。羔羊补饲的目的是使羔羊获得更完全的营养物质，促进羔羊消化系统与身体的生长发育。羔羊生后八天就可以喂给少量羔羊代乳料，训练吃细嫩的青草或优质干草。及早采食训练，有利于促进胃肠的消化能力。羔羊代乳料是以玉米、豆饼等为主要原料加工成粉状，加上乳酸菌和酶制剂调制而成的。其营养成分类似天然母乳，易于消化吸收，羔羊食后一般无腹泻现象。羔羊 20 日龄前，代乳料用 5 倍的开水冲熟，凉到 37～38℃时用奶瓶供羔羊吸吮。羔羊 21 日龄后可干喂，也可拌在块茎饲料中饲喂。补饲标准一般每日每只羔羊从 8 日龄 25 克逐渐增至 3 月龄 100 克，4 月龄达 200 克。补青绿饲料可以切短，萝卜类可切成丝，均匀地撒在槽内，让羔羊自由采食。干草和农副产品主要有苜蓿干草、花生秧、红薯蔓等。

在运动场内，应经常放置盛有清洁饮水的水盆，让羔羊自由饮用。出生后的 40～60 天是奶和饲料并重阶段，注意蛋白质的含量，经常观测羔羊的发育速度。如果羔羊过肥，可减少精饲料，换些优质的干草，但不能喂含水分过多的饲料，否则会出现大腹。此时注意饲料蛋白质的含量，防止采食量大的公羔得尿结石。

5）羔羊运动。晴朗的天气，10 日龄羔羊就可在运动场自由活动。春羔应在中午暖和时放到运动场，逐渐增多活动时间。加强运动，有利于增强体质，促进羔羊健康生长，提高其抵抗疾病的能力。

6）羔羊去势。公羔去势后性情温驯，易于管理，饲料报酬提高，并且肉的膻味小，肉质细嫩。对不留作种用的公羔，应在断奶前后去势。常用的去势方法有刀切法和结扎法。刀切法：适用于2周以上的公羔。一人保定羔羊，另一人用碘酊将羔羊阴囊外部消毒后，一只手握住阴囊上方，另一只手用消毒过的手术刀在靠近阴囊侧下方1/3处切口，将睾丸和精索一并挤出扯断，刀口涂碘酊并撒上消炎粉。结扎法：在公羔1周龄左右时，将睾丸挤到阴囊的外缘，在精索部将阴囊用橡皮筋紧紧结扎，经过15~20天，阴囊和睾丸萎缩并自然脱落。

7）羔羊断奶。发育正常的羔羊，在3~4月龄即可断奶。若羔羊发育好，1年产2次羔的，断奶时间可适当提早一些；若发育较差或计划留作种用的，则断奶时间可适当延长。在羔羊断奶前1个月，每只每日补喂精饲料100克，并随同母羊吃食精饲料和青绿多汁饲料，给予充足的食盐和饮水。断奶时，要逐只称重，做好记录。由于羔羊出生日期不同，故根据配种期高峰是1个月，而产羔期高峰也是1个月，可以采取产羔期开始后110天全部一次断奶，便于母羊、羔羊分别统一饲养管理。极个别弱小羔羊待满4个月后再断奶。具体实施方法：人工哺乳的，逐渐减少哺奶量，最后停止即可。自然哺奶的，逐渐减少哺奶次数，如由原来1天哺奶3次，减少到1天2次，然后1天1次、2天1次，1周左右完全断掉。

断奶后的羔羊先留在原来的羊舍内数日，以免因断奶和改变环境产生强烈的应激反应。母羊和羔羊相隔距离不可过近，要彼此听不到叫声，避免给双方造成不良情绪。为方便对羔羊护理和观察，应根据其日龄、大小、性别进行必要的分栏。

8）环境卫生。初生羔羊体质弱，抗病力差，发病率高。发病的原因大多由于羊舍及其周围环境卫生差，使羔羊受到病原菌的感染。因此，饲养员应搞好圈舍的卫生，及时消毒，减少羔羊接触病原菌的机会，降低羔羊发病率。

9）羔羊疾病预防。羔羊出生时注射抗破伤风毒素，1周内注射“三联四防”疫苗。断奶时，及时注射口蹄疫疫苗、“三联四防”疫苗及驱虫药物等。饲养员每天在添草喂料时要认真观察羊只的采食、饮水、排便等是否正常，发现病情及时诊治。

正确的培育方法可以获得其亲代不具有的优良品质，从而提高羊群质量。相反，不正确的培育方法则会引起生长发育不良、生活力降低，甚至把原有亲代的优良品质丧失。所以，羔羊的培育工作必须予以足够的重视。

第三节 提高饲养管理水平的重要途径

一、膘情是反映羊群健康和饲养管理水平的重要指标

膘情是指羊的肥瘦程度，是反映羊群健康和饲养管理水平的重要指标，关乎羊群健康状况、生产性能。日粮营养不够或饲养管理跟不上就会导致羊的膘情很差，体质较弱，很容易发病；膘情过肥也会对生产带来不利影响，引起繁殖障碍，同时会造成饲料浪费，增加饲养成本。图 5-3 为5 种绵羊膘情示意图。

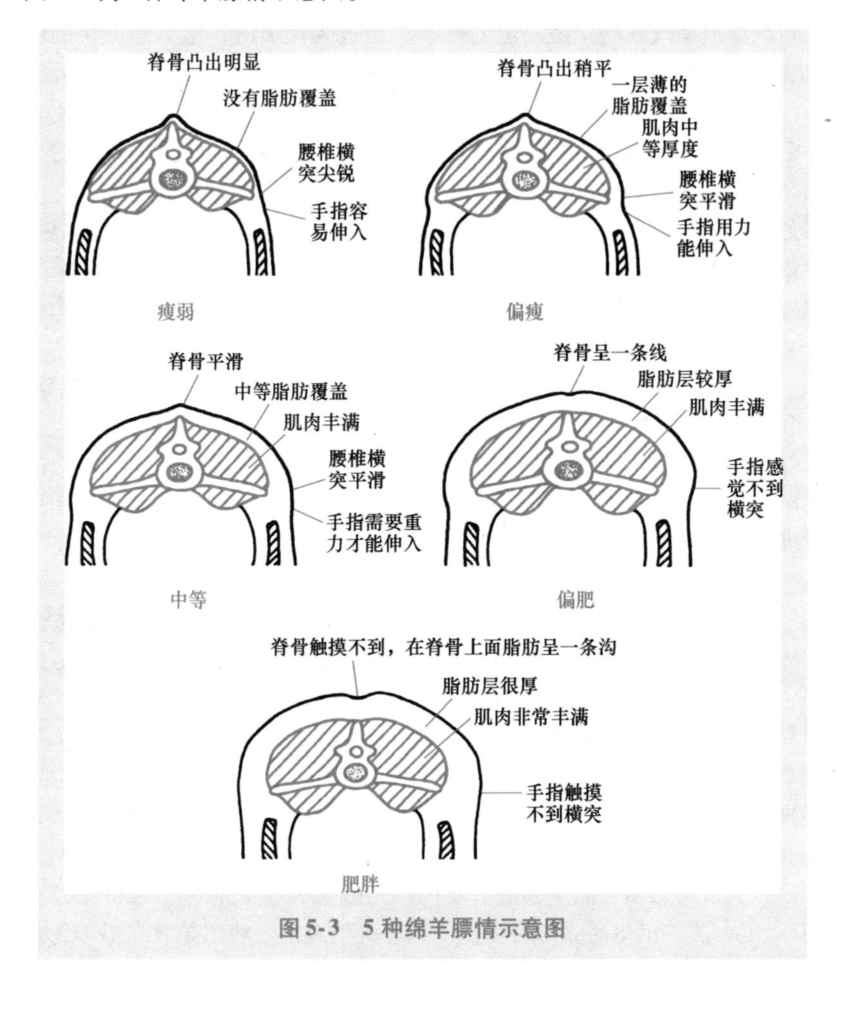

图 5-3 5 种绵羊膘情示意图

二、做好羊群的四季管理

1. 春季重点注意问题

春季气温回升，天气变暖，微生物活动频繁，是呼吸道疾病多发季节，一般也是产羔比较多的季节。不论山羊还是绵羊，春季产羔比较多，因此在春季主要做好接产和预防呼吸道疾病工作。购买一些预防呼吸道疾病的药，可以每年春季在精饲料里面拌料预防，每次持续加药拌料3～5天，可有效预防。

2. 夏季重点注意环节

夏季气温高，天气热，特别是育肥羊要注意防暑降温，一般喂羊的时间也要根据气候变化做一定的调整。当进入伏天时，趁早晨凉快的时候喂，下午晚一些喂，增加采食量。如果是小尾寒羊规模养殖，配种安排均衡的话，一年四季都有产羔，因此要加强羔羊的饲养管理。专业化育肥群体比较大时，要注意圈舍饲养密度。天气热的时候羊有扎堆的现象，就是天气越热越喜欢聚到一起，这里就涉及羊舍方面的问题，有的羊舍用石棉瓦或彩钢板搭建，夏天的时候顶子就会晒透，羊舍里面闷热，专业育肥的话要采取降温措施，如安装大的排风扇或电扇，还有就是要保持水槽里面不能断水。

3. 秋季重点工作

除了小尾寒羊四季发情外，其他品种一般从9月开始进入发情季节，并会持续到冬季，在配种时要注意做好发情鉴定和公羊调教等工作。公羊的使用，一般连续3天，每天配3次，但中间要有休息，保障日粮高蛋白质高能量，每天喂1～2个鸡蛋。每天让羊运动1～2小时，这样可以维持较高性欲和精液质量。

4. 冬季管理

（1）防寒保暖，做好接羔和羔羊培育 除常年发情的羊之外，大多数绵羊和山羊繁殖都有一定季节性，多数地方品种羊都在秋季发情配种，因此在冬季产羔多集中在1月以后，而1月也正是北方寒冬时节，因此，在这个时期如果产羔接产和羔羊护理不当都会造成新出生羔羊死亡，以及断奶羔羊成活率降低。由于农户饲养的母羊一般在几十只至近百只，因此从管理上容易些。规模羊场要特别注意冬季产羔管理，从人员安排上要责任落实到人，特别是夜间产羔，安排值班人员，要由专人守夜。如果产羔圈舍温度偏低，要在产羔圈舍内生火取暖，保持温度在5℃以上。羔羊出生后立即捋清羔羊口鼻处的黏液，将羔羊放在母羊头附

近，使其能够舔到羔羊，这样一方面可使羔羊毛皮很快被母羊舔舐干，另一方面增加母子关系。出生后要保证30分钟内吃到初乳，尽快使羔羊体内获得免疫抗体。如果母羊没奶要找刚刚产羔的母羊代乳，或者喂奶粉、牛奶。总之，新出生羔羊一要尽快吃到初乳。羔羊产出后要做好保暖工作，避免因寒冷降低羔羊抵抗力。

（2）注意饮水，精心护理，加强妊娠母羊的饲养管理 除在日粮搭配上多增加一些青绿多汁饲料外，在饮水上要特别注意，不要给羊饮冰渣水，如有条件尽量饮温水。小规模养殖场可以在饲喂时用开水把精饲料冲开，搅拌均匀，使之变成糊状，然后兑上一定量的凉水，搅拌均匀即可。虽然冬季散热速度降低，羊体需水量减少，但每天至少应给羊饮2次水，如果缺水，羊会出现厌食现象，长期饮水不足羊会处于亚健康状态，特别是育肥羊，一般日粮精饲料比例较大，更需要增加饮水次数。总之要保持水槽内不断水。生产中应在喂草喂料1小时后饮羊，这样使水与草料在羊瘤胃内充分混合，有助于消化。在饲喂青贮饲料时，要去掉腐烂和带有冰块的青贮饲料，避免母羊食入后造成疾病，影响胎儿发育。当邻近预产期，要提前将妊娠母羊放入产房或暖棚，进行待产饲养，使母羊提前适应环境。

三、做好羊群周转计划和管理

1. 种羊场母羊群体要精干，提高可繁母羊比例，始终维持最佳生产性能

种羊场的效益取决于种羊的销售情况，如果种羊没有销路几乎没有效益可言，在适销对路的情况下，要考虑羊群周转和经营计划，多数引进的肉羊繁殖季节性比较明显，因此产羔集中在春节前至春季末，哺乳期后几乎有半年的时间为母羊的空怀期，即使是小尾寒羊等常年发情的种羊场也一样，在整个生产中，要始终关注不发情或发情不受孕的羊，对于这些羊要追踪记录，查找没有繁殖的原因，确认没有饲养价值后应尽早处理，或者淘汰卖掉或育肥后卖掉，尽量减少不孕不育羊的比例，这样才能减少成本，保持羊群最佳的生产性能，从而提高生产效率。

2. 自繁自养场提高育肥羊比例

育肥是增加经济效益的重要途径，对于自繁自养场来说，一般从秋季开始，将除后备羊之外的羔羊和育成羊转入育肥舍进行育肥，力争赶在元旦和春节出栏。一般从秋季开始，活羊价格和羊肉价格开始逐渐上涨，要抓住春节前市场价格上涨这个特殊阶段。冬季适度增加育肥羊在

羊群中的比例，经过2～3个月育肥出栏，不仅加快了羊群周转，优化了羊群结构，同时增加了经济效益。

3. 专业化育肥做好全年周转计划，实现均衡生产

专业育肥要根据资金、季节和市场行情制订周转计划，每个育肥周期结束后，至少留出半个月的时间对场圈进行打扫、消毒及为下一轮育肥做相关准备。夏季气候炎热、多雨，育肥效果差，要根据周转情况在伏天留出空闲时间。专业育肥主要做好整群防疫，更要贯彻防重于治的理念，坚持空圈后进行彻底消毒，在育肥羊进场后重点做小反刍兽疫、三联四防、口蹄疫、羊痘免疫，以及驱虫和健胃等，并根据市场行情和价格走势做好育肥羊出售或屠宰，以获得最大效益。

对于羊场羊群整体管理要做到有计划的动态管理。对于新建羊场要对整个羊场羊群进行有计划的管理，如饲养基础母羊多少只，年产羔数多少只，年出栏羊多少只等；对于已有羊群的羊场一般在一个生产周年开始时要对羊群制订周转计划，并在年度统计的基础上进行年度累计统计。羊群月份周转统计报表和年度累计周转统计报表见表5-1和表5-2。

四、做好日常编号、运输、档案管理工作

1. 编号

在羊育种和生产中，为了便于识别和记录羊只个体生产性能、血缘关系等相关信息，应该给羊编号并做好个体标记。方法包括：耳标法、刻耳法、烙角法。目前，耳标法编号是养羊生产中最实用的一种标记方法。

编号应在羔羊出生后5天内进行，编号的方法是第一位数字代表出生年份，第二、三位数字代表月份，后三位代表出生顺序，为了区分羊的性别，最后一位数字可以用单、双数区分，单数代表公羊，双数代表母羊。例如，2017年11月出生的第1只公羔，编号为711001；2017年11月出生的第2只公羔，编号为711003；2017年11月出生的第1只母羔，编号为711002；2017年11月出生的第2只母羔，编号为711004。为了区分某个羊场的羊，可以在编号第一位数字前加入某个羊场场名拼音的首字母，如乐羊养殖专业合作社的2017年11月出生的第2只公羔，编号为LY711003。

耳标法标记一般采用塑料耳标，可在耳标上根据需要标记的编号写在耳标上，最好用不褪色的耳号笔标记。安装时应在无血管的部位，经碘酒消毒后用耳标钳将耳标扣上即可。塑料耳标优点是号码清楚，不易损坏；不足之处是长期使用易松动脱落，号码褪色，羊只啃咬，需要经常检查，及时填补。

表 5-1 规模羊场全年月份周转统计报表

月份	成年母羊						成年公羊						羔羊（出生至断奶）						青年羊（断奶至6月龄）						后备母羊（6月龄至配种）					后备公羊（6月龄至配种）				
	存栏	出生	死亡	转入	转出	出售	存栏	出生	死亡	转入	转出	出售	存栏	出生	死亡	转入	转出	出售	存栏	出生	死亡	转入	转出	出售	存栏	转入	转出	死亡	出售	存栏	转入	转出	死亡	出售
1月																																		
2月																																		
3月																																		
4月																																		
5月																																		
6月																																		
7月																																		
8月																																		
9月																																		
10月																																		
11月																																		
12月																																		

表 5-2　规模羊场年度累计周转统计报表

年份	成年母羊						成年公羊						羔羊（出生至断奶）						青年羊（断奶至 6 月龄）						后备母羊（6 月龄至配种）					后备公羊（6 月龄至配种）				
	存栏	出生	死亡	转入	转出	出售	存栏	出生	死亡	转入	转出	出售	存栏	出生	死亡	转入	转出	出售	存栏	出生	死亡	转入	转出	出售	存栏	转入	转出	死亡	出售	存栏	转入	转出	死亡	出售
2010																																		
2011																																		
2012																																		
2013																																		
2014																																		
2015																																		
2016																																		
2017																																		
2018																																		
2019																																		
2020																																		

2. 运输

（1）运输工具的选择　一般选择汽车运输较好，只需要装卸各1次即可到达目的地，损失小，方便随时停车处理紧急情况。车型应使用带有高护栏的敞篷车，车身的长短要根据需要装运羊只多少来决定。车厢底部要有防滑地板或加上10～20厘米厚的垫草，均匀铺在车厢底上。

（2）运输应注意的事项　健康羊在运输途中，易因疲劳、应激、环境变化而引起神经系统功能、代谢功能紊乱，机体免疫系统异常，出现运输病。因此，要注意避免运输病。一是要适当减少装载数量，避免拥挤。二是夏季运输应在晚间天凉时装车，以夜间行车为主，10：00～16：00烈日当头时不要行车，将载羊车辆置于阴凉处，避免热应激反应，但冬季不可披着星星赶路。三是装车前不喂或少喂草料，运输车辆起步或停车时要缓慢、平稳，不可急刹车，运输途中要匀速行驶，每行驶2小时后要停车观察羊只状况，避免发生踩压。四是到达目的地后，充分休息2小时以上，避免过多打扰，过2小时后，先饮水再喂草，3天内要以草为主，注意冬季要饮用温水。五是要隔离观察，隔离期间要注射相应的疫苗，观察是否有感冒、拉稀的羊，并进行对症治疗。六是进行检疫，确认羊健康后再混群进入羊舍。

3. 档案管理

为了更清晰地反映羊群整体及个体羊的情况，养羊场要建立羊群来源、特征、生产性能记录；建立日常生产的配种、产仔、哺乳、断奶、转群、饲料消耗记录；建立饲草饲料来源、兽药及添加剂使用情况记录；建立羊群出场销售记录；建立繁殖羊群的档案、系谱记录；建立羊群消毒、免疫、发病、用药、治疗及转归记录；建立阶段性疫病流行情况档案及疫病监测记录，检测记录能追溯到动物的唯一性标识（如耳标号）等需要记录的档案。以上所有档案和记录保存3年（含）以上，建场不足3年的以建场时间算。

（1）养殖场养殖档案

1）养殖场免疫程序。由养殖场制定本场的免疫程序，按不同生产阶段分类填写，成年羊单独填写。

2）生产记录表。反映羊群的变动情况，出生、调入、调出、死亡、淘汰等相关信息，见表5-3。

3）饲料、饲料添加剂使用记录。记录不同阶段、不同时间所使用的饲料及用量的基本情况，见表5-4。

表 5-3　生产记录表

圈舍号	月龄	时间	变动情况				存栏数	备注
			出生数	调入数	调出数	死、淘数		

表 5-4　饲料、饲料添加剂使用记录表

圈舍号	开始使用时间	产品名称	生产厂家	批号/加工日期	用量	停止使用时间	备注

4）消毒记录表。记录养殖场日常消毒、消毒药的使用情况及消毒药的用法和用量，见表 5-5。

表 5-5　消毒记录表

日期	消毒场所	消毒药名称	用药剂量	消毒方法	操作员签字

5）免疫记录表。记录免疫情况及使用疫苗情况，反映应免数量和实免数量，便于及时补免，防止漏免，见表 5-6。

表 5-6　免疫记录表

圈舍号	日/月龄	免疫情况				使用疫苗情况						免疫人员签字	防疫监督员签字	备注
		时间	存栏数量	应免数量	实免数量	疫苗名称	生产厂家	生产批号	购入单位	免疫方法	免疫剂量			

6）诊疗、兽药使用记录表。反映羊场的疾病基本情况，便于掌握羊场羊群疾病动态及药物的治疗效果，根据休药期掌握停药及羊只出售时间，避免药物残留，见表 5-7。

表 5-7　诊疗、兽药使用记录表

开始日期	停止日期	标识编码	圈舍号	日龄	发病数	诊断结果	兽药使用情况					休药期	诊疗结果	诊疗人员签字
							药物名称	生产厂家	生产批号	使用方法	使用剂量			

7）防疫监测记录表。反映羊场免疫抗体、疾病监测情况。根据免疫抗体检测结果，分析羊场免疫效果，依据疾病监测情况了解羊场存在哪些疾病，便于制订防控措施，见表 5-8。

表 5-8　防疫监测记录表

采样日期	圈舍号	采样数量	监测项目	监测单位	监测结果				处理情况	备注
					疾病监测		免疫监测			
					阳性数	阴性数	合格数	不合格数		

8）病死羊、废弃物无害化处理记录表。记录病死羊、粪便、圈舍垫料、废弃疫苗瓶及其他污染物的无害化处理情况及采取的相应措施，见表 5-9。

表 5-9　病死羊、废弃物无害化处理记录表

日期	处理对象	数量	处理和死亡原因	标识编码	处理方法	处理单位或责任人	备注

9）产品销售记录表。反映平时销售的情况，以及兽药的休药期情况，保证产品安全，见表 5-10。

10）兽药、饲料及饲料添加剂采购入库记录表。反映羊场所采购兽药、饲草饲料及添加剂使用数量，见表 5-11。

表 5-10 产品销售记录表

销售日期	产品名称	月龄	数量	标识编码	销往单位		休药期执行否	出栏前最后用药日期	备注
					名称	联系电话			

表 5-11 兽药、饲料及饲料添加剂采购入库记录表

日期	名称	规格	数量	批号	批准文号	生产厂家	备注

（2）种羊场档案管理 除一般羊场所有记录的内容以外，种羊场还应填写配种记录、母羊繁殖记录、个体羊只系谱档案。

1）配种记录表。母羊从发情到妊娠配种时间和次数的记录，反映母羊的受胎能力，也能反映公羊的精液品质，以及配种人员的实际操作能力，见表 5-12。

表 5-12 配种记录表

序号	母羊	公羊	第一次配种	第二次配种	第三次配种	预产期	实产期	产羔	备注

2）种母羊繁殖记录表。体现种母羊的生产、繁殖能力及羔羊情况，见表 5-13。

表 5-13 种母羊繁殖记录表

耳号： 品种：

胎次	配种日期	与配公羊号	预产期	实产期	产仔数	出生窝重	断奶日龄	断奶窝重	生产测定成绩				羔羊耳号
									体长	体高	胸围	管围	

3）系谱档案。如实反映公羊、母羊的三代系谱、特征、个体生产性能等情况，便于查阅资料，了解羊只的各种性能指标，为选种、选育提供基础数据，见表5-14和表5-15。

表5-14　种公羊系谱档案

<table>
<tr><td colspan="13">种公羊卡片
羊号：　品种：　出生日期：　年　月　日　特点：
同胎羔数：　毛色特征：　出生地点：</td></tr>
<tr><td colspan="13">系谱</td></tr>
<tr><td colspan="7">母：品种：　羊号：
出生日期：　同胎羔数：
月龄：　体重：　等级：</td><td colspan="6">父：品种：　羊号：
出生日期：　同胎羔数：
月龄：　体重：　等级：</td></tr>
<tr><td colspan="3">母：品种：　羊号：
出生日期：
同胎羔数：
月龄：　体重：
等级：</td><td colspan="4">父：品种：　羊号：
出生日期：
同胎羔数：
月龄：　体重：
等级：</td><td colspan="3">母：品种：　羊号：
出生日期：
同胎羔数：
月龄：　体重：
等级：</td><td colspan="3">父：品种：　羊号：
出生日期：
同胎羔数：
月龄：　体重：
等级：</td></tr>
<tr><td colspan="13">每次鉴定记录</td></tr>
<tr><td>日期</td><td>月龄</td><td>体重</td><td>体高</td><td>体长</td><td>胸围</td><td>管围</td><td>绒长</td><td>绒细度</td><td>产绒量</td><td>产毛量</td><td>等级</td><td>备考</td></tr>
<tr><td></td><td></td><td></td><td></td><td></td><td></td><td></td><td></td><td></td><td></td><td></td><td></td><td></td></tr>
<tr><td></td><td></td><td></td><td></td><td></td><td></td><td></td><td></td><td></td><td></td><td></td><td></td><td></td></tr>
<tr><td></td><td></td><td></td><td></td><td></td><td></td><td></td><td></td><td></td><td></td><td></td><td></td><td></td></tr>
<tr><td colspan="13">历年配种记录</td></tr>
<tr><td rowspan="2">年度</td><td colspan="2">与配母羊</td><td rowspan="2">产羔母羊数</td><td colspan="3">共产羔羊数</td><td rowspan="2">初生体重</td><td rowspan="2">断乳体重</td><td rowspan="2" colspan="4">备考</td></tr>
<tr><td>本交</td><td>输精</td><td>公羔</td><td>母羔</td><td>合计</td></tr>
<tr><td></td><td></td><td></td><td></td><td></td><td></td><td></td><td></td><td></td><td colspan="4"></td></tr>
<tr><td></td><td></td><td></td><td></td><td></td><td></td><td></td><td></td><td></td><td colspan="4"></td></tr>
<tr><td></td><td></td><td></td><td></td><td></td><td></td><td></td><td></td><td></td><td colspan="4"></td></tr>
</table>

表 5-15　种母羊系谱档案

<table>
<tr><td colspan="13">种母羊卡片</td></tr>
<tr><td colspan="13">羊号：　品种：　出生日期：　年　月　日　特点：
同胎羔数：　毛色特征：　出生地点：</td></tr>
<tr><td colspan="13">系谱</td></tr>
<tr><td colspan="6">母：品种：　羊号：
出生日期：　同胎羔数：
月龄：　体重：　等级：</td><td colspan="7">父：品种：　羊号：
出生日期：　同胎羔数：
月龄：　体重：　等级：</td></tr>
<tr><td colspan="3">母：品种：　羊号：
出生日期：
同胎羔数：
月龄：　体重：
等级：</td><td colspan="3">父：品种：　羊号：
出生日期：
同胎羔数：
月龄：　体重：
等级：</td><td colspan="3">母：品种：　羊号：
出生日期：
同胎羔数：
月龄：　体重：
等级：</td><td colspan="4">父：品种：　羊号：
出生日期：
同胎羔数：
月龄：　体重：
等级：</td></tr>
<tr><td colspan="13">每次鉴定记录</td></tr>
<tr><td>日期</td><td>月龄</td><td>体重</td><td>体高</td><td>体长</td><td>胸围</td><td>管围</td><td>绒长</td><td>绒细度</td><td>产绒量</td><td>产毛量</td><td>等级</td><td>备考</td></tr>
<tr><td></td><td></td><td></td><td></td><td></td><td></td><td></td><td></td><td></td><td></td><td></td><td></td><td></td></tr>
<tr><td></td><td></td><td></td><td></td><td></td><td></td><td></td><td></td><td></td><td></td><td></td><td></td><td></td></tr>
<tr><td></td><td></td><td></td><td></td><td></td><td></td><td></td><td></td><td></td><td></td><td></td><td></td><td></td></tr>
<tr><td colspan="13">历次产羔记录</td></tr>
<tr><td colspan="2" rowspan="2">年　月　日</td><td colspan="2" rowspan="2">与配公羊品种羊号</td><td colspan="5">共产羔羊数</td><td rowspan="2">初生体重</td><td colspan="2" rowspan="2">断乳体重</td><td rowspan="2">备考</td></tr>
<tr><td colspan="2">公羔</td><td colspan="2">母羔</td><td>合计</td></tr>
<tr><td colspan="2"></td><td colspan="2"></td><td colspan="2"></td><td colspan="2"></td><td></td><td></td><td colspan="2"></td><td></td></tr>
<tr><td colspan="2"></td><td colspan="2"></td><td colspan="2"></td><td colspan="2"></td><td></td><td></td><td colspan="2"></td><td></td></tr>
</table>

（3）档案管理要求

1）养羊场建场、引羊、养殖档案等记录及有关工作计划、总结、报告等文件材料，实行纸质立卷归档，条件许可的前提下，可以实行计算机无纸化档案管理。档案设有专门的存放地点，落实专人管护，严禁在档案文件上随意涂写和丢失档案，对档案保密负责。

2）档案的保管期限分永久、长期、短期3种。技术资料档案一般设为长期保管。种畜禽场应有种畜禽生产经营许可证、种畜禽合格证和系谱证，“三证”齐全，归档长期保存。

3）档案管理应制度化和标志化。各项管理制度应张贴或悬挂上墙，生产管理的各个环节布局应设有标志牌。生产记录能正确反映企业的实际生产水平。

【提示】

饲养管理是羊群健康的基础，也贯穿于整个生产的全过程，无论自繁自养还是专业育肥，无论规模养殖还是小规模农户饲养，懂技术，会管理，让羊吃好，把羊养好，该发情时发情，该配种时配种，而且配种受胎率要高，产羔数要多，成活率高，不同阶段的羊要根据其生理特点和生产时期给予科学的饲养管理，饲喂适合的日粮，并注意节约节俭，把羊群视为自己的孩子，了解羊群结构，知道哪些羊什么时候该发情，哪些羊什么时候产羔，要通过翔实的生产数据做到了如指掌，这样才能把羊群管理好。始终树立精品意识，把在场的羊视为精品，用精品思路管理羊群，缩短生产周期，减少不生产羊（不孕不育、屡配不孕、生殖障碍等羊）的比例，增加可繁母羊的比例，繁育场除留种之外，通过育肥羊短期育肥来增加效益。总之，科学饲喂是基础，精心饲养是核心，羊群管理是关键，免疫驱虫是保障，只有把这些紧密地结合起来，运用好，才能把羊养好，从而为赢得经济效益奠定基础。

第六章
重视育肥羊饲养，向育肥羊要效益

第一节　育肥羊饲养的误区

一、思想上不重视育肥羊的饲养

对于中小型肉羊场，所生羔羊是整个羊场的主要产出，经过羔羊断奶前的护理和培育之后，除需要留种的羊外，利用羔羊早期生长迅速的特点，对羔羊进行快速育肥，快速出栏，加快羊群周转，可获得更好产出效益。对于产加销一体的龙头企业来讲，育肥出栏的羊可以屠宰并加工，进而增加附加值，提高经济效益。因此，对于自繁自养场一定要重视育肥羊的饲养管理。

二、技术上掌握不好育肥技术

羔羊育肥成败的关键是育肥效果、育肥羊价格和育肥周期。育肥效果主要是饲料报酬，即育肥羊增重和饲料投入比，这也是技术上可以控制的主要环节。育肥效果决定育肥周期，增重慢就会将育肥周期拉长，甚至错过最佳上市时间。因此，一定要认真总结经验，掌握好育肥技术。

三、出栏时机上把握不准

市场行情是不断变化的，如果是专业异地育肥，在购买断奶羔羊时就要对未来市场行情有判断和分析；如果是自繁自养羔羊育肥，在出栏前的1个月左右，要分析市场行情，如遇行情低迷可延长育肥时间；如遇市场行情上涨，切记不要“卖跌不卖涨”。因此，把握好羔羊育肥出栏这一关尤为关键，是能否获取最大经济效益和养羊成败的关键一环。

第二节　做好育肥羊饲养管理的重要途径

一、选择断奶羔羊育肥，效果最佳，效益最大

羔羊育肥是利用羔羊早期生长速度快、饲料报酬高的特性进行快速育肥。羔羊在哺乳期内体重增加最快，每天平均可达200克以上，以后随着日龄的增加而逐渐减慢。据试验证明，羔羊出生后前3个月体重可达周岁的50%，第一年的最后6个月仅为第一年的25%。第一年内，在正常的营养条件下，羔羊的生长发育非常迅速，其体重可达成年的75%。可见羔羊增重明显，育肥可取得较好效果。脂肪的生长顺序是：育肥初期网油和板油增加较快，以后皮下脂肪增长较快，最后沉积到纤维间，使肉质变嫩。脂肪沉积的先后次序大致为：出生后先形成肾、肠脂肪，而后生成肌肉脂肪，最后生成皮下脂肪。不同品种类型的羊脂肪沉积情况有所不同，肉用品种的脂肪生成于肌肉之间，皮下脂肪生成于腰部。肥臀羊的脂肪主要聚集在臀部。瘦尾粗毛羊的脂肪以胃肠脂肪为主。对于专门化早熟肉用品种，当达到屠宰体重时，总脂肪量比乳用品种要高，并且早熟品种皮下脂肪含量较高。脂肪沉积与年龄有关，年龄越大则脂肪的百分率越高。

二、做好育肥羊饲养管理

1. 育肥类型

根据肉用羊的年龄，肉用羊育肥分为羔羊育肥和成年羊育肥。羔羊育肥是指1周岁以内没有换永久齿的幼龄羊育肥，目前应用较多。成年羊育肥是指成年羯羊和淘汰老弱母羊，通过增加营养，短期达到满膘育肥，主要沉积的是脂肪。

根据育肥强度分为强度育肥和常规育肥。强度育肥是指羊只经过短期给予高强度的精饲料进行育肥，使其在短期内增重上市屠宰。此种类型的主要特点就是利用羔羊生长速度快、饲料转化率高的特点，或者成年羊沉积脂肪能力强，通过短期集中强度饲养，实现体重较快增长，获得较好的经济效益。常规育肥是相对于短期强度育肥而言的，是指不给予高强度的精饲料，和其他类型的羊一样饲养，不考虑育肥周期，直到体重达到上市标准或价格较好时出售或屠宰。

舍饲育肥就是把育肥羊养在羊舍内，喂给营养丰富的育肥饲料，使

羊在较短的时间内有较快的增重。舍饲育肥是缺少放牧条件的农区常用的肉羊育肥方式，也是工厂化专业肉羊生产的主要方法，其优点是增重快、饲料转化率高、肉质好、经济效益高。舍饲育肥的羊舍可以建造成简易的半开放式羊舍，或者利用旧房改造，并应备有草架和饲槽等用具（图 6-1）。舍饲育肥的关键是合理配制与利用育肥饲料。

图 6-1　舍饲育肥的羊舍

羔羊舍饲强度快速育肥技术是指利用其早期生长速度快和饲料报酬高的特点，限制其运动消耗进行的舍饲育肥，主要通过分段添加不同数量的优质牧草和精饲料，最大限度地满足其各阶段生长需要，在较短的时期内达到适于屠宰的体重，提高商品羊的个体重、屠宰率和经济效益的一项快速、高效的育肥技术。舍饲育肥是缺少放牧条件的农区常用的肉羊育肥方式，也是牧繁农育主要的生产形式，还是工厂化专业肉羊生产的主要方法，其优点是增重快、饲料转化率高、肉质好、经济效益高。

对于自繁自养场繁育的羔羊，建议采用断奶羔羊强度育肥快速出栏获得经济效益，以便减少雇佣人员，空出圈舍，加快资金周转。

2. 育肥羊舍的要求

羔羊育肥羊舍的特点：为了羔羊在最短的时间内获得较大增重，要适当限制羔羊的运动量，让羔羊舍的面积随着羔羊个体不断增大而增大。或者说，在固定羊舍面积的情况下，随着羔羊个体不断增大，而不断减少羔羊的密度。

羔羊育肥羊舍的种类：可分为地面育肥舍和高床式育肥舍。地面育肥是指在地上直接饲养育肥羊，成本低，但夏季潮湿，圈舍脏（彩

图13）；高床式育肥是将羊舍高出地面50～80厘米，使用漏缝地板，羊粪、尿通过漏缝地板进入床下，羊体干净卫生，但造价高（彩图14和彩图15）。

3. 育肥羊要求

育肥羊可分为地方品种羊和杂交羊2种。地方品种羊育肥增重较杂交羊慢，因此，在育肥时尽量选择杂交羔羊，对于自繁自养场，也应使地方品种与肉用羊杂交，对杂交羔羊进行育肥。

育肥羊年龄决定育肥羊用料的不同、育肥期的不同，最好选择羔羊育肥。根据羔羊年龄可大致分为2.5～3月龄和4～5月龄羔羊，前者育肥时间长，一般在3～4个月，周期较长；后者育肥时间短，一般在2～3个月即可出栏。

育肥羊性别是影响育肥效果的重要因素，公羔增重好于母羔。目前，由于羔羊育肥羊时间短，一般6月龄左右就出栏，都不做去势，而且公羔因分泌雄性激素，生长速度较快，经济效益明显。

4. 育肥饲料的要求

由于育肥羊要在较短的时间获得最大的增重，因此育肥羊对粗饲料的质量要求较高，各种营养物质要求比较齐全。育肥饲料由青粗饲料、农业加工副产品和精饲料补充料组成，常见饲料有干草、青草、树叶、作物秸秆，各种糠、糟、油饼、食品加工糟渣等。育肥期为2～3个月。育肥初期以青粗饲料为主，占日粮的60%～70%，精饲料占30%～40%；育肥后期要加大精饲料的使用量，占日粮的60%～70%。为了提高饲料的消化率和利用率，各种饲料要进行必要的加工，秸秆饲料可进行氨化处理等，精饲料要进行粉碎混合，有条件的可加工成颗粒饲料。

5. 育肥羊的饲养管理

在育肥期整个过程中，应经常观察羊群的健康状态，发现异常及时处理。在喂料时，应有所侧重，根据羊只大小、采食情况确定投喂料的多少。通过采食情况观察羊的精神状态、食欲等，可以做到及早发现异常。饲养管理对于羊群的整体健康和育肥效果非常重要。同一批育肥羊，不同的饲养员，育肥效果会有差别，所以饲养管理看似简单，其实很有学问。

每天早晨和傍晚将精饲料与草粉混合拌匀进行饲喂，保证槽内始终有草料和充足饮水。按照槽内草料剩余情况灵活掌握喂量，育肥开始和结束时空腹称重。粗饲料主要是优质草粉，如花生秧、红薯蔓、豆秸等；

精饲料建议由浓缩料添加玉米和麸皮构成。

饲喂方法一种是可以让饲槽内一直保持有草粉和精饲料，让羊自由采食；另一种是每天饲喂 2 次，每次投喂量以羊 30 ~ 45 分钟内吃完为准，量不够要添，饲料一旦出现发霉或变质不宜饲喂。育肥羊必须要保证充足的清洁饮水，多饮水有助于降低消化道疾病、肠毒血症和尿结石的发生率，同时可获得较高的增重。每只羊每天的饮水量随气温而变化，通常在气温 12℃时为 1 千克，15 ~ 20℃时为 1.2 千克，20℃以上时为 1.5 千克。饮水夏季要防晒，冬季防冻，雪水或冰水应禁止饮用，定期清洗消毒饮水设备。

（1）育肥前期（0 ~ 20 天） 外地购入的羊进入羊舍后，供应充足的饮水，前 2 天喂给易消化的干草或草粉，不给精饲料或给少量精饲料，并进行剪毛和注射疫苗等准备工作。第 3 天注射小反刍兽疫疫苗，第 6 天拌料驱虫，第 9 天皮下注射羊痘，第 10 ~ 13 天拌料健胃，第 15 天左右第一次剪毛，剪毛的同时注射伊维菌素和三联四防疫苗，第 20 天注射口蹄疫疫苗。在这个阶段主要是让羊适应强度育肥的日粮、环境及管理。总的原则是为中后期强度逐渐加大做好准备。日粮搭配上主要是由商品化的浓缩料和玉米组成，精饲料由 40% 浓缩料和 60% 玉米组成，每天的喂量由 200 克/只逐渐增加到 500 克/只。粗饲料每天喂量为 300 ~ 400 克/只，从第 18 天开始添加少量育肥中期精饲料。育肥前期主要是适应性饲养，勤观察，勤打扫。

（2）育肥中期（21 ~ 80 天） 育肥中期日粮搭配上逐渐提高能量饲料比例，在育肥开始后 40 天左右第二次拌料驱虫健胃，精饲料组成调整为 30% 浓缩料和 70% 玉米，每天的喂量由 500 克/只逐渐增加到 1400 克/只。粗饲料每天由 400 克/只逐渐增加到 600 克/只，保持一段时间后随着精饲料的递增再递减至 400 克/只。育肥中期的饲养遵循精饲料递增的同时伴随粗饲料的递减，以保持一个以精饲料为主的较高的采食量。完成精饲料与粗饲料的合理转换是获得较高日增重的重要保障。随着日粮中精饲料的不断增加，羊瘤胃和血液中乳酸浓度也在不断积累和提高，所以在日粮中要添加 1.5% 的小苏打（碳酸氢钠）可以有效地控制瘤胃 pH 的稳定，给瘤胃微生物提供一个良好的生长和繁殖环境。按日粮的 0.5% 添加食盐可以提高羊的采食量和饮水量，利于营养物质的消化吸收。第 50 ~ 55 天第二次剪毛，同时注射伊维菌素。每天坚持打扫羊圈，观察羊群状态，减少惊吓、抓羊等应激。这个阶段主要是育肥增重的重

要时期，要视羊采食、被毛情况、精神状态、增重上膘情况决定调整精饲料的比例。如果增重较快，粪便正常，可以正常调整精饲料能量的比例，提高玉米的比例。

（3）育肥后期（81～120天） 育肥后期是增重较快时期，继续提高能量饲料的比例，精饲料投喂量逐渐加大，育肥后期精饲料组成为20%浓缩料和80%玉米，喂量由1400克/只逐渐增加到1500克/只，粗饲料每天的喂量为300～400克。第90～95天第三次剪毛，在育肥后期最后几天要观察羊的采食情况，由于精饲料的比例加大及采食量增多，可能会出现拉稀现象，观察羊群采食和健康状态，防止痛风和尿结石的发生。同时，也要留意市场行情，如价格合适，羊体重达到45～55千克即可出栏。

【注意】

育肥后期能量饲料比例增加，观察羊群的采食和健康状况，防止瘤胃积食、瘤胃酸中毒、蹄病（拐腿）和肠毒血症等的发生。在夏季，由于气温高，天气热，要注意防暑降温，一般喂羊的时间也要根据气候变化做一定的调整。当进入伏天时，趁早晨凉快的时候喂，下午晚一些喂，天气太热，羊吃东西也少。专业化育肥群体比较大，要注意圈舍饲养密度。

三、育肥注意事项

1. 选择育肥日粮

育肥日粮应根据本地饲草资源情况确定，总的原则是一定要有粗饲料，在粗饲料为基础日粮的条件下，选择精饲料补充料，合理搭配。在粗饲料选择方面，应主要根据本地饲草资源，也可利用一些非常规粗饲料，如酒糟、菌类、食品加工下脚料等。精饲料要根据规模大小和有无育肥经验来考虑。现在有很多商品化的、专门用于快速育肥的精饲料补充料，和其他阶段羊一样，也分为预混料添加剂、浓缩料和全价料。预混料一般分为1%或4%等比例，即在全价料中添加这个比例，其他由蛋白质饲料和能量饲料来补充。选用预混料一般应具备饲料加工能力，对于中小规模育肥建议购买浓缩料，浓缩料一般在全价料中的比例为30%～40%，其他由能量饲料补充。全价料的价格要高于浓缩料，初次育肥或经验不足的饲养者可以选择全价料。

2. 把握育肥周期和出栏时机

育肥周期和出栏时机是影响经济效益的重要因素，即使增重速度很快，饲料转化率很高，如果掌握不好育肥时间的长短，把握不好出栏时机，也会影响获得的利润。一般4～5月龄的育肥羊经过2个多月的强度育肥可达到40千克左右，膘情达到肥胖程度，平均日增重达250～300克，但还要看市场行情，有时赶在节前提前几天出栏可能利润不减。实践中，有的育肥效果不错，但没有把握好出栏时机，错过行情最佳时期，结果经济效益不理想。一般在春节前，或者从进入冬季之后，羊肉需求量加大，活羊价格上涨，一直涨到春节，因此要关注市场行情，抓住市场行情，把握好最佳出栏时机。

3. 注意避免突然更换饲料

变换饲料时要有过渡时期，绝不能在1～2天内全部改喂新换饲料。精饲料的变换，要以新旧搭配，逐渐加大新饲料的比例，3～5天内全部换完。粗饲料换成精饲料，应坚持精饲料先少后多的原则、逐渐增加的方法，一般在育肥期间不提倡更换变动较大的日粮。日粮可以精、粗饲料分开添加饲喂，也可以将精、粗饲料混合喂，这样由于混合均匀，品质一致，饲喂效果较好，可以做成粉粒或颗粒饲料。粉粒饲料中的粗饲料要适当粉碎，粒径为1～1.5厘米，饲喂时应适当拌湿。颗粒饲料粒径大小为：羔羊1.0～1.3厘米，大羊1.8～2.0厘米。颗粒饲料可提高采食量，减少饲料浪费。

此外，要注意不要购买过于便宜的饲料。价格便宜的饲料由于营养的不均衡性常常导致黄膘肉发生。

4. 保证充足干净的饮水

育肥羊必须要保证充足的清洁饮水，多饮水有助于降低消化道疾病、肠毒血症和尿结石的发生率，同时可获得较高的增重，除在日粮搭配上多增加一些青绿多汁饲料外，在饮水上要特别注意，不要给羊饮冰渣水，若有条件尽量给温水。给羊饮温水一方面可以促进消化，另一方面可以减少体内能量消耗。对于农户饲养的母羊，由于规模较小，可以在饲喂时用开水把精饲料冲开，搅拌均匀，使之变成糊状，然后兑上一定数量的凉水，搅拌均匀后饮羊即可。虽然冬季散热速度降低，羊体需水量减少，但每天至少应给羊饮2次水，如果缺水，羊会出现厌食现象，长期饮水不足，羊会处于亚健康状态，特别是育肥羊，日粮精饲料比例较大，更需要增加饮水次数。一般大规模育肥羊，要单独设立水槽，待

羊饮水完毕后，如白天气温在0℃以上，可以保持水槽有水，夜间要将水槽内的水清除；如果白天气温在0℃以下，要将剩余的水排掉，否则水槽内的水会结冰。生产中应在喂草喂料1小时后饮羊，这样使水与草料在羊瘤胃内充分混合，有助于消化。

5. 保持圈舍卫生

搞好羊舍卫生，使羊舍干燥，勤换垫料，运动场应干燥不泥泞，可以铺一些干燥的沙子，特别是在寒冷季节，尽量减少羊舍地面上存水。

6. 注意防病治病

在春季疾病多发期，各种微生物活动频繁，因此春季育肥要注意传染病及呼吸道疾病的发生。在大群育肥时，要拌料饲喂预防呼吸道的药，如泰乐菌素。实践证明，饲料中添加药物可以有效预防呼吸道疾病。

冬季天气寒冷，病原微生物活动减少，像拉稀、传染病等疾病发生率下降，容易使饲养者放松警惕，其实在冬季仍然有暴发传染病的可能。病原微生物在冬季潜伏，如果冬季做不好防疫工作，羊体内没有免疫力或免疫水平较低，当春季到来时，病原微生物很容易侵入羊体内，暴发传染病。在治疗呼吸道病时，要隔离治疗，坚持至少治疗5天，最好要治疗7天。由于呼吸道疾病不易发觉，当发觉时已大多出现呼吸喘气、体温升高、厌食及精神萎靡等症状。在治疗的过程中，有些羊是上呼吸道感染，并且常伴有咳嗽，容易被发觉，而有些羊已经感染到肺部，仅靠观察不易察觉，因此要进行听诊。有些羊治疗后很快见效，但停药后又复发，当呼吸道病复发后就会增加治愈难度，因此在治疗时，要坚持疗程。像一些代谢病和感冒，都比较容易治愈，也不会造成太大影响。总之，饲养过程中要多留心观察，及时治疗，减少由于粗心大意和管理粗放造成的损失。

第七章 科学合理设计和建造羊舍，向环境要效益

第一节　羊场的设计与规划布局

场址选择是羊场建设过程中要面临的首要问题，也是决定养羊效益的关键因素，因此在选择场址、设计场区时应当充分考虑饲养规模、周边环境、防寒避暑、草料运输、粪污处理及疫病防控等各种因素，以保证养殖工作的顺利开展。

一、场址的选择

（1）选址要求　首先，选址应符合当地畜牧业发展规划要求。然后，应选择地势较高，至少要高出当地历史洪水线以上，地下水应在2米以下。因大部分绵羊、山羊品种都喜干燥，厌潮湿，所以羊场应在向阳避风、冬暖夏凉、排水良好、地下水位低的地方建场，避免地势低洼、不易通风和排水的地方。养殖场内地面要有一定坡度，一般以1%～3%为宜。

（2）水源条件　羊场附近四季有清洁而充足的水源，以保证人员日常用水、羊饮用水等正常供应。水源附近无肉品加工厂、化工厂、农药厂等污染源，保护水源不受污染。忌在缺水或水源污染严重的地区建场。

（3）交通　尽量选择交通便利、运输方便的地区建厂，保证羊只、草料的顺利进出。但为了防疫卫生，羊场与主干道的距离不应少于1千米，最好修建专用道路，并且与主干道相通。选址时，还要重视供电条件，必须要有可靠的电力供应，并应有备用电源。

（4）饲草料来源　饲草料是养羊生产最基本的条件，在以放牧为主的牧场，必须有足够的牧地和草场。以舍饲为主的农区，必须以青粗饲料为主，精饲料为辅，才能将经济效益最大化。因此，在建厂之前，应

当充分考虑厂区周围是否有充足的农作物秸秆、花生秧、红薯秧等饲草料资源。

（5）疫情状况及污染情况 了解周边疫情，选择未发生任何传染病的地区建厂，羊场距干线公路、居民区1千米以上。羊场外侧建设围墙或防疫沟。羊场的兽医室、化粪池、病畜隔离区等应建设在羊舍下风口方向。

二、羊场的规划与布局

羊场中各区域的分布，对生活及养殖环境、卫生防疫情况、养殖生产效率有直接影响。应当按照各个区域的不同用途，合理布局，优化生产环境。

1. 规划布局原则

1）应符合当地畜牧业规划，在满足生产要求的前提下，节约用地。

2）充分利用场区原有地势，解决好通风、采光等要求，最大限度地节约建设成本。

3）根据地势情况、水流方向和风向，按照人群、羊群、污染物的顺序，对生活区和生产区进行合理布局。

4）合理利用太阳光照，确定羊舍的朝向，以便羊舍采光及保温。

5）留有合理空闲区域，便于将来进行扩建，特别是生产区域，应做详细规划。

6）遵守兽医卫生及防火安全规定。

7）为了降低工作人员劳动强度，提高劳动效率，应按照建筑物之间的功能联系分布，尽量做到建筑物布局紧凑，节约用地。

2. 各种建筑物的分区布局

在羊场总体规划布局时，一般分为行政区、生活区、饲料加工区、生产区和隔离区。功能相近的建筑物尽量集中在一个建筑区内。布局时要综合考虑卫生防疫条件和生产工作。一般将生活区设立在上风口，同时在最外侧。饲料加工区的主要功能为饲料加工、贮存，应当靠近生产区。生产区是羊场的核心布局，位于生活区的下风向。根据当地主要风向，依次按成年羊舍、育成羊舍、羔羊舍、产羔室的顺序安排，避免成年羊对羔羊造成感染。生产区主要包括羊舍、人工授精室等建筑。生产区入口处应当有消毒通道和消毒池。水、电、热供应建筑物也应设在生产区中心。羊舍的一侧应有专用粪道，用于粪便和污染物等的运输，行人和饲草料设置专门通道，不能与粪道交叉使用。隔离区主要包括病畜隔离舍、兽医室、粪污处理设备等，应设在下风口或地势较低的地方，距离生产区和生活区100～300米，有专门通道与外界相连，进出严格消毒。本着采光一致、利于通风及运输线路短的原则，羊舍应平行整齐排列。栋数较多的，呈两行排列；栋数较少的，呈一行排列。

第二节　羊舍类型及构造

一、羊舍建造基本要求

建造羊舍应选择干燥、平坦开阔、冬暖夏凉的位置。建造羊舍的常用材料有砖瓦、水泥、木材及钢结构等，潮湿地区可采用砖瓦、水泥建造地基，上面采用木质或钢结构顶棚。羊舍地面一般有土质、砖砌、水泥和漏缝地板等。土质地面经常采用三合土材质，具有质地柔软、易于保温、造价低廉等特点，但是使用寿命较短，需要经常维护，而且雨季比较潮湿。砖砌地面比较坚硬，不易磨损，但不易清扫，容易残存粪污，影响羊舍的清洁卫生。水泥地面结实、便于清扫，但是地面过硬，导热性能强，不易保温，而且不易渗水，会造成地面潮湿，冬季舍内阴冷等问题。水泥地面舍内最好铺设垫料或卧床等供羊休息的区域，尤其是妊娠母羊舍和羔羊舍。漏缝地板是目前集约化羊场中普遍采用的，配合粪污处理设备，可以防潮，及时清理粪污，节省人工，但造价略高。

二、各类羊所需面积

羊群根据其不同发育阶段和不同生产用途，所需面积各有差异。如果饲养面积较大，饲养密度可以降低，但是在有限的饲养条件下，饲养密度不能过大，否则会产生舍内潮湿、空气污浊、妊娠羊容易流产、羔羊成活率降低等问题。一般按不同用途，将羊划分为种公羊、空怀母羊、妊娠或哺乳母羊、商品羊4个群体，不同群体羊所需面积见表7-1。

表7-1　不同群体羊所需面积

羊　群	面积/(米^2/只)
种公羊	1.2～2.0
空怀母羊	0.8～1.0
妊娠或哺乳母羊	2.0～2.3
商品羊	0.6～0.7

三、羊舍类型

不同结构的羊舍，所形成的饲养环境差别巨大。通常，依据不同的划分标准，可将不同羊舍进行划分。

根据羊舍墙壁及顶棚的严密程度，可将羊舍分为封闭式、半开放式、开放式3类。封闭式羊舍有完整的墙壁建筑及顶棚，常见于北方寒冷地区，具有保温性能好的特点；半开放式羊舍至少一面无墙，或者有矮墙，保温性能较差，通风良好，是我国最为常见的羊舍类型；开放式羊舍是只有顶棚，没有墙壁的羊舍，适合炎热地区，而且成本较低（彩图16）。

根据羊舍内部构造，可分为单坡式、双坡式、楼式、钟楼式、棚舍结合式和暖棚式等类型。

（1）单坡式羊舍（图7-1和彩图17） 跨度一般为50～60米，宽6.0～8.0米，背阴面为饲料过道，向阳面为羊群休息区，外侧连接运动场，运动场围栏高1.2～1.5米，面积一般为羊舍的1.5～2倍。

（2）双坡式羊舍（图7-2和彩图18） 跨度一般为50～60米，羊舍宽10.0～12.0米。中间为饲料过道，两侧为羊群休息区，两排羊对头饲养。舍内走廊宽1.5～2.0米。封闭式羊舍两侧都有窗户，便于通风。运动场围栏高1.2～1.5米，面积一般为羊舍的1.5～2倍。舍门一般宽1.5米、高2米，以便羊群进出。

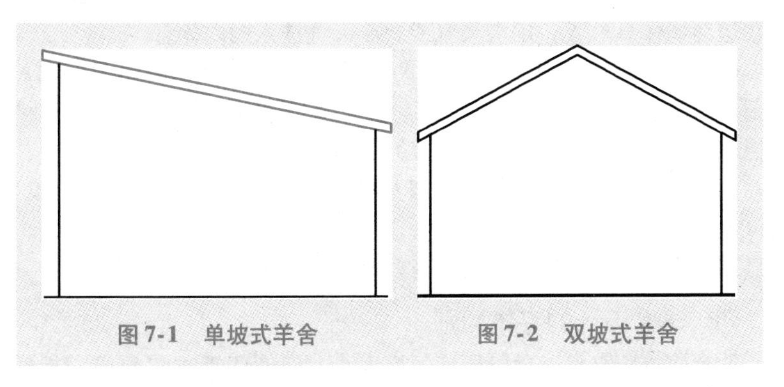

图7-1　单坡式羊舍　　图7-2　双坡式羊舍

（3）楼式羊舍（图7-3） 楼式羊舍建造的主要目的是避免潮湿，多用于南方多雨潮湿地区，北方地区较少。羊休息区一般使用竹板或木条搭建，留有漏粪间隙，距地面高1.5～1.8米，地板下方为粪污储存区，定期清理。楼式羊舍具有通风良好、防湿避暑的特点。

（4）钟楼式羊舍（图7-4） 钟楼式羊舍屋顶为钟楼造型，两侧设有通风口，夏季炎热时可以顺利排出热空气，冬季寒冷时期可以关闭，具有通风效果良好、保温性能好等特点。

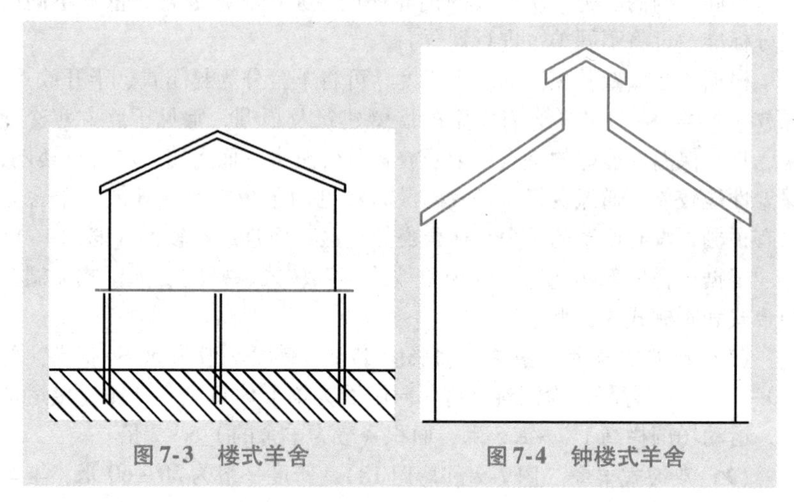
图 7-3　楼式羊舍　　图 7-4　钟楼式羊舍

(5) 棚舍结合式羊舍　棚舍结合式羊舍主要分为两类：一类是三面有墙，一面无墙的羊舍，向阳一面无墙，利于采光取暖；另一类是三面有墙，向阳一面建造矮墙的羊舍（图 7-5），矮墙高 1.0～1.2 米，上方敞开。这两种羊舍保温性能差，多用于冬季和春季温暖的地区。羊群平时在运动场休息过夜，雨雪天气或寒冷天气进入棚内休息。

(6) 暖棚式羊舍（图 7-6）　以棚舍结合式羊舍三面墙为基础，在向阳一侧距前房檐 2～3 米处修建一道约 1.2 米高的矮墙，矮墙与房檐用木棍或竹竿相连，上面覆盖塑料膜并加以固定，在矮墙一侧为舍门，左右两侧各留一个进气孔，羊舍顶部安装排气口。这种羊舍保温性能良好，可以保存白天阳光热量，提高羊舍夜间温度，在北方严寒地区适用，可以显著提升羊舍内温度，但要注意及时通风，避免舍内空气污浊。

四、羊舍设计的基本原则

羊舍建筑因自然条件不同、规模大小、经营管理方式和投资规模不同，类型也不同，主要应考虑以下几个方面：

(1) 给羊提供适宜的环境　尽量给羊提供一个符合其生理要求的环境，包括温度、湿度、空气质量、光照、地面硬度及其导热性、渗透性等。全年均衡生产对羊舍的依赖性更强一些，夏季要通风、防暑，冬季要防寒保暖、地面要柔软等。

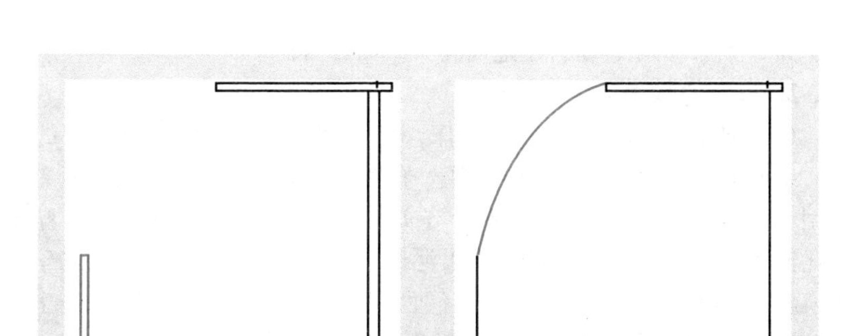
图 7-5 棚舍结合式羊舍　图 7-6 暖棚式羊舍

（2）因地制宜、经济适用　羊舍建筑投资较大，是舍饲养羊经营前期投入较大的部分，应因地制宜、讲究实用、节约投资，要充分考虑本地气候、羊场的形状、地形地貌、风向、土质等因素，如借助山坡建场，可减少一定的建筑成本。

（3）结实牢固，造价低廉　羊舍及其内部设施要本着牢固的原则修建，特别是圈栏、隔栏、圈门、饲槽等要牢固，以便减少以后维修的麻烦。另外，还要讲究就地取材，水泥、砖石造价比较大的地区可以用铁筋围栏，或者用铁丝网做围栏，以降低成本，节约开支。

五、羊舍结构及要求

1. 羊舍设计的基本参数

（1）羊舍面积及运动场大小　羊舍的面积大小可根据饲养数量、品种和饲养管理方式来确定。

（2）羊舍的跨度和长度　羊舍的跨度一般不宜过宽，有窗自然通风羊舍跨度以 6 ~ 9 米为宜，这样舍内空气流通较好。羊舍的长度没有严格的限制，但考虑到设备安装和工作方便，一般以 50 ~ 80 米为宜。羊舍长度和跨度除要考虑羊只所占面积外，还要考虑生产操作所需要的空间。

（3）羊舍高度　羊舍高度根据气候条件有所不同。跨度不大、气候不太炎热的地区，羊舍不必太高，一般从地面到顶棚的高位为 2.5 米左右；对于跨度大、气候炎热的地区可增高至 3 米左右；对于寒冷地区可适当降低到 2 米左右。

（4）门、窗　一般门宽 2.5 ~ 3.0 米、高 1.8 ~ 2.0 米，设双扇门，便于大车进入清扫羊粪。按 200 只羊设一扇大门。寒冷地区应在保证采光和通风的前提下少设门，在大门外可安装套门。窗一般宽 1.0 ~ 1.2

米、高0.7～0.9米，窗台距地面高1.3～1.5米。

2. 羊舍的基本要求

（1）地面 地面通常称为畜床，是羊躺卧休息、排泄和站立的地方。地面的保暖和卫生状况很重要。羊舍地面有实地面和漏缝地面2种类型。实地面又以建筑材料不同分夯实黏土、三合土（石灰∶碎石∶黏土的比例为1∶2∶4）、石地、砖地、水泥地、木质地面等。黏土地面易于去表换新，造价低廉，但容易潮湿和不便消毒，干燥地区可采用。三合土地面较黏土地面好。石地和水泥地面不保温、太硬，但便于清扫和消毒。砖地和木质地面保暖，也便于清扫与消毒，但成本高，适合于寒冷地区。漏缝地板能给羊提供干燥的卧地，目前很多规模羊场已普遍采用（彩图19）。采用漏缝地板通常要配备自动清粪机（彩图20）等设备。

（2）墙壁 羊舍的墙壁应坚固、耐久、抗震、耐水、防火，结构简单、便于清扫、消毒，同时应有良好的保温与隔热性能。墙壁的结构、厚薄及多少主要取决于当地的气候条件和羊舍的类型。气温高的地区，可以建造简易的棚舍或半开放式羊舍；气温低的地区，墙壁要有较好的隔热能力，可以用加厚墙、空心砖墙或在中间充稻糠、麦秸之类的隔热材料。

（3）屋顶和顶棚 屋顶兼有防水、保温隔热、承重3种功能，正确处理3个方面的关系对于保证羊舍环境极为重要，材料有彩钢板、陶瓦、石棉瓦、木板、塑料薄膜、油毡等，国外也有采用金属板的。屋顶的种类繁多，在羊舍建筑中常采用双坡式，但也可以根据羊舍实际情况和当地的气候条件采用单坡式、双坡式、平顶式、联合式、钟楼式、半钟楼式等。单坡式羊舍跨度小，自然采光好，适用于小规模羊群和简易羊舍；双坡式羊舍跨度大，保暖能力强，但自然采光、通风差，适于寒冷地区，也是最常用的一种类型。在寒冷地区还可选用平顶式、联合式等类型，在炎热地区可选用钟楼式和半钟楼式。在寒冷地区可加顶棚，其上可贮存冬草，并能增强羊舍保温性能。

（4）运动场 运动场呈“一”字排列的羊舍，运动场一般设在羊舍的南面，低于羊舍地面，向南缓缓倾斜，以沙质壤土为好，便于排水和保持干燥。运动场周围设围栏，围栏高1.5～1.8米。

第三节 羊场配套设施设备

羊场常用设备主要包括饲槽、草架、饮水装置、药浴池、消毒装置、青贮装置、饲料粉碎混合机、TMR 饲料搅拌机、围栏和人工授精室等。

一、饲槽

饲槽是盛放供羊群进食草料的工具，可以避免饲料被污染和浪费。常用饲槽有用砖和水泥砌成的位置固定的饲槽，也有木质的或钢铁质的可移动饲槽。饲槽内壁要求平整光滑，避免伤害羊只。饲槽大小一般为：槽体高 25～30 厘米，槽上半部分宽 25 厘米、深 15 厘米，下半部分呈半圆形，便于羊只采食。长度根据羊群数量确定，一般成年羊 30 厘米/只，羔羊 20 厘米/只。饲槽上设置间隔约 30 厘米宽的分隔栏，以便全部羊都能顺利采食（图 7-7）。

二、草架

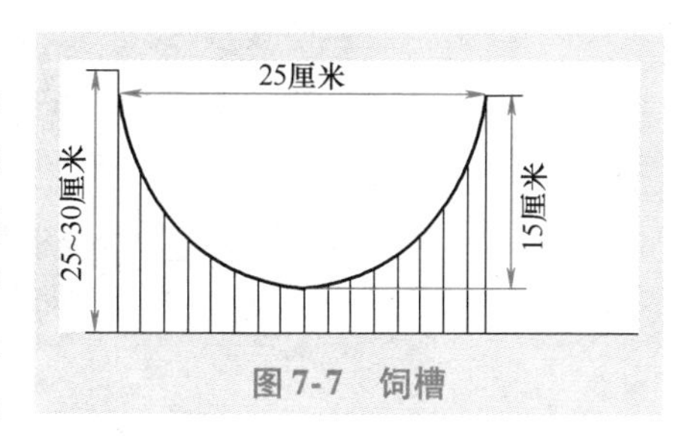

图 7-7　饲槽

草架（图 7-8）有很多种形式，是专门用于盛放供羊群采食的干草等粗饲料的。草架的作用不同于饲槽，其主要作用是将饲槽与地面分开，阻止羊只踩踏干草，造成污染和浪费；避免干草掉落在羊只身上，影响羊毛质量；使每只羊独立采食，不相互干扰。

图 7-8　草架

三、饮水装置

为保证羊只充足、干净的饮水，应在羊舍附件修建水井，并引入羊舍及活动场地。水井要与羊舍及活动场地有一定的间隔距离，避免水源被污染。饮水装置一般分为饮水槽和自动饮水器。饮水槽（图 7-9）形式多种多样，常见的有水泥槽、不锈钢槽、陶瓷槽和塑料水槽等，近年来，也有羊场安装羊自动饮水器（图 7-10 和彩图 21）、可加温饮水槽等。饮水装置有和饲槽连接放置的，也有单独放置的，但一般推荐饮水装置和饲槽分开放置，可以提高羊的采食量。

图 7-9　饮水槽

图 7-10　自动饮水器

四、药浴池

为了防治羊群体表寄生虫病、皮肤疥癣等，大中型羊场都会设置药浴池，每年定期对羊群进行药浴。应在不对人畜、水源、环境造成污染的地点建药浴池。药浴池一般用砖和水泥等建造而成，长度依据羊场规

模，长度一般为 6 ~ 12 米，宽度一般为 0.8 ~ 1.0 米，深 1.0 ~ 1.2 米，药液深度以不没过羊头为宜。药浴池入口端设漏斗形贮羊圈，也可用活动围栏，两侧为斜坡，中间为平直走道，入口处为陡坡，便于羊群快速进入药浴池；出口处为缓坡并有台阶，以便羊群顺利安全地离开药浴池，同时使身体上的药液流回浴池，减少浪费（图 7-11）。

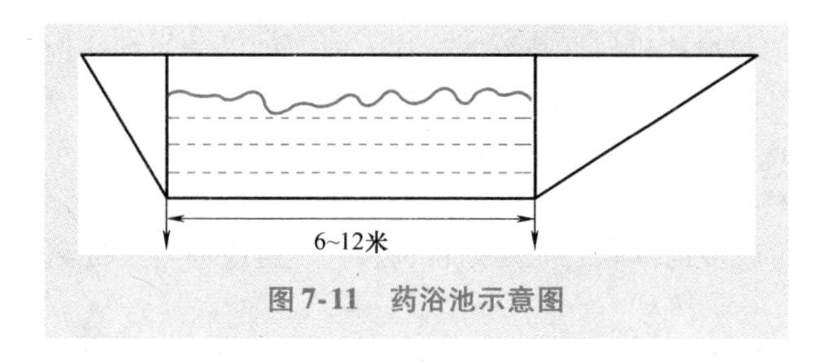

图 7-11　药浴池示意图

五、消毒装置

一般来说，在羊场出入口和生产区出入口都需要设置消毒装置，避免外界有害物质进入场区，也避免场内有害物质带出场区，对外界造成污染。场区出入口一般为消毒池，采用水泥浇筑，规格为 4 米 ×3 米 × 0.1 米；生产区出入口和其他供人员通行的出入口一般设置消毒间，消毒间一般采用紫外线消毒或喷雾式消毒方法。

六、青贮装置

青贮装置是用来贮存粗饲料的主要装置，分为青贮窖和青贮沟。青贮窖为圆筒状，内壁用砖和水泥砌成，直径一般为 2.5 ~ 3.5 米，深 3.0 米。青贮窖有节约占地的优点，但是取料过程不便，不利于规模化养殖。青贮沟为长方形沟壕，墙壁用砖和水泥砌成，墙面略有坡度，防止墙壁倒塌。青贮沟一般深 3.0 ~ 4.0 米、宽 2.5 ~ 3.5 米，长度依据养殖规模大小，各有差异。青贮沟容积计算公式为：[(顶宽 + 底宽)/2] × 长 × 高。

七、饲料粉碎混合机

饲料粉碎混合机的作用是将玉米颗粒等进行粉碎，再与饼粕类饲料、添加剂等副料混合均匀，制作成精饲料。这种机械操作流程简单，一般先粉碎再混合，各种饲料原料分批加入。饲料粉碎混合机占地面积较小，一般小于 10 米^2，依据机械规格不同略有差异。

八、TMR饲料搅拌机

TMR（全混合日粮）饲喂技术是指通过TMR饲料搅拌机将粗饲料、精饲料及微量元素添加剂等全部进行均匀混合后，再进行饲喂。这种方法具有饲喂成本低、节省饲料、避免家畜营养失衡及饲料转化率高等优点。近年来，已经有越来越多的养殖户开始采用。

TMR饲料搅拌机根据其绞龙搅拌方式，可以分为卧式饲料搅拌机和立式饲料搅拌机。目前，立式饲料搅拌机的使用率较高，价格较低，饲槽搅拌能力强，可以处理成捆干草或大块青贮，结构简单，故障率低，使用寿命较长。而且立式搅拌机内残留的饲草料较少，卧式搅拌机内会残留较多饲草料，尤其是精饲料，会造成饲料浪费和变质（彩图22）。

根据动力来源分类，可以分为牵引式、固定式和自走式3类。牵引式TMR饲料搅拌机依靠牵引车通过传动轴提供动力进行搅拌。固定式TMR饲料搅拌机是通过电机提供动力进行工作，加工完成后，通过运输车将饲料运送至羊舍进行饲喂。自走式TMR饲料搅拌机的搅拌系统和机动车是一体的，可以自动称重、搅拌、运输、投料等，自动化程度较高，在养殖场中使用率较高。

九、围栏

围栏是用来限制羊群活动区域的装置，以便对羊群进行合理分群、科学管理，一般安装在羊舍和运动场四周。围栏制作要求坚固耐用，一般可用钢管、水泥柱、木桩和铁丝网等制作。围栏高度根据羊舍的不同而有差异，羔羊围栏高1.0~1.2米，成年羊围栏高1.2~1.5米。

十、人工授精室

人工授精对于羊场的繁殖和育种工作至关重要，可以实现种公羊的最大限度利用，对预防家畜传染病有重要作用。采用人工授精方法，可以完善配种记录，合理安排羊群繁殖工作，减少种公羊的饲养费用。

人工授精室一般分为采精室、精液处理室和输精室，室内要求干净整洁，方便操作。各操作间的面积为：采精室8~12米^2，精液处理室8~12米^2，输精室20米^2。保证室内通风，避免空气污浊；各操作间互通方便，避免人工授精过程中不必要的暴露、延误等；室内不要放置有害物质，避免伤害精子。

第四节　羊场的环境控制

羊场的环境控制包括两个方面：一是羊场及羊场周边的环境控制；二是羊舍内的环境控制。羊场在生产过程中会产生大量粪、尿、有害气体及污水等，因此，设置粪污处理装置，合理绿化对养殖环境及周边环境保护十分重要。羊舍内的环境对羊群的生长情况、生产效益影响巨大，主要包括温度、湿度的合理调控。

一、羊场及羊场周边环境控制

1. 粪污处理

羊场的粪污处理方式主要有粪污还田和沼气利用技术两方面。

（1）粪污还田　羊场粪污可以通过堆肥技术，经过微生物发酵，使粪污中的有机质被分解，病原微生物和寄生虫卵等被杀灭，生产出高效有机肥。

羊场应建立堆肥场地，地面硬化且经过防渗处理，避免粪、尿渗漏造成环境污染。场地大小按照每只成年羊每年排放粪便量1.2米^{3}计算。在多雨季节，使用塑料膜覆盖粪堆，避免淋雨产生污水，并能减少蚊虫滋生及有害气体排放。

粪污还田是一种良性的种养结合模式，可以以粪养田，以粮养羊，以草养羊。粪便经过堆肥发酵，可以减少病原微生物及寄生虫对人的危害，还能避免粪便中杂草籽实对作物的危害，提高了粪便的利用效率，不但减少了养殖业对环境的污染，还能实现良好的经济效益，是生态养殖的主要发展方向。

（2）沼气利用技术　羊场产生的粪、尿等经过沼气池厌氧发酵，可以产生大量沼气，作为生物能源使用，沼渣和沼液可以作为有机肥使用，可以有效防治环境污染，提高养殖效益。目前，许多国家都广泛使用沼气池处理动物粪、尿。沼气池利用技术如图7-12所示。

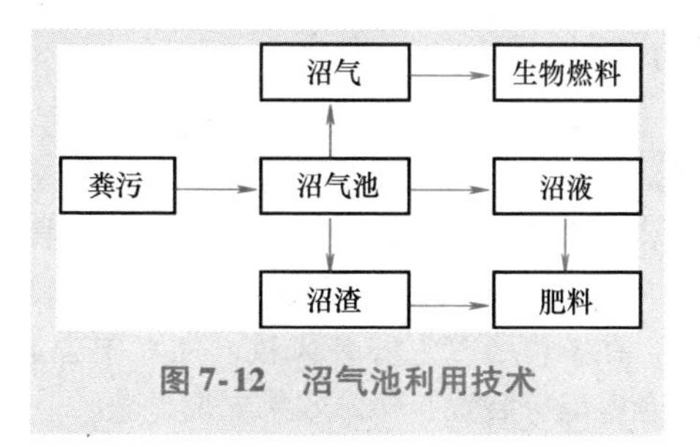

图7-12　沼气池利用技术

2. 羊场合理绿化

绿化对于羊场生产养殖具有重要意义。羊场周边设置绿化带，羊场内部、羊舍周边种植花卉和树木，可以有效调节场内温度、湿度，改善周边空气质量，减少粉尘及疫病传播等。

（1）温度、湿度调节 树木可以吸收大量热能，提供阴凉，具有避风降暑、调节湿度的作用。一般场区四周种植高大乔木，特别是风向一侧，混合种植灌木，可以有效防治风沙。场区内部，办公区种植观赏类花卉或植物，道路两侧种植高大乔木，在羊舍及运动场周围种植低矮灌木或乔木，以夏季炎热时期能形成阴凉、冬季避免遮光为宜。羊舍周围也可以种植一些藤萝植物，有利于防暑降温。

（2）改善空气质量 绿色植物在光合作用过程中会吸收大量二氧化碳，排放氧气，部分作物还能吸收氨气，可降低环境中氨气的含量。同时，树木还能吸附尘土，降低空气中灰尘的含量。因此，羊场合理的绿化可以有效改善场区气候，净化二氧化碳、氨气等有害气体，降风除尘，减少噪声，减少疫病传播等，对养殖生产有重要意义。

二、羊舍内部环境控制

羊舍内部环境是羊群生长的主要环境，是羊群健康生长的主要因素，对养殖生产至关重要。因此，在建厂过程中，除了考虑地理位置、水源、气候等条件外，还要考虑羊舍内部的环境控制，尤其是羊舍内部温度、湿度、有害气体、灰尘颗粒及微生物等条件的控制。

1. 温度

温度调节是养殖过程中非常重要的一个环节，对羊的生长、繁殖、发育、生产力有很大影响。在寒冷季节，温度过低，羊只机体代谢增强，产热量增加，饲料报酬降低；在炎热季节，温度过高，羊只机体散热受阻，体温升高，代谢率随之提高。因此，在寒冷季节做好防寒保暖工作，在炎热季节做好防暑降温工作，对保障羊群健康，提高生产效率具有重要意义。

一般认为寒冷季节羊舍温度不低于0℃，炎热季节羊舍温度不高于30℃。羔羊舍温度应不低于10℃。

（1）羊舍的防寒保暖 羊舍的防寒保暖措施主要有棚顶安装保温层，墙壁采用隔热性能好的材料。羊舍地面铺上垫料或设置卧床，门窗加装塑料膜或棉帘。也可以适当加大养殖密度，使羊群互相取暖。

（2）羊舍的防暑降温 羊舍的防暑降温措施主要有棚顶加装隔热层；在羊舍墙壁上安装风机，加大羊舍通风量。也可以辅助喷水降温，配合电扇等装置，降温效果更加显著。

2. 湿度

湿度控制是影响养殖效益的关键因素，尤其是在夏季高温和冬季低温条件下，湿度大小与羊群健康状况紧密相关，直接影响养殖经济效益。

温度适宜的条件下，湿度大小对于羊体温度调节没有显著影响，但在高温高湿条件下，羊机体散热受阻，很难通过皮肤和呼吸道蒸发散热。在低温高湿条件下，羊机体容易引发风湿、关节炎及呼吸道疾病等。而且，湿度过高有利于真菌类皮肤病的发生和传播，对羊皮毛质量产生影响。布氏杆菌、溶血性链球菌和大肠杆菌等致病菌在高湿条件下更容易生长，引发多种疾病。

羊舍湿度控制方法主要包括：

（1）加强通风 加强通风方法有很多，常用的方法包括加高漏缝地板高度，使羊群远离地面，免受潮湿影响；加大窗户面积，可使室内外通风更加顺畅；加开地窗，可以使地面空气流动增强，更有利于水分蒸发。

（2）铺撒生石灰 生石灰具有吸湿特性，还具有消毒功能，可以在降低羊舍温度的同时杀灭病原体，一举两得。但生石灰吸水会释放热量，天气炎热时使用应当注意。

3. 有害气体

羊舍内的有害气体主要包括氨气、二氧化碳、硫化氢和甲烷等，过量的有害气体不但会严重影响羊群的健康生长，还会对周边环境造成污染。其中，氨气和二氧化碳对羊群影响尤为严重。

（1）氨气（NH_3） 羊舍内的粪便、尿液和垫草等在发酵过程中会产生大量氨气，如果羊舍内长期通风不畅，粪污处理不及时，会造成舍内氨气浓度过高，羊群长期处于高浓度氨气环境中，会造成羊只免疫力下降，上呼吸道感染，引发肺部问题，严重损害养殖效益。

（2）二氧化碳（CO_2） 羊群在呼吸过程中会产生大量二氧化碳，二氧化碳本身无毒，但在封闭式羊舍内，由于通风不畅，过量的二氧化碳会导致氧气浓度降低，引发羊群慢性中毒。

4. 灰尘颗粒

羊舍内的粪便和垫料等在干燥环境下经过羊群踩踏会形成灰尘颗粒，羊只运动过程、通风及加料过程都会造成舍内空气中粉尘增加。空气中过量的灰尘颗粒会对羊只呼吸道健康造成危害。一般来说，空气中灰尘浓度为$10^3 \sim 10^6$粒/米^3。行业标准规定，羊舍内总悬浮颗粒物（TSP）浓度不高于4毫克/米^3，可吸入颗粒物（PM10）浓度不高于2毫克/米^3。

5. 微生物

羊舍空气中的微生物含量和空气中微粒含量高度相关，气溶胶上会附着大量微生物。一般来说，清扫地面，以及工人或羊群运动量过大都会使羊舍空气中微生物含量增加。因此，应避免扬尘，合理控制羊舍湿度，及时消毒灭菌，避免空气中微生物对羊群健康造成危害。

第五节　羊场粪污处理

羊场在生产过程中会产生大量的粪便、尿液、废水等，如果不妥善处置，会对环境造成污染，威胁人类健康。因此，处理好养殖生产过程中的粪污，实现可持续发展，是养殖业需要面临的首要问题。

一般来说，羊场的粪污处理过程包括两个部分：粪污收集和粪污加工利用。粪污收集主要是通过人工或机械化方式将粪污集中起来，以便进行下一步处理。粪污加工利用需要通过发酵、灭菌或深加工等多种手段，进行粪污还田、发酵产沼气或生产有机肥等，实现粪污综合利用，养殖废物无害化处理。

一、粪污收集

当前，中小规模羊场通常采用人工清粪，规模化羊场通常采用机械化清粪。由于人工清粪效率较低，会浪费大量人力，因此不适宜规模化养殖。机械化清粪主要有铲车和电动机刮粪板2种。铲车清粪工作效率较高、节省人力，但是噪声较大，而且在羊舍内操作比较困难；电动机刮粪板可以节约大量人力，而且建设成本不高，安全性很好，适合规模化养殖场使用。

二、粪污还田

粪污还田是指羊场生产过程中产生的粪污，经过堆积、自然发酵等手段实现无害化处理，作为有机肥使用到种植生产中，实现种养结合的生态循环农业模式。

羊粪污中含有大量的氮、磷、钾等有机成分，通过堆积发酵过程，微生物可以使粪污内部的氮、磷、钾等成分释放出来，形成有机肥成分，

而发酵过程中的高温可以杀灭大量病原微生物、寄生虫卵和草籽等，避免粪污中的有害物质影响土地及作物。

羊场在粪污收集之后，应当根据不同的清粪方式建立适合的贮粪池或堆粪场，要求尽量减少粪污的流失及渗漏。贮粪池或堆粪场地面应该经过硬化防渗漏处理，一般采用7厘米厚的混凝土地面。贮粪量按照每只羊每年1.2米^{3}计算。粪污堆积过程中应当搭设遮雨棚或塑料布覆盖，防止雨淋产生污水及粪污的损失。同时，使塑料布覆盖可以减少有害气体的扩散及蚊蝇滋生。

粪污还田是实现种养结合的生态循环农业模式，可以实现以羊养田，以田养羊。此方法既能根据实际需要选择种植作物，还能充分利用养殖过程中产生的大量粪污。粪污通过堆积发酵，有机质被分解，产生优质有机肥，还能减少有害气体产生，病原微生物、寄生虫卵及草籽等被杀灭，既避免了环境污染，又可以避免对作物产生危害，真正实现生态养殖，循环农业。

三、堆肥技术

堆肥技术是指通过人为控制发酵因素，根据发酵需要，将各种堆肥原料按比例混合堆积发酵，利用微生物降解，将粪污转变为腐殖质，生产出高质量有机肥的过程。堆肥技术可以使粪污内部快速升温，杀死致病菌和寄生虫卵等有害物质，微生物的降解作用可以释放粪污中的氮、磷、钾等，实现粪污无害化处理。

堆肥技术中需要人为控制的因素有水分含量、pH及发酵温度等。发酵过程中要求温度控制在50℃以上，持续时间在7天以上。

传统的堆肥法存在发酵时间较长、发酵效果一般、无害化程度低等不足。近年来，出现了生物处理法，即在粪污中加入微生物制剂，采用闭仓式、机械强化槽式或条垛式等技术手段，进一步优化发酵效果，无害化程度大幅提高。

四、沼气利用技术

沼气利用技术是指通过修建沼气池，将养殖生产过程中产生的粪便及污水等废弃物在密闭环境中进行厌氧发酵，产生沼气、沼渣及沼液。沼气可以作为清洁能源使用，沼液和沼渣可以作为肥料使用。

（1）沼气池的工作原理 沼气是指利用人畜粪便、秸秆、污泥、工业有机废水等各种有机物在密闭的沼气池内，在厌氧（没有氧气）条件下，被种类繁多的沼气发酵微生物分解转化，最终产生沼气的过程。沼气是一种高效、清洁燃料，是各种有机物质在适宜的温度、湿度下，经过微生物的发酵作用产生的一种可燃气体。其主要成分是甲烷和二氧化碳，通常情况下甲烷（CH_4）占所产生的各种气体的50%~70%，二氧化碳（CO_2）占30%~40%，此外还有少量氢（H_2）、氮气（N_2）、一氧化碳（CO）、硫化氢（H_2S）和氨（NH_3）等。

沼气是有机物质在隔绝空气和保持一定水分、温度、酸碱度等条件下，经过多种微生物（统称沼气细菌）的分解而产生的。沼气细菌分解有机物质产生沼气的过程叫沼气发酵。这是沼气产生的基本原理，即厌氧机理，其发酵的生物化学过程大致可分为3个阶段：第一阶段（液化阶段）：发酵性细菌群利用它所分泌的胞外酶把禽畜粪便、作物秸秆、豆制品加工后的废水等大分子有机物分解成能溶于水的单糖、氨基酸、甘油和脂肪酸等小分子化合物；第二阶段（产酸阶段）：这个阶段是发酵性细菌将小分子化合物分解为乙酸、丙酸、丁酸、氢和二氧化碳等，再由产氢产乙酸菌把其转化为产甲烷菌可利用的乙酸、氢和二氧化碳；第三阶段（产甲烷阶段）：产甲烷细菌群利用以上不产甲烷的3种菌群所分解转化的甲酸、乙酸、氢和二氧化碳小分子化合物等生成甲烷。

沼气发酵的3个阶段是相互依赖和连续进行的，并保持动态平衡。在沼气发酵初期，以第一、二阶段的作用为主，也有第三阶段的作用。在沼气发酵后期则是3个阶段的作用同时进行，一定时间后，保持一定的动态平衡持续正常的产气。

（2）沼气池的设计原则 根据养殖生产实际需要，合理设计沼气池容积。因地制宜，合理选择沼气池类型，尽量实现成本最小化，效益最大化。坚持三部分结合模式，将沼气池、畜禽舍和卫生间连通，使人畜粪便直接进入沼气池，节省人力，减少污染。将粪污处理、种植、养殖和沼气利用有机结合，充分利用沼气池的各种产物达到减少污染、节约成本及提高效益的目的。

（3）沼气池的材质 沼气池建造材质包括砖结构池、混凝土池、塑料池、玻璃钢池及钢结构池等。

砖结构池最早多在农户中使用，沼气池主体由砖砌成。建造成本较低，但是密闭性差，污水外渗会对周边土壤造成污染，发酵效果较差，产气不足。

混凝土池是使用混凝土浇筑而成的沼气池，商品化池通常采用增强水泥结合玻璃纤维和砂石料，手工制成。混凝土池比较结实，但吸水性强，长期浸水容易脱层，甚至垮塌。

塑料池材质分为硬塑料和软塑料2种，硬塑料主要材料为PE（聚乙烯）或PP（聚丙烯）；软塑料主要为PVC（聚氯乙烯）。这两种材料成本较低，密闭性好，但硬塑料易被钝器损坏，强度差，在空气中放置易被氧化，使用寿命较短；软塑料易被锐器损坏，容易老化，池内无压力，需另外安装抽吸泵。

玻璃钢池主要材料为UP（不饱和聚酯树脂）、玻璃纤维布及填充物。玻璃钢池升温快，密闭性好，产气效率高，材料强度较大，是目前最为常见的沼气池材料。

钢结构池是用小型钢板为主要材料焊接而成的。沼气池依靠太阳辐射升温，夏季产气较好，冬季无法使用，目前市场上很少出现。

（4）沼气池的分类　沼气池的种类多种多样，发酵方式也各有不同，因此其分类方法也有多种，一般来说，分为按发酵池形状划分、按建造位置划分和按贮气方式划分3种方式。

1）根据发酵池形状不同，可以将沼气池划分为长方形池、球形池、拱形池及圆形池等。其中，球形池较为常见，相比于其他形状沼气池，具有受力性好、节省建筑材料、施工简便及发酵效果好等优点。

2）根据建造位置的差异，可以将沼气池分为地上式、半地下式及地下式3种。其中，地下式沼气池居多，具有节约占地、保温性能好、管理简便等优点。

3）根据贮气方式不同，可将沼气池分为水压式沼气池、浮罩式沼气池和气袋式沼气池3种类型。

① 水压式沼气池主要包括贮气室、发酵室、进出料室和活动口4部分。沼液以上为贮气室，液面以下为发酵室，粪污发酵，产生大量沼气，发酵室压力增大，将粪污压至进出料室，沼气被使用后，发酵室压力减小，粪污重新流回发酵室，沼气池内气压过大时，粪污会冲破活动口，使池内气压降低，避免沼气池发生损坏。水压式沼气池施工简单，造价较低，但池内压力不稳定，发酵效果易受影响，应当保证发酵温度，做好防渗工作。

② 浮罩式沼气池是将发酵室产生的沼气输送至气罩内保存备用。对于容量较小的沼气池，浮罩可以直接安装在沼气池上方；对于大型沼气

池，浮罩应单独安装。浮罩式沼气池内部压力稳定，方便沼气利用，但浮罩成本较高。

③ 气袋式沼气池是将发酵室产生的沼气通过导气管输入到气袋中进行保存。这种方式池内气压较低，安全性能好，但使用气袋贮存气体成本较高，使用不便，难以满足大规模生产。

第八章
做好疾病防控，向健康要效益

第一节　提高防病意识，做好预防措施

一、羊病发病特点

肉羊养殖方式从以前的每户几只、十几只发展到现在的几十只甚至已达到规模化、标准化舍饲水平。与传统的饲养方式相比，其特点是规模大、数量多、密度大、周转快、与市场交往频繁，这种饲养模式下，羊病的发生也出现了新的特点。所以，管理水平要求更科学，疫病防控技术水平更先进。

1. 发病率、死亡率高

集约化养羊生产中引起羊发病和死亡的原因很多，危害最严重的是传染病、寄生虫病和管理不良造成的。常见的原因：一是为扩大生产而盲目补栏，由于羊的流动性很大，很多疫病从临床上无症状表现，然而可能正处在疫病潜伏期内或由于运输工具没有消毒，将疫源带进羊场，甚至羊到场后又没有进行隔离、观察，致使羊场不时受到外来病原微生物的侵袭而暴发疫病，造成疫病大面积流行。二是羊发生疾病时没有确诊是什么病而盲目用药治疗，尤其是滥用抗生素，造成细菌产生耐药性，一旦羊群中某些个体抵抗力低下或遇到应激时，就可引起传染病的发生和流行。三是从业人员业务素质偏低，缺乏相关专业知识，集约化饲养管理经验不足，对规模养殖防控疫病的认识不够，不能按免疫程序进行免疫，不能严格执行卫生防疫消毒制度等，从而导致疫病发生。尤其是传染病暴发，发病率、死亡率非常高，给养羊业造成重大经济损失。

2. 疫病的种类多，防治难度大

一是病毒性疾病是养羊生产中最主要的威胁。二是细菌性疾病和寄生虫病的危害。随着集约化养殖的不断扩大，环境污染越来越严重，加之滥用药物而导致细菌、寄生虫的抗药性产生，使得细菌性疾病和寄生虫病明显增多。三是防控疫病的行政监管乏力，随着大量羊只的引进，导致一些当地少发生或未发生的疫病传入。

3. 饲养方式及环境改变导致疾病增多

一是建场选址及羊舍建设不合理，运动场地不足，光照不够，饲养密度高，各类羊混群饲养，导致佝偻病、小羊踩伤等。二是肉羊养殖多为圈养，饲料配比做不到营养全面，精饲料、粗饲料搭配不合理，出现营养性疾病和消化系统疾病等。三是圈养羊舍及场地潮湿、泥泞，日常清理消毒不到位，病原微生物消灭不彻底，疫病长期不断出现。

疫病的防控策略，一是要提高“预防为主、防重于治”的思想意识。建立预防为主、防检结合、以检促防的综合配套的防控工作运行机制。二是制订适合本场具体情况的兽医防疫卫生措施，确定科学的疫病防控免疫和用药程序，降低疫病的发病率和死亡率。三是控制环境污染，实行生物安全措施，逐步推行“全进全出”的饲养方式，并对羊舍、羊圈进行彻底的清洗、消毒，严格限制人员、动物和运输工具的流动。四是对病死羊要严格进行无害化处理，防止疫病扩散。五是严格检疫、监测和做好日常的消毒工作，防止疫病传入。六是最大限度地减少细菌性疾病及寄生虫病造成的损失，关键是强化饲养管理措施，做好隔离、消毒、卫生、防疫工作，采用合理的投药方法和科学的免疫程序。七是严格控制外来疫病的传入。

二、肉羊疫病的预防措施

1. 加强饲养管理

舍饲养羊采取圈养的方式，疾病发生常与饲养管理有很大关系，因此疫病预防首先应做到羊舍建设要科学，控制饲养密度，舍内、外应有适度的运动空间。羊舍要保持清洁、干燥通风、冬暖夏凉。防止饲草、饲料发霉变质，饲喂新鲜清洁的全价饲料，保证供给充足的清洁的新鲜饮水。

2. 提倡自繁自养

疫病防疫是一个系统工程，养殖过程要尽量做到自繁自养，育肥羊做到全进全出，对准备引进的羊就地进行检疫，确认无病方可调入，检疫的目的是防止病原的带入和传播；对运回的羊在隔离羊舍进行隔离观察21天，要每天进行观察，确定无病时才可混入原有羊群。每年应对羊群进行布氏杆菌病的定期检测，检出阳性羊只立即捕杀、销毁，对健康羊只采取布病疫苗免疫，防止人畜共患病的传播。

3. 搞好环境卫生

养羊的环境卫生好坏与疫病的发生有密切关系。环境污秽，有利于病原体的滋生和疫病的传播。因此，羊舍、羊圈、场地及用具应保持清洁、干燥。每天清除圈舍、场地的粪便及污物，将粪便及污物堆积发酵，30 天左右可作为肥料使用。

羊场应禁止养狗，以免造成寄生虫病的传播。老鼠、蚊、蝇等是病原体的宿主和携带者，能传播多种传染病和寄生虫病。应当清除羊舍周围的杂物、垃圾及乱草堆等，填平死水坑，防止老鼠、蚊、蝇对疾病的传播。

4. 做好消毒工作

建立完善的消毒制度，定期对羊舍、活动场地及用具、废弃物、污水等进行消毒，粪便及污物要做到及时清除，并堆积发酵，杀灭粪污中的病原菌和寄生虫或虫卵。定期对羊舍、用具和运动场等进行预防消毒，是消灭外界环境中的病原体、切断传播途径、防御疫病的必要措施。

（1）羊舍消毒 羊舍消毒一般分 2 个步骤进行：第一步先进行机械清扫；第二步用消毒液消毒。消毒液的用量，以羊舍内每平方米用 1 升药液计算。常用的消毒药有聚维酮碘、二氧化氯、10%～20% 石灰乳溶液、10% 漂白粉溶液、0.5%～1% 二氯异氰尿酸钠溶液和 0.5% 过氧乙酸溶液等。消毒方法是将消毒液盛于喷雾器内，先喷洒地面，然后喷墙壁，再喷顶棚，最后再开门窗通风，用清水刷洗饲槽、用具，将消毒药味除去。在一般情况下，每年可进行 2 次彻底消毒（春季、秋季各 1 次）。产房的消毒在产羔前应进行 1 次，产羔高峰时进行多次，产羔结束后再进行 1 次。在病羊舍、隔离舍的出入口处应放置浸有消毒液的麻袋片或草垫，消毒液可用 2%～4% 氢氧化钠（针对病毒性疾病）。

（2）地面土壤消毒 土壤表面消毒可用含 2.5% 有效氯的漂白粉溶液、4% 福尔马林或 10% 氢氧化钠溶液。停放过芽孢杆菌所致传染病（如炭疽）病羊尸体的场所，应严格加以消毒。首先用上述漂白粉溶液喷洒地面；然后将表层土壤掘起 30 厘米左右，撒上干漂白粉，并与土混合，将此表土妥善运出掩埋，其他传染病所污染的地面土壤，则可先将地面翻一下，深度约 30 厘米，在翻地的同时撒上干漂白粉（用量为 0.5 千克/米^2）；然后以水洇湿、压平。

（3）粪便消毒 羊的粪便消毒方法有多种，最实用的方法是生物热消毒法，即在距羊场 100～200 米以外的地方设一堆粪场，将羊粪堆积起来，上面覆盖10厘米厚的泥土或塑料布，堆放发酵30天左右，即可用作肥料。

（4）污水消毒 最常用的方法是将污水引入污水处理池，加入化学药品（如漂白粉或生石灰）进行消毒。消毒药的用量视污水量而定，一般1升污水用2～5克漂白粉。

（5）皮毛消毒 患炭疽、口蹄疫、布氏杆菌病、羊痘、坏死杆菌病等的羊皮毛均应消毒，应当注意。发生炭疽时，严禁从尸体上剥皮。皮毛消毒，目前广泛利用环氧乙烷气体消毒法。消毒时，必须在密闭的专用消毒室或密闭良好的容器（常用聚乙烯薄膜制成的篷布）内进行。此法对细菌、病毒、霉菌均有良好的消毒效果，对皮毛等产品中的炭疽芽孢也有较好的消毒作用。

5. 做好无害化处理和隔离消毒

一旦发现患病羊应及时诊断，明确病因后合理用药，防止盲目用药，贻误病情，造成药物耐受而达不到治疗效果，错过最佳治疗时间，或者导致疾病蔓延。没有治疗价值的病羊、死羊的尸体要进行无害化处理，不得随意抛弃。发生口蹄疫、小反刍兽疫等一类动物疫病时，应立即报告有关部门，划定疫区，采取严格的隔离封锁措施，并组织力量尽快扑灭。

6. 科学免疫

有计划地对健康羊群进行免疫接种，是预防和控制羊传染病的重要措施之一。各地区、各羊场可能发生的传染病各异，而可以预防这些传染病的疫苗又不尽相同，免疫期长短不一。因此，羊场要根据各种疫苗的免疫特性和本地区的发病情况和规律、羊场的病史、羊的日龄和饲养管理条件及疫苗的相互干扰等多种因素制定出科学合理的免疫程序。所制定的免疫程序还应根据疫病流行特点、羊群动态等情况，对免疫程序及时进行修改和补充，并根据免疫程序定期接种疫（菌）苗。各种生物制品的具体保存和使用方法，应严格按照各制品瓶签或说明书上的规定执行。

7. 定期驱虫和药物预防

羊寄生虫病发生较普遍。病羊轻者生长迟缓、消瘦、生产性能严重下降，重者可危及生命，所以羊生产中必须重视驱虫药浴工作。驱虫时机要根据本场或当地羊寄生虫病的发病规律而定，一般可在每年春季、秋季各安排1次，这样有利于羊的抓膘及安全越冬；药浴则于每年剪毛

后10天左右进行1次，这样可较好地控制体内外寄生虫病的发生。常用驱虫药的种类很多，如有驱除多种线虫的左旋咪唑，可驱除多种绦虫和吸虫的吡喹酮，能驱除多种体内蠕虫的阿苯达唑、芬苯达唑等，以及既可驱除体内线虫又可杀灭多种体表寄生虫的阿维菌素、伊维菌素、碘硝酚等，又有预防和治疗羊梨形虫病的黄色素、贝尼尔等。所以在实践中，应根据当地羊体寄生虫病流行情况，选择合适的药物和给药时机、给药途径。使用驱虫药时，要求剂量准确。驱虫过程中若发现有副作用的羊，应进行对症治疗，及时解救出现毒、副作用的羊。

对于无疫苗可用或虽有疫苗，但在生产应用中预防效果不是很理想的传染病，以及常见的寄生虫病，可有针对性地选择适当的药物进行预防。对细菌性疾病应该通过药敏试验有针对性地选择高疗效、安全性好的药物用于预防，切不可滥用药物。要保证用药的有效剂量，以免产生耐药性，用药剂量过大，造成药物浪费，还可引起副作用；用药剂量不足，用药时间过长，不仅达不到药物预防的目的，还可能诱导细菌对药物产生耐药性。羊场进行药物预防时应定期更换不同的药物，注意药物配伍禁忌，选择最合适的用药方法；要考虑羊的品种、性别、年龄与个体差异；注意药物的休药期，临近出栏的羊严格控制使用药物，必须达到休药期以后再出栏。药物预防要根据羊场与本地区羊病发生的种类和流行特点、季节等，制定一个科学合理的预防用药方案，选用一定的药物和剂量组合，在养羊生产过程中疫病易发阶段预防性使用。

8. 严格执行检疫制度

检疫是应用各种诊断方法（临床的、实验室的）对羊及其产品进行疫病（主要是传染病和寄生虫病）检查，并采取相应的措施，以防止疫病的发生和传播。为了做好检疫工作，必须有一定的检疫手续，以便在羊流通的各个环节中做到层层检疫，环环扣紧，互相制约，从而杜绝疫病的传播蔓延。羊从生产到出售，要经过出入场检疫、收购检疫、运输检疫和屠宰检疫，涉及外贸时，还要进行进出口检疫。出入场检疫是所有检疫中最基本最重要的检疫，只有经过检疫而未发现疫病时，方可让羊及其产品进场或出场。羊场或养羊专业户引进羊时，只能从非疫区购入，经当地兽医检疫部门检疫，并签发检疫合格证明书；运抵目的地后，再经本场或专业户所在地兽医验证、检疫并隔离观察1月以上，确认为健康者。没有注射过疫苗的还要补注疫苗，经驱虫、消毒后方可混群饲养。羊场采用的饲料和用具，也要从安全地区购入，以防疫病传入。

9. 四季疾病防治要点

（1）春季 春季气候变化无常，羊群易患感冒而引发肺炎，处理不当，会造成较大损失，因此羊场应该重点防范。措施是密封窗应根据天气情况关闭，对感冒引起的发热应及时治疗。要定期进行羊舍消毒，做好羊四联苗、羊痘、传染性胸膜肺炎疫苗等预防接种工作。

（2）夏季 以脑脊髓丝虫病为主的线虫病在夏季危害比较大，应定期进行驱虫。原则上6~9月要进行2次驱虫，药物可选用阿维菌素或伊维菌素等比较先进的驱虫药物。定期控制羊蜱，可采取药浴、药洗的办法，减少羊蜱的寄生。羊传染性脓疱，夏季不注意防治，很容易引起流行，本病主要表现为口腔溃疡、糜烂，以1~3月龄羊发病率较高，目前还没有有效的治疗药物，疫苗防疫效果不佳，应加强羊的饲养管理，勤消毒，早发现，早隔离治疗。防止羊闷圈，闷圈为一种在高热高湿条件的羊易患的一种综合病症，病羊主要表现阵阵湿咳、间歇性、顽性痢疾，羊只逐步瘦弱死亡，一般治疗的效果不佳，主要靠预防，措施上搞好防暑降温，注意羊舍的通风，闷热条件下防止羊被毛淋湿，淋湿被毛的羊应在舍内休息，避免过分拥挤等。

（3）秋季 阴雨连绵的天气，注意羊患腐蹄病，即平时所说的漏蹄，措施上采取羊舍、运动场保持干燥，地面最好利用砖铺，发病后及时去除蹄内异物和脓汁，促其早日康复。及早控制疥螨病。秋季阳光照射时间较短，天气渐冷，控制疥癣需要及早防治，方法用阿维菌素连续2次皮下注射（每次间隔7天）、杀螨灵或2%敌百虫每10天进行1次羊舍和运动场喷洒，这些都是治螨的有效措施。做到秋季的防疫工作，在做好羊四联疫苗、布氏杆菌病、羊痘疫苗等常规疫苗防疫的同时，重点做好口蹄疫、小反刍疫的免疫接种，强调20天间隔后加强免疫1次。

（4）冬季 羊传染性结膜炎，冬季羊舍为了保温，羊舍的门窗封闭得很严实，必然导致舍内氨气浓度的提高，容易发生羊传染性结膜炎。为防止本病的发主，首先羊舍要勤扫，晴天让羊多晒太阳，舍内要适当通风，定期排出舍内氨气，发病后及时治疗，防止疾病蔓延。勤观察防止羊瘤胃臌气，发生臌气可采用投服鱼石脂3克、酒精5毫升、豆油20毫升进行口服治疗，臌气严重的可用胃导管导气或套管针头放气，但要注意放气方法。预防羊只消化不良，主要预防措施为粗饲料干湿搭配，饮水要加温后饮用，精饲料要定量。

三、肉羊常用疫苗及其免疫方法

根据当地传染病发生的情况和规律，有针对性地、有组织地搞好疫苗注射防疫，是预防和控制羊传染病的重要措施之一。目前，我国用于预防羊主要传染病的疫苗有以下几种：

（1）无毒炭疽胞苗　预防羊炭疽。皮下注射0.5毫升，注射后14天产生免疫力，免疫期1年。

（2）布氏杆菌苗　预防羊布氏杆菌病。臀部肌内注射0.5毫升（含菌50亿个）；阳性羊、3月龄以下羔羊和妊娠羊均不能注射。饮水免疫时，用量按每只羊服200亿个菌体计算，2天内分2次饮服。免疫期：绵羊1年半，山羊1年。

（3）羊三联苗　预防羊快疫、猝狙、肠毒血症。成年羊和羔羊一律皮下或肌内注射5毫升，注射后14天产生免疫力，免疫期半年。

（4）羔羊痢疾苗　预防羔羊痢疾。妊娠母羊分娩前20～30天第一次皮下注射2毫升，第二次于分娩后10～20天皮下注射3毫升。第二次注射后10天产生免疫力。母羊免疫期5个月。经乳汁可使羔羊获得母源抗体。

（5）羊传染性胸膜肺炎氢氧化铝苗　预防由丝状支原体山羊亚种引起的羊传染性胸膜肺炎。皮下注射，6月龄以下的羊3毫升，6月龄以上的羊5毫升，注射后14天产生免疫力，免疫期1年。

（6）羊肺炎支原体氢氧化铝灭活苗　预防绵羊、山羊由绵羊肺炎支原体引起的传染性胸膜肺炎。颈侧皮下注射，成年羊3毫升，6月龄以下幼羊2毫升，免疫期可达1年半。

（7）羊痘鸡胚化弱毒苗　预防绵羊痘，也可用于预防山羊痘。冻干苗按瓶签上标明的疫苗量，用生理盐水25倍稀释，振荡均匀，不论羊大小，一律皮下注射0.5毫升，注射后6天产生免疫力，免疫期1年。

（8）口蹄疫苗预防口蹄疫　母羊产后1个月和羔羊生后1个月皮下注射1毫升或按说明进行，注射14天后产生免疫力，免疫期半年。

（9）小反刍疫活疫苗　用于预防羊的小反刍兽疫，免疫期3年。不论羊只大小，每只颈部皮下注射1毫升（含1只份），用灭菌生理盐水稀释。

【提示】

1）疫苗的购买。必须到正规的供应、生产地点购买，才能保证疫苗的免疫效果。如到各地的动物防疫机构。强制免疫所需疫苗（口蹄疫、羊痘、三联四防）由省动物疫病预防控制中心统一组织，向国家定点生产厂家订购，实行省、市、县逐级供应制度，其他任何单位和个人不准经营。

2）疫苗的运输与保存。冻干疫苗应保存在－15℃下，使用低温或冰柜，灭活苗于2～8℃下避光保存，使用常温冷库或冰箱冷藏，严防结冻。大批量运输使用专用冷藏车，小批量需使用加冰保温箱。

免疫接种需按合理的免疫程序进行。各地区、各羊场可能发生的传染病不止一种，而可以用来预防这些传染病的疫苗的性质又不尽相同，免疫期长短不一。因此，羊场往往需用多种疫苗来预防不同的病，也需要根据各种疫苗的免疫特性来合理地安排免疫接种的次数和间隔时间，即所谓的免疫程序。羊的免疫程序只能在实践中总结经验，制定出适合该地区、该羊场具体情况的免疫程序。

四、肉羊疾病的诊断技术

羊的正常体温为38～39.5℃，羔羊高出约0.5℃。健康羊的脉搏数为70～80次/分，健康羊的呼吸频率为12～20次/分，正常成年羊瘤胃左侧肷窝稍凹陷，瘤胃收缩次数为2～4次/2分，听诊瘤胃蠕动声音类似远处的雷声。

羊病的种类很多，主要包括传染病、寄生虫病和普通病三大类。传染病的特点是：传播快，发病急，常常引起羊的大批死亡。寄生虫病的危害也很大，能使多数羊发病，有些寄生虫病可造成年羊的大批死亡，有些则导致慢性消耗，其带来的经济损失不亚于传染病。如果饲养管理不当，也常导致一些普通病的发生，如内科病、外科病、中毒性疾病等，多为零散发生，虽无传染性、侵袭性，但也会造成一定的经济损失。因此对疾病做出及时快速的诊断是治疗和防控疫病蔓延的重要措施。

羊病诊断技术包括临床诊断和实验室诊断。临床诊断时，羊的数量较多，应先做群体检查，从羊群中先剔出病羊和可疑羊，然后再对其进行个体检查。

群体检查时要通过运动、休息和采食饮水 3 种状态的观察，运用“问诊、视诊、嗅诊、触诊、听诊、叩诊”的方法，把大部分病羊从羊群中检查出来。

运动时的检查是在羊群的自然活动和人为驱赶活动时，从不正常的动态中找出病羊。休息时的检查是在保持羊群安静的情况下进行看和听，以检出姿态和声音异常的羊。采食饮水时的检查，是在羊自然采食，饮水时检出采食饮水有异常表现的羊。“三态”的检查可根据实际情况灵活运用。

对检出异常的羊要通过问诊、视诊、听诊、触诊及病理剖检的手段对疾病做出初步判断。

（1）问诊 问诊的内容应尽可能详细。通过询问饲养员，了解羊发病的有关情况，包括存栏、月龄、免疫情况、饲养管理、饲料等情况、发病时间、发病只数，病前病后的表现、病程、病史、治疗效果，对以上信息进行综合分析。

（2）视诊（望诊） 对羊的群体状况、肥瘦、被毛、步态及羊的皮肤、黏膜、粪尿等进行观察，发现异常，进行分析。

（3）嗅诊 嗅闻羊群及个体有无异味，注意羊只分泌物、排泄物、呼出气体及口腔有无异味。例如，患肺坏疽时，鼻液带有腐败性恶臭；患胃肠炎时，粪便腥臭或恶臭；患消化不良时，呼气酸臭味等。

（4）触诊 用手感触被检查的部位，并加压力，以便确定被检查的各器官组织是否正常。例如，用手摸羊耳朵或插进羊嘴里握住舌头，初步断定体温。

（5）听诊 用耳或听诊器来探听羊身体各部位发出的声音，用听觉来判断是否正常，多用于听心音、呼吸音等。注意声音的频率高低、强弱、间隔时间、杂音等。如果心音增强，见于热性病的初期；如果心音减弱，见于心脏机能障碍的后期或患有渗出性胸膜炎、心包炎。

（6）叩诊 用手或叩诊锤叩击羊体某部位，使之振动而产生声音，根据振动和声音的音调的特点来判断被检查部位的脏器状态有无异常。例如，当羊胸腔积聚大量渗出液时，叩打胸壁出现水平浊音界。

用排除法诊断时，一看是否为传染病；二看是否为中毒病；三看是否为饲喂不当引起的疾病；四看是否为寄生虫疾病；五看是否为一般疾病。这几种病要逐渐分析，逐个排除，最后做出一个正确的选择。

通过上述的临床检查手段可以对疾病做出初步判断，必要时采取相

应病料检材进行实验室诊断。

第二节　传染病防治

传染病是由病原微生物侵入羊体，能在个体及群体间互相传播的一类病，包括由病毒、细菌、支原体、衣原体、真菌等引起的各种传染病。例如，由病毒引起口蹄疫、羊痘等，由细菌引起布氏杆菌病等。

一、口蹄疫

口蹄疫是由口蹄疫病毒引起的偶蹄类动物共患的急性、热性、高度接触性传染病。其临床特征是患病动物口腔黏膜、蹄部和乳房发生水疱和溃疡，在民间俗称“口疮”“蹄癀”“烂舌症”“烂蹄瘟”，山羊、绵羊都可感染。

【病原和流行特点】 病原体为口蹄疫病毒。病毒具有较强的环境适应性，耐低温，不怕干燥；对酚类、酒精、氯仿等不敏感，但对日光、高温、酸碱的敏感性很强。常用的消毒剂有2%氢氧化钠溶液、20%～30%的草木灰水、1%～2%甲醛溶液、0.2%～0.5%过氧乙酸和4%碳酸氢钠溶液等。

主要传染源为患病羊，主要通过消化道和呼吸道传染，也可以经眼结膜、鼻黏膜、乳头及皮肤伤口传染。狗、猫、鼠、吸血昆虫及被污染的人的衣服、鞋、生产用具等也能传播。

【症状】 潜伏期为1～7天，平均2～4天。主要症状是体温升高，精神沉郁，拒食或食欲废绝，脉搏和呼吸加快。口腔、蹄、乳房等部位出现水疱、溃疡和糜烂。严重病例可在咽喉、气管、前胃等黏膜上发生圆形烂斑和溃疡，上盖黑棕色痂块。绵羊蹄部症状明显，口黏膜变化较轻。山羊症状多见于口腔，呈弥漫性口黏膜炎，水疱见于硬腭和舌面，蹄部病变较轻。病羊水疱破溃后，体温即明显下降，症状逐渐好转。哺乳羔羊特别容易得病，多发生出血性胃肠炎，也可能发生恶性口蹄疫，由于急性心脏停搏而死亡，死亡率可达20%～50%。

【防治方法】 口蹄疫属于一类动物传染病，任何单位和个人发现家畜有上述临床异常情况的，应及时向当地政府或动物防疫监督机构报告，不得瞒报、迟报、谎报、漏报。本病发病急、传播快、危害大，必须严格搞好综合防治措施。按照国家规定实施强制免疫，每年于春、秋两季用五号病疫苗进行免疫接种，饲养场（户）必须严格按照免疫程序实施免疫。

二、羊痘

羊痘是由羊痘病毒引起的一种急性、热性、接触性传染病，分布很广，俗称“羊天花”，对养羊业危害极大，也能传染给人。绵羊的易感性比山羊大，羔羊的死亡率高。其临床特征是由丘疹到水泡，再到脓疱，最后结痂。

【病原和流行特点】 引起绵羊发病的为绵羊痘病毒、山羊为山羊痘病毒，不能相互传染。病毒的抵抗力很强。生产中常用的消毒剂为3%石炭酸、2%福尔马林、2%火碱热溶液、30%热草木灰水或20%石灰水。

本病一年四季均可发生，但以春、秋两季比较多发，传播很快。病的主要传染源是病羊，传染途径为呼吸道、消化道和受损伤的皮肤。病愈的羊能获得终身免疫。

【症状】 潜伏期一般为6~8天，但可短至2~3天，长达15~20天。在临床表现上绵羊和山羊基本相同，但也有不同之处。

典型特征：病羊体温升至40℃以上，2~5天后在皮肤上可见明显的局灶性充血斑点，随后在腹股沟、腋下和会阴，甚至全身，出现红斑、丘疹、结节、水疱，严重的可形成脓包。

绵羊痘病初体温升高至41~42℃，精神委顿，食欲不振，脉搏及呼吸加快，间有寒战。手压脊柱时有严重的疼痛表现，尤以腰部最明显。眼结膜及鼻黏膜充血，轻度发炎。持续1~2天后在无毛区或少毛区（如头部、眼周围、鼻翼、口唇、四肢的内侧、乳房区、胸腹部、尾巴内侧）发生红色圆形斑点，在斑点上很快形成结节，呈圆锥形丘疹（彩图23）。数日之后，丘疹内部逐渐充满浆液性的内容物变成水疱。水疱通常扁平，中间凹下，其内容物经过2~3天变为脓性，即由水疱期转为脓疱期，此时体温重新升高。脓疱再逐渐破裂，变为褐色的痂。痂经过4~6天而脱落，遗留红色瘢痕。

但实践中常遇到以下各种不典型的症状：只呈呼吸道及眼结膜的卡他症状，并无痘的发生；丘疹并不变成水疱，数日内脱落而消失；脓疱特别多，互相融合而形成大片脓疱，即形成融合痘；有时水疱或脓疱内部出血，羊的全身症状剧烈，形成溃疡及坏死区，称为黑痘或出血痘；若伴发整块皮肤的坏死及脱落，则称为坏疽痘，此型痘通常引起死亡。

任何单位和个人发现患有羊痘或疑似羊痘的病羊，都应当立即向当

地动物防疫监督机构报告，按国家有关规定执行。

【防治方法】 加强饲养管理，增强羊的抵抗力，引进羊只严格检疫。对流行地区的健康羊，每年定期注射羊痘疫苗。一旦发病，应认真施行隔离、封锁和消毒，并采取相应措施。

三、羊传染性脓疱

羊传染性脓疱俗称“羊口疮”，是一种由病毒引起的传染病，以口唇、舌、鼻、乳房等部位形成丘疹、水疱、脓疱和结成疣状（桑葚状）结痂为特征，传播速度快，流行广泛。本病对羔羊危害大，影响其生长发育。

【病原和流行特点】 羊传染性脓疱病毒，存在于疱疹内和痂皮块中，对外界环境的抵抗力较强，干痂在夏季阳光下暴露30~60天才丧失传染性。常用的消毒药有2%氢氧化钠溶液、10%石灰乳、20%热草木灰。

病羊和带毒羊是主要传染源。本病无明显的季节性，但以春、夏两季发病较多，主要通过接触传染。山羊和绵羊均可发病，以3~6月龄的羔羊和幼羊最为易感，常呈群发性流行，羔羊发病率可高达100%，成年羊多为散发。人和猫也可感染发病。由于病毒的抵抗力强，羊群一旦被感染则不易清除，可被持续危害多年。

【症状】 病羊以口唇部感染为主要症状，首先在口角、上唇或鼻镜上发生散在的小红斑点，以后逐渐变为丘疹、结节，继而形成小疱或脓疱，蔓延至整个口唇周围及颜面、眼睑和耳郭等部，形成大面积具有龟裂、易出血的污秽痂垢，痂垢下肉芽组织增生，嘴唇肿大外翻呈桑葚状凸起。口腔黏膜也常受损害，黏膜潮红，在口唇内面、齿龈、颊部、舌及软腭黏膜上发生水疱，继而发生脓疱和烂斑。若伴有继发感染，则恶化成大面积的溃疡，深部组织坏死，口腔恶臭。病羊由于疼痛而不愿采食，表现流涎、精神不振、食欲减退或废绝、反刍减少、被毛粗乱无光、日渐消瘦。

绵羊可在蹄叉、蹄冠处出现痘样湿疹。从丘疹、扁平水疱、脓疱，直至破裂后形成溃疡。有继发感染时即成为腐蹄病。

哺乳母羊的乳房也可能同样患病，主要是由于被吃奶的小羊咬伤而感染。

【预防措施】 不从疫区购买羊只和畜产品，做好引种时的检疫消毒工作，发病时做好污染环境的消毒，特别注意羊舍、饲养用具、病羊体表和蹄部的消毒。加强饲养管理，保护黏膜、皮肤不发生损伤。流行地区，用羊口疮弱毒疫苗进行免疫接种。严格按照疫苗使用说明书使用。

【治疗方法】 首先隔离病羊，对圈舍、运动场进行彻底消毒。给病羊柔软、易消化、适口性好的饲料，保证充足的清洁饮水。

将病羊的痂垢剥除干净，用淡盐水或0.1%高锰酸钾水充分清洗创面，然后选用冰硼散、雄黄散、脱腐生肌散或青黛散涂抹，也可以碘甘油（5%碘酊与甘油1:9）涂擦患处每天1次，连用3天。病的初期可以用民间验方白酒蜂蜜混合涂患部。

如有继发感染，可选用抗生素辅助治疗。

四、炭疽

炭疽病是由炭疽杆菌引起的一种急性、热性、败血性人兽共患传染病，常呈散发性或地方性流行，绵羊最易感染。

【病原和流行特点】 病原体为炭疽杆菌。炭疽病于世界各地都有发生，病羊是主要传染源，濒死病羊体内及其排泄物中常有大量菌体，当尸体处理不当，炭疽杆菌形成芽孢并污染土壤、水源、牧地，羊吃了污染的饲料和饮水而感染，也可经呼吸道和由吸血昆虫叮咬而感染，长年可以发病，但多发于夏季，呈散发或地方性流行。绵羊比山羊易感，小羊更易发病。

【症状】 根据病程的不同，可以分为最急性、急性和亚急性3种类型。绵羊和山羊患病多为最急性或急性经过，往往忽然发现羊尸体而不知道死期，如能看到症状，可见体温升高到40～42℃，可视黏膜呈蓝紫色，病羊突然昏迷，步态不稳，磨牙，呼吸困难，全身抽搐、颤抖，数分钟即倒毙，从眼、鼻、口腔及肛门等天然孔流出带气泡的暗红色或黑色血液，血凝不全，尸僵不全。炭疽病尸体严禁剖检。

【防治方法】 病死羊不可食用，必须进行无害化处理，将尸体和沾有病羊粪、尿、血液的泥土一起烧掉或深埋，上面盖上石灰。搬运尸体时要特别小心，不要把血和尿洒在地上，以免散布细菌。病羊住过的地方要立即用20%漂白粉溶液或2%热碱水连续消毒3次（中间间隔1小时）。用20%石灰水刷墙壁，用热碱水浸泡各种用具。病羊的粪便、垫草和吃剩的草料都应用火烧掉，不能用作肥料。对污染物可用10%热碱液、0.1%升汞溶液、5%碘酊或20%～30%漂白粉彻底消毒，杀死芽孢。

已发生炭疽的羊群应给全群假定健康羊只注射抗炭疽血清，用量多少应按照瓶签说明。此种免疫法的有效期很短，只能保持1个月左右。

发生过炭疽病的羊群，每年用炭疽苗进行免疫。常用炭疽苗有：无毒炭疽芽孢苗和炭疽二号苗，使用前详细阅读说明书。管理病羊和收拾病羊尸体的人员，要特别小心，从各方面加强个人防护，以免受到感染。

五、布氏杆菌病

羊布氏杆菌病是羊的一种慢性传染病，主要侵害生殖系统。羊感染后，以母羊发生流产和公羊发生睾丸炎为特征。布氏杆菌病也是一种人兽共患的慢性传染病。其特点是生殖器官和胎盘发炎，引起流产、不育和各种组织的局部病症。

【病原和流行特点】 病原为布氏杆菌。动物布氏杆菌可传给人类，但人传人的现象较为少见。本病的传染源主要是病羊及带菌羊。本病主要通过采食被污染的饲料、饮水，经消化道感染，经皮肤、黏膜、呼吸道及生殖道（交配）也能感染。与病羊接触、加工病羊肉而不注意消毒的人也易感本病。本病不分性别、年龄，一年四季均可发生。

该菌对外界的抵抗力很强，在干燥的土壤中可存活 37 天。常用消毒药有 1% 来苏儿、2% 福尔马林、5% 生石灰水。

【症状】 多数为隐性感染不表现症状。羊群一旦感染此病，首先表现孕羊流产，但不是必有的症状。开始仅为少数，以后逐渐增多，严重时可达半数以上，多数病羊流产 1 次。流产多发生在妊娠后的 3 ~ 4 个月；流产母羊多数胎衣不下，继发子宫内膜炎，影响受胎；有时患病羊发生关节炎和滑液囊炎而致跛行；公羊发生睾丸炎，失去配种能力；少部分病羊发生角膜炎、支气管炎、乳腺炎。

【防治方法】 目前，本病尚无特效的药物治疗，只有加强预防、检疫。

1）定期检疫。羔羊每年断乳后进行 1 次布氏杆菌病检疫。成年羊每年检疫 1 次或每年预防接种而不检疫。对检出的阳性羊要捕杀处理，不能留养或给予治疗。

2）免疫接种。当年新生羔羊通过检疫呈阴性的，选用布氏杆菌苗进行免疫，详细阅读使用说明书。羊群受感染后无治疗价值，发病后羊群进行检疫，发现呈阳性和可疑反应的羊均应及时淘汰，严禁与假定健康羊接触。必须对污染的用具和场所进行彻底消毒；流产胎儿、胎衣、羊水和产道分泌物应深埋。

六、链球菌病

羊链球菌病是由溶血性链球菌引起的一种严重危害绵羊、山羊的急性、热性传染病，俗称嗓喉病。其特征主要是下颌淋巴结与咽喉肿胀，各脏器出血、大叶性肺炎，以及胆囊肿大。

病原体为C型败血性链球菌。本病可发生于不同年龄的绵羊和山羊，绵羊较山羊易感。呼吸道为主要传播途径；也可经皮肤创伤、羊虱蝇叮咬等途径传播。

【症状】 潜伏期为2～5天，病羊发病初期体温升高至41℃以上，精神不振，食欲减少或不食，反刍停止，步态不稳；结膜充血，流泪，之后流脓性分泌物，鼻腔流浆液性鼻液，后变为脓性，口流涎，并混有泡沫，呼吸急促而困难，咽喉、舌肿胀；粪便松软，带黏液或血液；妊娠母羊流产；有的病羊眼睑、嘴唇、颊部、乳房肿胀，临死前呻吟、磨牙、抽搐。最急性的病程在1天以内，急性病程一般情况下2～3天死亡。

【防治方法】 对初生羔羊进行脐带消毒非常重要。加强饲养管理，增强羊的抵抗力，做好抓膘、保膘及保暖防风、防冻、防拥挤。定期消灭羊体内外寄生虫。做好羊圈及场地、用具的消毒工作。入冬前应用链球菌苗进行预防注射。

对病羊和可疑羊隔离治疗，场地、器具等用10%石灰乳或3%来苏儿严格消毒，羊粪及污物等堆积发酵，病死羊进行无害化处理。发病早期可注射抗羊链球菌血清进行治疗，大观霉素配合林可霉素治疗效果较好，磺胺类药物对本病有治疗效果。

七、羊传染性胸膜肺炎

羊传染性胸膜肺炎是由支原体引起的一种羊高度接触性传染病，主要特征为高热、咳嗽、胸和胸膜发生浆液性和纤维素性炎症，病死率很高。

【病原和流行特点】 在自然条件下，丝状支原体山羊亚种只感染山羊，3岁以下的山羊最易感染，而绵羊肺炎支原体则可感染山羊和绵羊。病羊和带菌羊是本病的主要传染源。

本病常呈地方流行性，接触传染性很强，主要通过空气—飞沫经呼吸道传染，冬、春两季多发，在阴雨连绵、寒冷潮湿、羊群密集及冬季和早春枯草季节，羊只营养缺乏，机体抵抗力降低的条件下更易发病，发病后病死率也较高。

【症状】 本病潜伏期短者5～6天，长者20～30天，平均18～20天。根据病程长短和临床症状可分为最急性、急性和慢性3种类型。

（1）最急性 病初体温增高，可达41～42℃，极度委顿，食欲废绝，呼吸急促而有痛苦地鸣叫，数小时后出现肺炎症状；呼吸困难，咳嗽，并流浆液带血鼻液，病羊卧地不起，四肢直伸，呼吸极度困难，每次呼吸则全身颤动；黏膜高度充血，发绀；目光呆滞，呻吟哀鸣，不久窒息而亡。病程一般不超过4～5天，有的仅12～24小时。

（2）急性 最常见。病初体温升高，继之出现短而湿的咳嗽，伴有浆性鼻漏。4～5天后，咳嗽变干而痛苦，鼻液转为脓性黏液并呈铁锈色，高热稽留不退，食欲锐减，呼吸困难和痛苦呻吟，眼睑肿胀，流泪，眼有黏脓性分泌物；口半开张，流泡沫状唾液。头颈伸直，腰背拱起，腹肋紧缩，最后病羊倒卧，极度衰弱，有的发生臌胀和腹泻，甚至口腔中发生溃疡；唇、乳房等部皮肤发疹，濒死前体温降至常温以下，病期多为7～15天，有的可达1个月。幸而不死的转为慢性。孕羊大批发生流产。

（3）慢性 多见于夏季。全身症状轻微，体温升至40℃左右。病羊间有咳嗽和腹泻，鼻涕时有时无，身体衰弱，被毛粗乱无光。在此期间，如果饲养管理不良，与急性病例接触或机体抵抗力降低时，很容易复发或出现并发症而迅速死亡。

【病理变化】 胸腔常有浅黄色积液，常呈纤维蛋白性肺炎；肺实质硬变，切面呈大理石样变化（彩图24）。胸膜增厚而粗糙，常与胸膜、心包膜发生粘连（彩图25）。支气管淋巴结、纵隔淋巴结肿大，切面多汁并有出血点。心包积液，心肌松弛、变软。肝脏、脾脏肿大，胆囊肿胀。肾脏肿大，被膜下可有小点状出血。

【防治方法】 加强饲养管理，增强羊的体质；定期进行羊舍内外消毒；严格检疫防止引入病羊和带菌羊。免疫接种是预防本病的有效措施。应根据当地病原体的分离结果，选择使用山羊传染性胸膜肺炎苗、绵羊肺炎支原体灭活苗。

对发病羊群及时隔离和治疗，一定要淘汰无治疗价值的病羊。污染的场地、圈舍、饲养用具及粪便、病死羊的尸体等进行彻底消毒或无害化处理。药物治疗可选用阿奇霉素、泰乐菌素、氟苯尼考等。药物治疗的同时，必须加强护理，结合必要的对症疗法。

八、羊快疫

羊快疫是由腐败梭菌引起的一种急性传染病，主要发生于绵羊，突然发病，病程极短，其特征为真胃黏膜呈出血性炎性损害。

【病原和流行特点】 病原为腐败梭菌。在气候骤变，阴雨连绵，秋季、冬季寒冷季节，羊机体抗病能力下降时容易诱发本病。发病羊多为6～18月龄的绵羊，山羊较少发病。主要经消化道感染，突然发病，几乎没有治疗时间，发病率为10%～20%，病死率为90%

【症状】 发病突然、病程急，往往不表现临床症状即死亡，晚上进圈时还无异常，第二天早晨发现死于圈舍或在采食过程中突然死亡，有些羊临死前疝痛、磨牙、痉挛。病程长者，体温可升至41℃左右，食欲废绝，沉郁、呆立，结膜苍白，腹痛腹胀，急剧腹泻、粪便黑绿色，粪便中少数有血液。多在发病后数分钟至5天内死亡，治愈率较低。

【防治方法】 患病羊往往来不及治疗即死亡，因此加强管理是关键，防止羊受寒冷刺激，严禁吃霜冻饲料。在常发病地内的羊每年应定期注射羊快疫菌苗，常用苗有羊厌氧菌病三联苗（羊快疫、羊猝狙、羊肠毒血症）或五联苗（羊快疫、羊肠毒血症、羊猝狙、羊黑疫和羔羊痢疾）等。用量和用法参照使用说明书。

病程稍长的病羊通过治疗可降低死亡率，但治愈率较低，一般只有50%～60%的治愈率，可用青霉素、链霉素，庆大霉素、氨苄西林、卡那霉素、磺胺类及喹诺酮类药物，同时辅以对症治疗。给病羊灌服10%～20%的石灰水50～100毫升，连用1～2次，中和毒素。肌内注射安钠咖，静脉注射10%～25%的葡萄糖，强心利尿。

九、羊猝狙

羊猝狙是由C型产气荚膜梭菌引起的一种毒血症，故又称为C型肠毒血症，常与快疫合并发生。

【流行特点】 经消化道感染，多见于早春和秋季，成年绵羊发病较多。常发生于低洼潮湿地区，多呈地方性流行或散发。

【症状】 主要表现是体温升高，腹痛、昏迷和痉挛，随即死亡。新生羔羊除发生紧张性痉挛外，还会出现虚脱。但因死亡很快，一般很少看到症状。

【防治方法】 参照羊快疫。

十、羊肠毒血症

羊肠毒血症又称“软肾病”或“类快疫”，是产气荚膜梭菌产生毒素所引起的绵羊急性传染病。本病以发病急、死亡快、死后肾脏多见软化为特征。

【病原和流行特点】 病原为产气荚膜梭菌。当饲料突然改变，特别是从吃干草改为采食大量谷类或青嫩多汁和富含蛋白质的草料之后，导致羊的抵抗力下降和消化功能紊乱，产气荚膜梭菌在肠道内迅速繁殖，产生大量毒素引起全身毒血症，导致羊休克而死亡。发病以绵羊为多，山羊较少，通常以2~12月龄、膘情好的羊为主。本病发生有明显的季节性和条件性，牧区以春夏之交抢青时和秋季牧草结籽后的一段时间发病为多；农区则多见于收割抢茬季节或食入大量富含蛋白质饲料时。

【症状】 病羊中等以上膘情，本病发生突然，病羊呈腹痛、肚胀症状。病羊常离群呆立、卧地不起或独自奔跑。濒死期发生肠鸣或腹泻，拉黄褐色水样稀粪。病羊全身颤抖、眼球转动、磨牙，头颈后仰，口鼻流沫，或者病羊步态不稳，以后卧地，并有感觉过敏，流涎，上下颌“咯咯”作响，继而昏迷，角膜反射消失，有的可见腹泻，3~4小时内静静地死去。

【防治方法】 参照羊快疫。

十一、小反刍兽疫

小反刍兽疫也称羊瘟，是由病毒引起的，以发热、口炎、腹泻、肺炎为特征的急性接触性传染病，山羊和绵羊易感，山羊发病率和病死率均较高。我国将其列为一类动物疫病。

2007年7月，小反刍兽疫首次传入我国。

【病原】 小反刍兽疫病毒。

【流行特点】 病羊及其分泌物和排泄物、组织，或者被其污染的草料、用具和饮水等是本病的传染源。自然发病仅见于山羊和绵羊。山羊比绵羊更易感，并且临床症状比绵羊更为严重。山羊不同品种之间的易感性也有差异。

本病主要通过直接或间接接触传播，感染途径以呼吸道为主。本病一年四季均可发生，但多雨季节和干燥寒冷季节多发。潜伏期一般为4~6天，也可达到10天，《国际动物卫生法典》规定潜伏期为21天。

【症状】 山羊临床症状比较典型，绵羊症状一般较轻微。突然发热，第2~3天体温达40~42℃高峰。发热持续3天左右，病羊死亡多集中在发热后期。病初有水样鼻液，此后变成大量的黏脓性卡他样鼻液，阻塞鼻孔造成呼吸困难。鼻内膜发生坏死。眼流分泌物，遮住眼睑，出现眼结膜炎。发热症状出现后，病羊口腔内膜轻度充血，继而出现糜烂。坏死组织脱落形成不规则的浅糜烂斑（彩图26）。部分病羊口腔病变温和，并可在48小时内愈合，这类病羊可很快康复。多数病羊发生严重腹泻或下痢，造成迅速脱水和体重下降。怀孕母羊可发生流产。易感羊群发病率通常达60%以上，病死率可达50%以上。特急性病例发热后突然死亡，无其他症状，在剖检时可见支气管肺炎和回盲肠瓣充血。

【诊断方法】 依据本病流行病学特点、临床症状、病理变化可做出疑似诊断，确诊需做病原学和血清学检测。

送检病料可采病羊口鼻棉拭子、淋巴结或血沉棕黄层。

【防治方法】 预防用小反刍疫疫苗进行免疫接种，免疫期为3年。任何单位和个人发现以发热、口炎、腹泻为特征，发病率、病死率较高的羊疫情时，应立即向当地动物疫病预防控制机构报告。一旦发生本病，应按《中华人民共和国动物防疫法》规定，按照一类动物疫情处置方式扑灭疫情。

第三节　寄生虫病防治

寄生虫病是由寄生虫侵袭羊的体内或体表，不断吸取机体营养，分泌毒素，发生机械障碍和损伤，扰乱正常生理功能，造成羊的发育不良、贫血、消瘦，甚者死亡的一类疾病，如常见的肝片吸虫、螨病等。

一、羊狂蝇蛆病（羊鼻蝇病）

羊鼻蝇虫病是由羊鼻蝇虫寄生在羊的鼻腔及颅窦而引起的一种疾病，是一种慢性鼻炎及鼻旁窦炎，主要特征是羊流鼻涕和不安。山羊较绵羊患病少，受害较轻。

【诊断方法】 病原是羊狂蝇。羊在羊狂蝇活动季节，因害怕其产蛆而不安，四处躲避，采取各种动作防范。当幼虫进入羊的鼻腔后，引起鼻腔黏膜发炎、喷嚏；病羊常常鼻流黏液，黏液由稀变黏，最后变成脓性，并且呼吸困难；有时个别幼虫进入羊的气管、支气管、眼、耳、深入颅腔，使脑膜发炎或受损，出现运动失调和痉挛等神经症状；羊只吃睡不安，全身衰弱和营养不良，逐渐消瘦，个别的会引起死亡。

【防治方法】 消灭羊狂蝇比较困难，必须严格贯彻“防重于治”的方针。根据不同季节羊狂蝇的活动规律，采取不同的预防措施。夏季羊舍墙壁常有大批成虫，在初飞时，翅膀软弱，不太活动，此时可进行捕捉，消灭成虫。连续进行3年，可以收到显著效果。也可用诱蝇板，引诱羊狂蝇飞落板上，每天早晨检查诱蝇板，将羊狂蝇取下消灭。在羊狂蝇幼虫尚未钻入鼻腔深处时，给鼻腔喷入3%来苏儿溶液，杀死幼虫；在羊狂蝇幼虫从羊鼻孔排出的季节，给地上撒以石灰，把羊头下压，让鼻端接触石灰，使羊打喷嚏，也可喷出幼虫，然后消灭，但劳动强度大。在冬季11月还可选用伊维菌素进行驱杀，使用方法剂量按照使用说明书。

二、羊梨形虫病

羊梨形虫病是由泰勒焦虫引起的一种血液寄生虫病。本病的传播者为蜱，它主要寄生于绵羊、山羊体表。本病从4～11月均可发生，以1～6个月的羔羊发病率和死亡率最高，成年羊次之。临床主要特征为：高热、贫血、黄疸（彩图27）和血红蛋白尿，发病率和死亡率高。

【诊断方法】 多数呈急性经过，病羊精神沉郁，体温升高到41℃左右，呈稽留热型。呼吸浅而快，喜卧地。食欲减退或废绝，反刍及胃肠蠕动减弱或停止，初期便秘，后期腹泻，粪便带血丝；羊尿混浊或血尿；眼结膜开始潮红，继而苍白，并有轻度黄疸，中后期病羊高度贫血、血液稀薄，结膜苍白。颈浅淋巴结肿大，有的颈下、胸前、腹下及四肢发生水肿。

尸体消瘦，血液稀薄，皮下脂肪胶冻样，有点状出血，全身淋巴结呈不同程度肿胀，肿胀明显的是肩前、肠系膜、肝门、肺纵隔淋巴结。切面多汁、充血、出血；肝脏、脾脏、胆囊肿大，肾脏呈黄褐色、点状出血。

确诊可采用血液涂片姬姆萨染色镜检。

【防治方法】 灭蜱是本病首要内容之一，切断传播途径，避免和消灭蜱的侵袭。主要发生在上山放牧和蜱有接触的羊只。发病时全群检查，检查眼结膜，看是否色泽变浅。首选药物贝尼尔对绵羊的梨形虫病有较高的疗效，按每千克体重5毫克使用，配成5%～7%的溶液，臀部深层肌内注射。轻症注射1次即愈，必要时每天1次，连用2～3天。黄色素注射液（吖啶黄）静脉注射或肌内注射效果也较好，或者用强力焦虫片（含青蒿素）拌料全群预防。

三、蜱

蜱侵袭可引起羊的皮炎。

【诊断方法】 当大量蜱寄生时，则引起贫血，病羊生长不良与掉膘。在炎热季节，蝇可在皮肤破口上产卵，引起致命的皮蝇蛆病。某些蜱种，如多刺耳蜱的若虫，位于外耳道，可导致羊非常痛苦，偶尔引起中耳感染。某些饱食的雌蜱还能产生一种唾液毒素，引起麻痹，表现为经蜱叮咬后数天，病羊后肢虚弱，共济失调，在几小时之内变成麻痹，麻痹向前发展到前肢、颈和头。某些羊没有观察到前躯性虚弱就出现麻痹。在羊身上发现致病蜱可以做出诊断。

【防治方法】 堵塞羊舍所有缝隙及洞穴，并用石灰水粉刷墙壁，定期清除羊舍的垃圾和灰尘，消灭羊舍和羊体上的蜱，这是有效的防治措施。

对于较大的羊群，可采用定期药浴防治法。药浴时，可选用敌百虫、消虫净、蜱虱敌、除虫精等，使用方法和剂量参照药品使用说明书。

四、蠕形螨

蠕形螨是由蠕形螨属的螨寄生于羊的毛囊和皮脂腺引起的皮肤病，故又称毛囊虫病或脂螨病。

【诊断方法】 病羊主要表现为皮炎、皮脂腺—毛囊炎或化脓性皮脂腺—毛囊炎。病变多在眼、耳、头上，其他部位也可能发生。除损害皮肤外，常在皮下发生脓性囊肿。

切开皮肤上的结节或囊肿，刮取分泌物或脓汁，做涂片镜检，如发现虫体即可确诊。

【防治方法】 参照蜱的防治方法。

五、羊多头蚴病

羊多头蚴病又称脑包虫病，是多头带绦虫的幼虫——脑多头蚴寄生于羊的脑和脊髓引起的疾病。

【诊断方法】 羊患病后表现出一系列特异神经症状，容易确诊。

感染初期由于病原体转入脑部，引起局部发炎，病羊显出脑膜炎或脑炎症状，此时病羊体温升高，脉搏与呼吸加快，有时强烈兴奋，有时沉郁，长时间躺卧，部分病羊在 5 ~7 天因急性脑膜炎而死亡。

耐过不死的病羊转为慢性，在一定时期内不显症状，在此期间多头蚴继续发育长大，2 ~6 个月后病羊精神沉郁，停止采食，因寄生部位的不同表现出下列各种症状：头顶在墙壁上，站立不动；病羊常把头偏向一侧，向着一侧转圈子，病情越重的，转的圈子越小，有时患部对侧的眼睛失明；羊头低向胸部，走路时膝部抬高，或者沿直线前行，碰到障碍物而不能再走时，即把头抵在障碍物上，站立不动；头向后仰；向后退行；神经过敏，易于疲倦，步态僵硬，瘫痪。虫体寄生在腰部脊髓内时，后肢、直肠及膀胱发生麻痹。病到末期时，食欲完全消失，最后因消瘦及神经中枢受损害而死亡。

急性死亡的羊见有脑膜炎和脑炎病变，还可见到六钩蚴在脑膜中移行时留下的弯曲伤痕。慢性期的病例则可在脑、脊髓的不同部位发现 1 个或数个大小不等的囊状多头蚴；在病变或虫体相接的颅骨处，骨质松软、变薄，甚至穿孔，致使皮肤向表面隆起；病灶周围脑组织或较远的部位发炎，有时可见萎缩变性和钙化的多头蚴。

【防治方法】 本病为人兽共患病，重点在于预防。狗是本病传播的重要动物，因此应做好犬的管理与驱虫，避免羊群采食到狗的绦虫卵。对患病器官要销毁做无害化处理，禁止任意抛弃或喂犬，这是最有效的预防办法。驱虫时将犬关在舍内或拴起来喂养 2~3 天，把排出的粪便收集起来焚烧处理。驱虫次数根据患病羊的感染情况而定，严重流行地区每年进行 6~8 次驱虫，从春天解冻起 1.5 个月驱虫 1 次。一般流行地区每年进行 4 次驱虫即可。

如寄生于脑的表面而能够触诊到多头蚴时，可用外科手术取出。但如部位难以确定，或者存在于脑子较深处时，手术后果多不良。对寄生于大脑深部的多头蚴，可肌内注射磺胺类药物。也可静脉注射加入 20% 甘露醇注射液或 25% 山梨醇注射液 25~30 毫升。

六、棘球蚴病

棘球蚴病又称包虫病、囊虫病，俗称肝包虫病，是人畜共患病。棘球蚴呈多种多样的囊泡状，大小可由黄豆粒至西瓜大，囊内充满液体。绵羊是棘球蚴最适宜的宿主，常寄生于羊的肝脏、肺脏、脾脏、肾脏等器官表面。

【诊断方法】 根据症状很难做出正确诊断，剖检发现棘球蚴可诊断。轻度感染和感染初期通常无明显症状；严重感染的羊，被毛逆立，时常脱毛，肥育不良，肺部感染时有明显的咳嗽和长期慢性的呼吸困难，咳后往往卧地，不愿起立。寄生在肝表面时，可能有消化不良等症状，当肝脏容积极度增加时，可观察右侧腹部稍有膨大。

剖检见虫体经常寄生的肝脏和肺脏。可见肝肺表面凹凸不平，重量增大，表面有数量不等的棘球蚴囊泡凸起，肝脏实质中也有数量不等、大小不一的棘球蚴囊泡，有时棘球蚴发生钙化和化脓，有时在脾脏、肾脏、脑、脊椎管、肌内、皮下也可发现棘球蚴。

【防治方法】　参照羊多头蚴病的防治方法。

七、肝片吸虫病

肝片吸虫病又称肝蛭病，由寄生于羊的肝脏、胆管中的肝片吸虫和大片吸虫所引起的疾病，可感染人。本病能引起急性或慢性的肝炎和胆管炎，并继发全身性的中毒和营养障碍，常引起羊的大批死亡。

【诊断方法】

（1）急性型　多见于秋季，表现是体温升高，精神沉郁；食欲废绝，偶有腹泻；肝脏叩诊时，半浊音区扩大，敏感性增高；病羊迅速贫血。有些病例表现症状后3～5天发生死亡。

（2）慢性型　最为常见，可发生在任何季节。病的发展很慢，一般在1～2个月后体温稍有升高，食欲略见降低；眼睑、下颌、胸下及腹下部出现水肿。病程继续发展时，食欲趋于消失，表现卡他性肠炎，被毛粗乱，无光泽，脆而易断，有局部脱毛现象。3～4个月后水肿更为剧烈，病羊更加消瘦。孕羊可能生产弱羔，甚至生产死胎。如果不采取医疗措施，最后常发生死亡。

受大量虫体侵袭的病羊，肝脏出血和肿大。其中，有长达2～5毫米的暗红色索状物。挤压切面时，有污黄色的黏稠液体流出，液体中混杂有幼龄虫体。

慢性病例，肝脏增大更为剧烈。到了后期，受害部分显著缩小，呈灰白色，表面不整齐，质地变硬，胆管扩大，充满着灰褐色的胆汁和虫体。切断胆管时，可听到“嚓嚓”之声。

肺脏表面的颜色正常，某些部分有局限性的硬固结节，大如胡桃到鸡蛋，其内容物为暗褐色的半液状物质，往往含有1～2条活的或半分解状态的虫体。

【防治方法】　定期驱虫，加强饲养管理，对粪便堆肥发酵处理，以杀灭虫卵。治疗时可用氯氰碘柳胺钠（肝蛭净）、阿苯达唑、六氯对二甲苯（血防846）、噻苯达唑、吡喹酮等，使用方法和剂量参照药品使用说明书。

八、毛圆线虫病

【症状】　虫体吸血时或幼虫在胃肠黏膜内寄生时，都可使胃肠组织的完整性损害，引发局部炎症，使胃肠的消化、吸收功能降低，寄生虫的毒素作用也可干扰宿主的造血功能，使贫血更加严重。

临床可见羊等反刍兽高度营养不良，渐进性消瘦、贫血、可视黏膜苍白、下颌和下腹部水肿，腹泻和便秘交替。病羊精神沉郁、食欲不振，最后可因衰竭死亡。

【治疗方法】 可选用左旋咪唑、阿苯达唑、伊维菌素等。

九、羊疥癣病

羊疥癣病也称“疥螨”，是各种螨类寄生于羊的表皮内或体表所引起的高度传染性、慢性、寄生虫性皮肤病，以接触感染、能引起羊发生剧痒、湿疹性皮炎、脱毛为特征，往往在短期内可引起羊群发病，严重时可引起大批死亡，危害十分严重。

【症状】 引起动物嘴巴周围、鼻梁、眼圈、耳根等处的皮肤上有白色坚硬的胶皮样痂皮，俗称“石灰头”。全身剧痒，伴有局部增厚和脱毛，溃烂、痂皮。

【防治方法】

（1）药浴 常用药物为螨净等，使用时按说明书兑水稀释。浓度切勿过高，以防中毒事件发生。

（2）药物注射 首选药物为阿维菌素或伊维菌素注射液，0.02毫升/千克体重，颈部皮下注射（切记不可肌内注射，因肌内注射吸收快，易中毒），也可用阿维菌素或伊维菌素片口服（研碎拌料）进行防治，剂量按说明书使用。

第四节 普通病防治

普通病主要有内科病、营养代谢性疾病等。内科病主要原因多是饲养管理不当造成的，如草料过于单纯，长期饲喂粗硬难以消化的牧草，草料发生霉变或冰冻，突然更换饲养方式及运动、饮水不足等引发的前胃弛缓、瘤胃积食、臌气、瓣胃阻塞等疾病。营养代谢性疾病主要是由于营养物质缺乏或过盛引起的营养物质失衡，造成羊的发育不良，生产性能和抗病能力下降，甚至危及生命。

一、感冒

【病因】 主要是由于气候变化、环境改变等因素引起的。

【症状】 精神不佳，食欲减退，体温升高，鼻镜干燥，反刍减少或停止。

【治疗方法】 治疗一解热镇痛、祛风散寒为主。

① 成年羊。处方一：阿尼利定（安痛定）5 毫升、卡那霉素 5 毫升、地塞米松 3 毫升（怀孕禁用）、板蓝根 10 毫升混合一次肌内注射每天 1 次，连用 3 天。处方二：林可霉素 3 ~ 5 毫升，肌内注射；柴胡 5 毫升、黄芪多糖 10 毫升、穿心莲 10 毫升混合肌内注射。每天 1 次，连用 3 天。处方三：多西环素 3 ~ 5 毫升，肌内注射；氟苯尼考 3 ~ 5 毫升，肌内注射；板蓝根 10 毫升，肌内注射，每天 1 次，连用 3 天；也可用青霉素 320 万单位（2 支）、阿尼利定（安痛定）5 毫升，地塞米松 3 毫升，复合维生素 B10 毫升，混合一次肌内注射，连用 3 天。

② 羔羊减量，为成年羊剂量的 1/8，用药切勿过量使用。

二、前胃弛缓

前胃弛缓是前胃运动机能减弱，兴奋性和收缩力降低，消化机能紊乱的一种疾病。本病多为其他疾病继发引起，单一发病较少。

【病因】 体质弱、突然更换饲养方法、精饲料过多、运动不足、饲料品质不良等都是本病的诱因。例如，长期饲喂单调、缺乏刺激性的饲料，如麦麸、豆面等，或者长期饲喂粗硬难以消化的饲草，如干玉米秸、豆秸、麦壳等，或者饲喂霉败冰冻，虫蛀染毒饲料。

【诊断方法】 病羊食欲减退或废绝，反刍次数减少，甚至停止，鼻镜干燥，精神委顿，倦怠无力，行走摇摆不定，常常卧伏，逐渐消瘦，被毛蓬乱，眼窝下陷，慢性臌气，便秘和腹泻交替发生。

【防治方法】 首先应消除病因，供给易消化的饲料等。治疗方法一般先投泻剂，兴奋瘤胃蠕动，防腐止酵，开胃、醒脾、消食除胀，或者用神经性药物治疗。成年羊用复合维生素 B10 毫升，肌内注射效果较好。

泻剂常用硫酸镁、人工盐、液状石蜡、番木鳖酊、大黄酊等。兴奋瘤胃蠕动可用 10% 氯化钠静脉注射或硝酸毛果芸香碱皮下注射。防止酸中毒，可灌服碳酸氢钠。使用方法与剂量参照使用说明书。

民间常用偏方也能起到不错的作用。酵母粉 10 克、红糖 10 克、酒精 10 毫升、陈皮酊 5 毫升，混合加水适量，灌服。大蒜酊 20 毫升、龙胆末 10 克、豆蔻酊 10 毫升，加水适量，一次灌服。

研究发现用饮料结合治疗本病，也能取得显著效果：饮料包括橘子汽水、雪碧、可口可乐等。它是一种保健品，无毒副作用，其作用迅速，一般灌服后约 10 分钟出现腹胀，继而瘤胃蠕动加强，约 1 小时后出现反当。饮料灌入后，刺激胃壁神经，使瘤胃兴奋性增高，运动机能恢复，从而同样达到醒脾、开胃之功效。具体用量，应视体重大小增减，饮料单用效果很好，如配合药物，应先灌服药物，间隔一定时间，效果更好。饮料随处可取，价格低廉，这也是一条省钱治病的好途径。

三、瘤胃积食

瘤胃积食是急性瘤胃扩张，充满食物，食糜停滞于瘤胃引起的消化不良疾病。

【病因】 突然改换饲料，贪食，过食谷物，缺乏运动，饮水不足，瘤胃运化功能减弱，草料停积在胃内造成的。瘤胃积食可导致酸中毒。

【诊断方法】 病初食量减少，常呻吟，拱背呈排粪尿姿势。回头看腹，摇尾，后蹄踢腹，起卧不安，打滚，常呈右倒卧。左腹明显增大，触诊感瘤胃内容物或呈面团状有压痕，或者坚实。重症病羊可视黏膜发紫，呼吸困难，脉搏加快，甚至步态不稳，出现昏迷。

【防治方法】 针对发病原因，消除诱导因素。治疗方法应消导下泻，止酵防腐，纠正酸中毒，健胃补充液体。常用治疗方法有：消导下泻，可用鱼石脂1～3克，用酒精5毫升稀释，陈皮酊20毫升、液状石蜡100毫升、人工盐50克，加水500毫升，一次灌服；硫酸钠60克加水600毫升灌服；解除酸中毒，可用5%碳酸氢钠100毫升静脉注射，为防止酸中毒继续恶化，可用2%石灰水洗胃。也可用中药大承气汤：大黄12克、芒硝20克、枳壳9克、厚朴12克、玉片1.5克、香附子9克、陈皮6克、千金子9克、木香3克、二丑12克，煎水，一次灌服。对种羊，若判断治疗达不到目的，宜迅速切开瘤胃抢救。

四、急性瘤胃臌气

急性瘤胃臌气是由于瘤胃内饲料发酵，迅速产生大量气体导致的疾病。

【病因】 羊吃了大量容易发酵的饲料引起本病，如蛋白质含量高的苜蓿青草，食入霜冻饲料、酒糟、腐败变质的饲料也容易发病。

【诊断方法】 初期表现不安，回顾腹部，弓背伸腰，肷窝凸起，心率加快，呼吸困难。

【防治方法】 控制容易发酵饲料的喂量，不喂腐败饲料。液状石蜡或食用油100毫升、鱼石脂2克用酒精10毫升稀释，一次性灌服。严重时可考虑瘤胃放气（此方法一般情况不用，易造成腹膜炎）。

五、瓣胃阻塞

瓣胃阻塞又称百叶干，是由于羊瓣胃的收缩力量减弱，其内容物不能排入皱胃，水分被吸收变干而发生阻塞的疾病。

【病因】 多因长期饲喂大量富含粗纤维的干饲料、粉状饲料（如植物秸秆、红薯蔓、花生秧、豆荚、米糠、麸皮等）或混有泥沙的饲料而引起。饮水、运动不足可加重病情的发展。更多的病例继发于前胃弛缓、产后血红蛋白尿、生产瘫痪、矿物质缺乏及铅中毒等疾病。

【诊断方法】 发病初期，精神迟钝，前胃弛缓，食欲不振或减退，便秘，排粪减少，粪便干硬、色黑，后期停止排粪，腹部胀满。随着病程延长，瓣胃小叶发炎或坏死，常可继发败血症，此时可见体温升高、呼吸和脉搏加快，全身表现衰弱，病羊卧地不起，最后死亡。

【防治方法】 加强饲养管理，减少粗硬饲料，增加青绿多汁饲料，防止长期单纯饲喂麸皮、谷糠类饲料，保证饮水，适当运动。

治疗以排出胃内容物和增强前胃运动机能为原则。应以软化瓣胃内容物为主，辅以兴奋前胃运动机能，促进胃肠内容物排出。轻症病羊可内服泻剂和促进前胃蠕动的药物。常用药物有硫酸镁、液状石蜡、硫酸钠、番木鳖酊、大蒜酊、大黄末等，使用剂量根据羊只大小参照说明书。

对顽固性瓣胃阻塞可施行瓣胃注射疗法：准备25%硫酸镁溶液30～40毫升，液状石蜡100毫升，在右侧第九肋间隙和肩胛关节线交界下方，选用12号7厘米长针头，向对侧肩关节方向刺入4厘米深，刺入后可先注入20毫升生理盐水，试其有较大压力时，表明针已刺入瓣胃，再将上述准备好的药液用注射器交替注入瓣胃，于第二天再重复注射1次。瓣胃注射后，可用10%氯化钙10毫升、10%氯化钠50～100毫升、5%葡萄糖生理盐水150～300毫升，混合后1次静脉注射。待瓣胃松软后，皮下注射0.1%氨甲酰胆碱（卡巴胆碱）0.2～0.3毫升，兴奋胃肠运动机能，促进积聚物下排。

临床上还可使用中药制剂，有不错的疗效。

六、真胃阻塞

真胃阻塞是真胃内积满了大量食糜，胃壁扩张，体积增大，胃黏膜发炎，食糜不能进入肠道导致的疾病。

【病因】 主要因羊的消化功能紊乱，胃肠分泌、蠕动功能下降造成，或者因长期饲喂细碎的饲料引起。

【症状】 初期与前卫迟缓症状类似，食欲减退，排便量减少，粪便干燥，并有较多的黏液获血丝，右侧肷窝增大，充满液体。

【治疗方法】 灌服25%硫酸镁溶液250毫升、甘油30毫升、生理盐水100毫升，也可注射氨甲酰胆碱及其类似药物，增强胃肠蠕动。

七、瘤胃酸中毒

【病因】 主要是由于精饲料与粗饲料比例失调，精饲料饲喂过多，导致瘤胃内酸碱失衡。

【症状】 主要表现为饲喂前食欲、泌乳正常，饲喂后不愿走动，呼吸急促，气喘，心跳加快，严重者发病后3~5小时死亡，病程稍缓者，左侧肷窝凸起，用手触摸感到瘤胃内容物较软，犹如面团，病羊表现口渴，喜欢饮水，尿少或无尿，并伴有腹泻症状。

【预防措施】 饲喂饲草比例为：青贮∶干草=3∶1。另外，长期饲喂青贮必须添加小苏打（碳酸氢钠），每天每只3~5克。

【治疗方法】 静脉注射生理盐水或5%葡萄糖氯化钠注射液500~1000毫升，加入5%碳酸氢钠20~30毫升，并加入抗生素类药物。如果病羊有兴奋、甩头等症状，可加入20%甘露醇注射液或25%山梨醇注射液25~30毫升。如果等到症状减轻，脱水症状缓解，但仍卧地不起，可再次静脉注射10%葡萄糖酸钙注射液20~30毫升。

八、子宫内膜炎

由于分娩时或产后子宫感染，而使子宫内膜发炎，称子宫内膜炎，是一种常见的母羊生殖器官疾病，是导致母羊不孕的重要原因。

【病因】 主要是在配种、人工授精及接产过程中消毒不严，容易引发此病。由于难产时手术助产、截胎术、子宫内翻及脱出、胎膜滞留、子宫复原不全及流产、胎衣不下等造成的子宫内膜损伤及感染而发生。阴道内存在的某些条件性病原菌，在机体抵抗力降低时，可引发本病。胎膜滞留是产后引起子宫内膜炎的主要因素之一。

【症状】 分为急性子宫内膜炎与慢性子宫内膜炎2种。急性子宫内膜炎多发生于产后5~6天，排出大量恶露，具有特殊的臭味，呈褐色、黄色或灰白色。有时恶露中有絮状物、子宫阜分解产物和残留胎膜。后期渗出物中有大量的红细胞和脓性黏液。乳量减少，食饮减退，反刍紊乱，体温微高。慢性子宫内膜炎主要表现不定期地排出混浊的黏性渗出物，母羊多次发情，但屡配不佳。

【诊断方法】 根据临床症状一般可做出诊断，必要时可对阴道排泄物进行病原分离培养。

【防治方法】 加强饲养管理，搞好传染病的防治工作，适当加强运动，提高机体抵抗力，在配种、人工授精及助产时，严格消毒、规范操作。及时治疗流产、难产、胎衣不下、阴道炎等产科疾病，以防损害和感染。治疗原则是提高机体抵抗力、子宫紧张力和收缩力，促使子宫内渗出物排出。冲洗子宫是治疗慢性与急性炎症的有效方法。用0.1%高锰酸钾溶液冲洗子宫，向子宫内注入抗生素，如土霉素、金霉素等。

① 全身疗法。注射抗生素和磺胺类药物。

② 中药疗法。当归、川芎、白芍、丹皮、二花、连翘各10克，桃仁、茯苓各5克，水煎服。

九、乳腺炎

【病因】 多见于挤乳技术不熟练，损伤了乳头、乳腺体；或者因挤乳工具不卫生，使乳房受到细菌感染所致。也可见于子宫炎、口蹄疫、结核病、脓毒败血症等过程中。

【症状】 本病按病程可分为急性和慢性两种。急性乳腺炎，患病乳区发热、增大、疼痛。乳房淋巴结肿大，乳汁变稀，混有絮状或粒状物。重症时，乳汁可呈浅黄色水样或带有红色水样黏性液。同时可出现不同程度的全身症状，表现出食欲减退或废绝，瘤胃蠕动和反刍停滞；体温高达41~42℃；呼吸和心搏加快，眼结膜潮红。严重时眼球下陷，精神委顿。患病羊起卧困难，有时站立不愿卧地，有时体温升高持续数天而不退，急剧消瘦，常因败血症而死亡。慢性乳腺炎，多因急性型未彻底治愈而引起。一般没有全身症状，患病乳区组织弹性降低、僵硬；触诊乳房时，发现大小不等的硬块；乳汁稀、清淡，泌乳量显著减少，乳汁中混有粒状或絮状凝块。

【治疗方法】 首先考虑使用青霉素160万单位，用生理盐水20毫升稀释，用通乳针从乳头乳管处向乳池内注射药物，每天3次，对急性乳腺炎效果最佳。有全身症状的用多西环素、林可霉素、地塞米松等药物对症治疗。严重的出现精神不振、食欲减退、卧地不起等症状，应采用5%糖盐水加入林可霉素、大观霉素、黄芪多糖静脉注射给药，也可用10%硫酸镁热敷，每天2~3次，每次5~10分钟，或者用5%碘酊涂抹乳房。如果出现化脓时，先把脓挤出来，再用通乳针灌注药物。

十、胎衣不下

胎儿出生后，母羊排出胎衣的正常时间，绵羊为2~6小时，山羊为1~5小时，如果分娩后超过14小时胎衣仍未排除，即为胎衣不下。

【病因】 主要是由于妊娠期母羊饲养管理不当，饲料中缺乏矿物质、维生素，运动不足，体质瘦弱或过度肥胖，胎水过多，怀胎儿过多等原因引起的，造成子宫收缩力量不够。

【症状】 胎衣不下分为全部或部分没有排除，如果长时间排不出，天气炎热时，很容易腐败，进而引起中毒，羊的精神不振、食欲减少、体温升高、呼吸加快、泌乳减少。

【诊断方法】 病羊常弓腰努责，有的羊胎衣部分排除，垂吊在阴门外，发生在分娩之后数小时，通过观察即可诊断。

【防治方法】 加强妊娠羊的饲养管理，保持中等膘情，适当运动。不超过24小时胎衣不下的羊，可应用催产素注射0.8~1毫升，一次肌内注射。超过24小时胎衣不下时，必要时通过人工剥离，将手臂消毒之后深入阴道进行剥离，同时防止败血症的发生，注射青链霉素，并用1%冷盐水冲洗子宫，排除盐水后再向子宫注入抗生素。

十一、创伤性网胃腹膜炎及心包炎

创伤性网胃腹膜炎及心包炎是由于异物刺伤网胃壁而发生的一种疾病。

【病因】 主要由于尖锐金属异物（如钢丝、铁丝、缝针、发卡、锐铁片等）混入饲草被羊误食而发病。如果异物经横膈膜刺入心包，则发生创伤性网胃心包炎。异物穿透网胃胃壁或瘤胃胃壁时，可损伤脾脏、肝脏、肺脏等脏器，可引起腹膜炎及各部位的化脓性炎症。

【诊断方法】 病羊精神沉郁，食欲减少，反刍缓慢或停止，行动谨慎，表现出疼痛、拱背，不愿急转弯或走下坡路，急性或慢性前胃弛缓，慢性瘤胃臌气，肘肌外展及肘肌颤动。用手冲击触诊网胃区，或者用拳头顶压剑状软骨区时，病羊表现疼痛、呻吟、躲闪。患创伤性心包炎时，病羊心动过速，每分钟80~120次，颈静脉怒张，粗如手指；颌下及胸前水肿；听诊心音区扩大，出现心包摩擦音及拍水音。病的后期，常发生腹膜粘连，心包积脓和脓毒败血症。

【防治方法】 加强饲养管理，饲养管理人员不可将铁丝、铁钉、缝针或其他金属异物随地乱扔，以防混入饲草。清除饲草中异物，可在草料加工设备中安装磁铁，以清除铁器。严禁在牧场或羊舍堆放铁器。

保守对症疗法：减少活动及饲草喂量，降低腹腔脏器对网胃的压力。可使用抗生素消除炎症。但根本的治疗方法是实行手术：切开瘤胃，取出异物。手术应由专业兽医实施。

【提示】

预防为主的理念是不发生大的疫情的基础，不论规模大小，一定要做好免疫接种，保证常规的环境卫生和消毒是做好疾病防控的前提，坚持常规消毒与应急消毒相结合，常规免疫驱虫与应急接种处理相结合，大群免疫接种与个别治疗相结合，是做好疾病防控的基础。消毒是切断感染病原的重要途径，免疫接种是防治传染病的关键措施。传染病防治主要依靠疫苗接种，个别治疗主要是针对消化道病、产科病、呼吸道病等普通病。

第九章
做好经营管理，向管理要效益

第一节 提高肉羊养殖效益的主要措施

一、树立经营管理新观念

（1）市场观念 市场是商品交换的场所，是联系生产与消费的纽带，是肉羊生产经营不可缺少的环境因素。因此，肉羊生产者必须树立以市场为导向、以销促产、用户至上的营销观念，做好市场调查与预测，不断建立和完善与肉羊生产经营相关的市场体系。

（2）竞争观念 市场经济是通过竞争机制调控的经济，优胜劣汰。市场竞争是促使肉羊生产者加强经营管理、提高经济效益的外在动力。

（3）风险观念 市场经济瞬息万变，具有一定的风险性和经营管理的不确定性。在经营生产中要保持风险意识，做好经营管理。

（4）效益观念 经济效益是肉羊生产发展的基础。在市场经济条件下，尽可能降低生产成本，提高产出，从而增加盈利，是任何生产者的最终目标。因此，肉羊生产要讲求适度规模经营，注重增值与效益，防止“增产不增收”。

（5）时效观念 “时间就是金钱，效益就是生命”，说明了时间和效率在经营中的重要性。因此，在肉羊生产中要重视时间价值，讲求高效率，把握时机，力求实现高的经济效益。

二、强化经营管理

1. 计划管理

（1）生产计划 生产计划主要是指羊群周转计划。羊群周转计划既要考虑气候条件，又要考虑牧草生长和饲草料供给情况。此外，还要考虑市场及季节因素，最好将出栏时间选择在节前或价格较高时，同时要考虑育肥增重效率。购入育肥羊时要考虑选择价格较低及购入地存栏情况，一般按2个月作为1个周期的话，每年可以做5个周转，但最好要考虑空栏时间及气候等因素。

（2）饲料生产和供应计划 主要包括制定饲料定额、各种羊的日粮标准、饲料的种植及留用管理、青饲料生产及供应的组织、饲料采购与贮存、饲料加工配合等。

（3）疫病防治计划 疫病防治计划是指一个年度或生产周期内对羊群疫病防治所做的预先安排。疫病防治计划应贯彻“预防为主、防治结合”的方针，要注意其综合性效果，主要内容包括定期消毒、驱虫、定期检疫、疫苗定期注射、病羊隔离与治疗等。

2. 劳动管理

一般根据分群饲养的原则，设立相应的羊群饲养作业组，如种公羊作业组、羔羊作业组等。每个组安排1～2名负责人，每个饲养员或放牧员要分群固定，做到分工细化，责任明确。每个饲养人员的劳动定额，可根据羊群规模、机械化程度、饲养条件和季节的不同而有所差别。

三、科学有效地降低成本

在肉羊养殖过程中，努力科学有效地降低饲养成本是提高肉羊养殖效益的主要方式之一，是在加强成本核算的前提下，科学地进行饲养管理，合理调配饲料，紧凑安排劳力，在精打细算例行节约的基础上合理安排和发展肉羊生产。

1. 加强成本核算，降低饲养成本

要想获得较大的经济效益，就必须有科学的生产流程，完善的人、财、物的管理制度，在完成总产设计计划和各项指标的前提下，加强成本核算，努力降低成本，是肉羊育肥经济管理的一个重要方面，通过成本核算，可以及时发现问题，如通过耗料量与增长速度、饲料价格和销售价格比较，来预测适时出栏时间和估算育肥经济效益。饲料费用的上升和肉羊日增重的下降都会导致育肥成本的提高，而饲料费用的上升，一种原因可能是由于饲料价格的上涨，另一种原因可能是由于饲料浪费引起；而肉羊日增重下降可能是饲料品质下降，受到疫病的影响，以及环境质量引起，总之，寻找饲养成本加大的原因，并能够及时根据实际情况合理采取有效措施加以解决。

2. 提高饲料的有效利用率

饲料费用是肉羊生产成本比例较大的部分，在实际生产中，由于饲养管理不善，饲料配合和使用不当，常常造成饲料的浪费，浪费量占到总用量的5%~10%，进而影响经济效益，因此，减少饲料浪费量是降低成本、提高利润的有效途径。

（1）做好饲料保管工作 饲料会因日晒、雨淋、受潮、霉变、生虫等原因造成损失，所以饲料应贮存在干燥、通风的地上20厘米的木架上，并将室内温度控制在13℃以下，相对湿度在60%以下，这样既可以防止细菌、霉菌的生长，又可以避免饲料受污染和营养价值下降。

（2）对病、弱、残羊的处理 在育肥过程中难免会有个别病羊、伤残及没有育肥价值的羊，为了减少饲料浪费，提高饲料报酬，应及时淘汰这些羊，应做到“精品”意识，即所养的羊都是健康的，而且饲料报酬、增重效果都比较好，这样才能提高饲料利用率，降低育肥成本。

（3）做好灭鼠、防鸟工作 1只老鼠1年可吃掉6~7.5千克饲料，粪便又直接污染10倍于自食的饲料，而且又是疾病的传播者，所以应定期灭鼠，此外，麻雀等野生鸟也可以增加饲料不必要的浪费，造成疾病的流行传播。

（4）做好防疫驱虫工作 疫病是饲养成本增加和育肥利润降低的重要因素，如果羊群患了某种传染病后，会直接影响采食量，影响生长发育，甚至引起死亡，增加了饲养成本，如果感染寄生虫病，不但会消耗羊的体重，而且会影响饲料养分吸收，降低利用效率。所以应重视防疫和驱虫工作，减少饲料浪费，提高饲料利用率。

（5）合理使用饲料添加剂 传统的肉羊育肥几乎忽视了所有的维生素和微量元素的添加，导致生长缓慢，延长了育肥时间，肌间脂肪蓄积少，肌肉纤维老化，市场价格低，失去了经济效益。合理使用添加剂，不但提高饲料利用率，加快生长，缩短肉羊育肥时间，增加肌间脂肪，而且改变了肌肉的性质，使肌肉颜色变美、嫩度增加、味觉可口，从而有效地提高了产品价格。所以，合理使用饲料添加剂是增加育肥效益的有效途径。

（6）确保环境的最佳状态 按标准确保羊舍温度、湿度、光照、空气质量的最佳状态，以提高饲料的利用率，加快肉羊生长发育速度，提高育肥效益。

（7）把握最佳出栏时机 肉羊生长的后期，增重速度减慢，饲料消耗增加，因此，做好饲养记录，通过数据分析，当饲料消耗的价值超过体重增加的价值时，要迅速出栏。

3. 合理设置岗位和配置设备

对于集约化肉羊场来说，管理尤为重要，合理设置岗位能够提高劳动效率，降低生产成本。因此，应按照岗位优化的原则，科学合理配置工作人员。

（1）人员设置 自繁自养的肉羊场人员岗位设置一般分为饲养员、饲料加工人员、技术人员、财务人员、场长等。

（2）设备购置 一般肉羊场除了食槽、水槽、消毒器械、水源等常用设备外，还应该配置发电机、水井、粉碎机等必要设备，便于生产使用。

第二节 生产计划管理

计划管理就是根据羊场的实际情况和市场预测合理制订生产计划。制订计划就是对羊场的投入、产出及其经济效益做出科学的预见和安排。计划是决策目标的具体化，经营计划分为长期计划、年度计划、阶段计划等。

一、编制计划的原则

羊场要编制科学合理、切实可行的生产经营计划，必须遵循以下原则：

（1）整体性原则 编制的羊场经营计划一定要服从和适应国家的养羊业计划，满足社会对羊产品的要求。因此，在编制计划时，必须在国家计划指导下，根据市场需要，围绕羊场经营目标，处理好国家、企业、劳动者三者的利益关系，统筹兼顾，合理安排。作为行动方案，不能仅提出和规定一些方向性的问题，而且应当规定详尽的经营步骤、措施和行为等内容。

（2）适应性原则 养羊生产是自然再生产和经济再生产、植物第一性生产和动物第二性生产交织在一起的复杂生产过程，生产经营范围广泛，其不可控影响因素较多。因此，计划要有一定弹性，以适应内部条件和外部环境条件的变化。

（3）科学性原则 编制羊场生产经营计划要有科学态度，一切从实际出发，深入调查分析有利条件和不利因素，进行科学的预测和决策，使计划尽可能地符合客观实际，符合经济规律。编制计划使用的数据资料要准确，计划指标要科学，不能太高，也不能太低。要注重市场，以销定产，即要根据市场需求倾向和容量来安排组织羊场的经营活动，充分考虑消费者需求及潜在的竞争对手，以避免供过于求，造成经济损失。

（4）平衡性原则 羊场安排计划要统筹兼顾，综合平衡。羊场生产经营活动与各项计划、各个生产环节、各种生产要素及各个指标之间，应相互联系、相互衔接、相互补充。所以，应当把它们看作一个整体，各个计划指标要平衡一致，使羊场各个方面、各个阶段的生产经营活动协调一致，使之能够充分发挥羊场优势，达到各项指标和完成各项任务。因此，要注重两个方面：一是加强调查研究，广泛收集资料数据，进行深入分析，确定可行的、最优的指标方案；二是计划指标要综合平衡，要留有余地，不能破坏羊场的长期协调发展，也不能满打满算，使羊场生产处于经常性的被动局面。

二、编制计划的方法

养羊业计划编制的常用方法是平衡法，是通过对指导计划任务和完成计划任务所必须具备的条件进行分析、比较，以求得两者的相互平衡。畜牧业企业在编制计划的过程中，重点要做好土地、劳力、机械、饲草饲料、资金、产销等的平衡工作。利用平衡法编制计划主要是通过一系列的平衡表来实现的。平衡表的基本内容包括需要量、供应量、余缺三项。具体运算时一般采用下列平衡公式：

结余数＝期初结存数＋本期计划增加数－本期需要数

上式三部分，即供应量（期初结存数＋本期计划增加数）、需求量（本期需要数）和结余数构成平衡关系进行分析比较，揭露矛盾，采取措施，调整计划指标，以实现平衡。

三、育肥羊场主要生产计划

1. 育肥生产计划

专业育肥要根据育肥周期及市场行情做计划，如果是异地育肥，按照育肥期4个月计算，除去育肥出栏后间隔期，每年可做2个周期。如果是自繁自养的断奶羔羊要根据断奶羔羊的数量和集中度做育肥计划。一般羔羊出生高峰在每年1～3月，断奶羔羊在3～5月，然后进行集中育肥。

2. 产品产量计划

计划经济条件下传统产量计划，是依据羊群周转计划而制订的。而市场经济条件下必须反过来计算，即以销定产，以产量计划倒推羊群周转计划，如根据市场需求量制订育肥羊计划。

3. 育肥羊群周转计划

育肥羊群周转计划是制订饲料计划、劳动用工计划、资金使用计划、生产资料及设备利用计划依据。羊群周转计划必须根据产量计划的需要来制订。羊群周转计划的制订应依据不同的饲养方式、生产工艺流程、羊舍的设施设备条件、生产技术水平，最大限度地提高设施设备利用率和生产技术水平，以获得最佳经济效益为目标进行编制。

4. 草料供应计划

草料是养羊生产的物质保证。生产中既要保证及时充足的供应又要避免积压。因此，必须做好计划。草料供应计划是依据羊场生产周转计划及饲养消耗定额来制订的。饲草饲料费用占生产总成本的60%~70%，所以在制订饲料计划时既要注意饲料价格，同时又要保证饲料质量。

不同饲养方式、品种和日龄的羊所需草料量是不同的。各场可根据当地草料资源的不同条件和不同羊群的营养需要，首先制订出各羊群科学合理的草料日粮配方，并根据不同羊群的饲养数量和每只每天平均消耗草料量，推算出整个羊场每天、每周、每月及全年各种草料的需要量，并依市场价格情况和羊场资金实际，做好所需原料的订购、储备和生产供应。对于放牧和半放牧方式饲养的羊群，还要根据放牧草地的载畜量，科学合理地安排饲草、饲料生产（表9-1）。

表9-1　年度饲料计划

项目类别	平均饲养只数	年饲养只数	精饲料	粗饲料	青绿饲料	青贮饲料	食盐	骨粉	石粉
			定额小计	定额小计	定额小计	定额小计	定额小计	定额小计	定额小计

5. 疫病防治计划

羊场疫病防治计划是指一个年度内对羊群疫病防治所做的预先安排。羊场的疫病防治是保证其生产效益的重要条件，也是实现生产计划的基本保证。羊场实行“预防为主，防治结合”的方针，建立一套综合性的防疫措施和制度。其内容包括羊群的定期检查、羊舍消毒、各种疫苗的定期注射、病羊的资料与隔离等。对各项防疫制度要严格执行，定期检查。

6. 资金使用计划

有了生产销售计划、草料供应计划等计划后，资金使用计划也就必不可少了。资金使用计划是经营管理计划中非常关键的一项工作，做好计划并顺利实施，是保证企业健康发展的关键。资金使用计划的制订应依据有关生产等计划，本着节省开支，并最大限度地提高资金使用效率的原则，精打细算，合理安排，科学使用。既不能让资金长时间闲置，造成资金资源浪费，还要保证生产所需资金及时足额到位。在制订资金计划中，对羊场自有资金要统筹考虑，尽量盘活资金，不要造成自有资金沉淀。对企业发展所需贷款，经可行性研究，认为有效益、项目可行，就要大胆贷款，破除企业不管发展快慢，只要没有贷款就是好企业的传统思想，要敢于并善于科学合理地运用银行贷款，加快规模羊场的发展。一个企业只要其资产负债率保持在合理的范围内，贷款都是可行的。

第三节　生产过程中的经营管理

一、羊场管理制度

羊场管理的规章制度是规模羊场生产部门加强和巩固劳动纪律的基本方法。规模羊场主要的劳动管理制度有岗位制、考勤制、基本劳动日制、作息制、质量检查制、安全生产制、技术操作规程等。羊场由于劳动对象的特殊性，特别应根据羊的生物学特性及不同生长发育阶段的消化吸收规律，建立合理的饲喂制度，做到定时、定量、定次数、定顺序，并根据季节、年龄进行适当调整，以保证羊的正常消化吸收，避免造成饲料浪费。饲养人员必须严格遵守饲喂制度，不能随意经常变动。

制度管理是羊场做好劳动管理不可缺少的手段，主要包括考勤制度、劳动纪律、生产责任制、劳动保护、劳动定额、奖惩制度等。制度的建立，一是要符合羊场的劳动特点和生产实际；二是内容具体化，用词准确，简明扼要，质和量的概念要明确；三是要经全场职工认真讨论通过，并经场领导批准后公布执行；四是必须具有严肃性，一经公布，全场干部职工必须认真执行，不搞特殊化；五是必须具备连续性，应长期坚持，并在生产中不断完整。

二、定额管理

定额是编制生产管理的基础，是羊场科学管理的前提。为了增强生产管理的科学性，提高规模羊场经营管理水平，取得预期效果，应当在生产管理的全过程中搞好定额工作，充分发挥定额管理在生产管理中的作用。

1. 定额的作用

定额是编制生产计划的基础。在编制计划的过程中，对人力、物力、财力的配备和消耗，产供销的平衡，经营效果的考核等计划指标，都是根据定额标准进行计算和研究确定的。只有合理的定额，才能制订出先进可靠的计划。如果没有定额，就不能合理地进行劳动力的配备和调度，物资的合理储备和利用，资金的利用和核算就没有根据，生产就不合理。定额是检验的标准，在一些计划指标的检查中，要借助定额来完成。在计划检查中，检查定额的完成情况，通过分析来发现计划中的薄弱环节。同时，定额也是劳动报酬分配的依据，可以在很大程度上提高劳动生产率。

2. 定额的种类

定额包括人员分配定额、机械设备定额、物资储备定额、饲料储备定额、产品定额、劳动定额和财务定额等。

3. 定额水平的确定

正确确定定额可以充分发挥定额在计划管理中的作用。定额偏低会造成人力、物力、财力的浪费，定额偏高，制订的计划不能实施，脱离实际，这样会削弱员工的积极性，影响生产。因此，定额水平是一项关键内容。

4. 制定生产定额

（1）人员配备定额　规模5000只的羊场，全舍饲，其人员配备可为：场长1人，财务人员2人（会计1人、出纳1人），技术人员2人（技术人员1人、统计员或资料员1人），生产人员7人（饲养员5人、饲料加工及运送2人）。

（2）劳动定额　劳动定额是在一定生产技术和组织条件下，为生产一定的合格产品或完成一定的工作量，所规定的必要劳动消耗量，是计算产量成本、劳动生产率等各项经济指标和编制生产、成本和劳动等计划的基础依据。养羊生产可以以队、班组或畜舍为单位进行饲养管理。但是，羊群种类不同所确定的劳动定额也不同，所制定的劳动定额也有所不同。在制定劳动定额时应根据生产条件、职工技术状况和工作要求，并参照历年统计资料，综合分析确定。

1）饲养工。饲养工负责羊群的饲养管理工作，按羊群生产阶段进行专门管理。主要工作为：根据羊场生产情况饲喂精料、全价饲料或粗饲料；按照规定的工作日程，进行羊群护理工作；经常观察羊群的食欲、健康、粪便、发情和生长发育等情况。羊场的饲养定额一般是每人负责育肥羊1000只左右。

2）饲料工。每人每天送草5000千克或粉碎精料1000千克，或者全价颗粒饲料3000千克，送料送草过程中应清除饲料中的杂质。

3）技术员。技术员主要任务是落实饲养管理规程和疾病防治工作。

4）场长。组织协调各部门工作，监督落实羊场各项规章制度，搞好羊场的发展工作，制订年度计划。

（3）饲料消耗定额 羊群维持和生产产品需要从饲料中摄取营养物质。羊群种类的不同，同种羊的年龄、性别上的不同，生长发育阶段的不同及生产用途不同，其饲料的种类和需要量也不同。因此，制定不同羊群的饲料消费定额所遵循的方法，首先应该查找其饲养标准中对各种营养成分的需要量，参照不同饲料的营养价值确定日粮的配给量；再以给定日粮配给作为基础，计算不同饲料在日粮中的占有量；最后再根据占有量和家畜的年饲养日即可计算出年饲料的消耗定额。计算定额时应加上饲喂过程中的损耗量。饲料消耗定额是生产单位产量的产品所规定的饲料消费标准，是确定饲料需要量，合理利用饲料，节约饲料和实行经济核算的重要依据。以成年母羊为例，如成年母羊每天每只平均需要0.5千克优质干草、精料0.25千克；育肥羊每天每只平均需干草1千克、精饲料1.0千克。

（4）成本定额 成本定额是羊场财务定额的组成部分，羊场成本分为两大块，即产品总成本和产品单位成本。成本定额通常指的是成本控制指标，主要是生产某种产品或某种作业所消耗的生产资料和所付劳动报酬的总和。成本项目包括工资和福利费、饲料费、燃料费和动力费、医药费、固定资产折旧费、固定资产修理费、低值易耗品费、其他直接费用和企业管理费等。

（5）定额的修订 修订定额是搞好计划的一项很重要内容。定额是在一定条件下制定的，反映了一定时期的技术水平和管理水平。生产的客观条件不断发生变化，因此定额也应及时修订。在编制计划前，必须对定额进行一次全面的调查、整理、分析，对不符合新情况、新条件的定额进行修订，并补充齐全的定额和制定新的定额标准，使计划的编制有理有据。

三、记录管理

记录管理就是将肉羊场生产经营活动中的人、财、物等消耗情况及有关事项记录在案，并进行规范、计算和分析。羊场记录可以反映羊场生产经营活动的状况，是经济核算的基础和提高管理水平及效益的保证，羊场必须重视记录管理。羊场记录要及时准确、简洁完整和便于分析。

1. 羊场的记录内容

(1) 生产记录 生产记录包括羊的品种、饲养数量、饲养日期、育肥出栏日期、产品产量等。

(2) 饲料记录 饲料记录包括每一个肉羊品种每天所消耗饲料种类、单价、数量等。

(3) 员工考勤记录 员工考勤记录包括工作人员每天出勤情况、工作时间、工作类别，以及完成的工作程度等。

(4) 财务记录 财务记录包括器械、建筑、土地等固定资产；饲料、兽药、未达出栏目标的羊群、易耗品等库存物资；现金、存款、债券、股票等资金；出售产品的时间、数量、价格、去向等各项财务记录。

(5) 饲养管理记录 饲养管理记录包括饲喂环境温湿度、饲喂的顺序、光照程度、羊群的周转等。

(6) 疾病防治记录 疾病防治记录包括疫苗注射情况、环境卫生情况、隔离消毒情况、发病及诊断治疗情况、用药情况、定期驱虫情况等。

(7) 羊只的记录 每只羊要有自己的耳号，就像身份证一样有着独一无二的身份，其出生、断奶、月龄、有无疾病等情况都有具体记录，以便需要时有据可循。育肥羊的某一阶段体重、饲喂量、饲料利用率等做好记录。

2. 羊场记录表格

羊场所需记录表格见表9-2～表9-14。

表9-2 疫苗购、领记录表 填表人：

购入日期	疫苗名称	规格	生产厂家	批准文号	生产批号	来源（经销点）	购入数量	发出数量	结存数量

表 9-3 兽药（含消毒药）购、领记录表　　填表人：

购入日期	名称	规格	生产厂家	批准文号	生产批号	来源（经销单位）	购入数量	发出数量	结存数量

表 9-4 饲料添加剂、预混料、饲料购、领记录表　　填表人：

购入日期	名称	规格	生产厂家	批准文号或登记证号	生产批号或生产日期	来源（生产厂或经销商）	购入数量	发出数量	结存数量

表 9-5 疫苗免疫记录表　　填表人：

免疫日期	疫苗名称	生产厂家	免疫动物批次日龄	栋、栏号	免疫数	免疫次数	存栏数	免疫方法	免疫剂量	耳标佩带数	责任兽医

表 9-6 兽药（含药物添加剂）使用记录表　　填表人：

开始用药日期	栋、栏号	动物批次日龄	兽药名称	生产厂家	给药方式	用药动物数	每天剂量	用药目的（防病或治病）	停药日期	兽医签名

表9-7　饲料、预混料使用记录表　　　填表人：

日　期	栋、栏号	动物存数	饲料或预混合料名称	生产厂家或自配	饲喂量	备　注

表9-8　消毒记录表　　　填表人：

消毒日期	消毒药名称	生产厂家	消毒场所	配制浓度	消毒方式	操作者

表9-9　诊疗记录表　　　填表人：

发病日期	发病动物栋、栏号	发病群体只数	发病数	发病动物日龄	病名或病因	处理方法	用药名称	用药方法	诊疗结果	兽医签名

表9-10　防疫（抗体）监测记录表　　　填表人：

采样日期	栋、栏号	监测群体只数	采样数量	监测项目	监测单位	监测方法	监测结果	处理情况	备注

表9-11　病、残、死亡动物处理记录表　　　填表人：

处理日期	栋、栏号	动物日龄	淘汰数	死亡数	病、残、死亡主要原因	处理方法	处理人	兽医签名

表 9-12 引种记录表 填表人：

进场日期	品种	引种数量	供种（畜禽）场或哺坊	检疫证编号	隔离时间	并群日期	兽医签名

表 9-13 生产记录表（按天或变动记录） 填表人：

日期	栋、栏号	变动情况				存栏数	备注
		出生数	调入数	调出数	死、淘数		

表 9-14 出场销售和检疫情况记录表 填表人：

出场日期	品种	栋、栏号	出售数量	出售动物日龄	销往地点及货主	检疫情况			曾使用的有停药期要求的药物		经办人
						合格数量	检疫证号	检疫员	药物名称	停药时动物日龄	

3. 羊场记录的分析

通过对羊场的记录进行整理、归纳和分析。分析是通过一系列分析指标的计算来实现的。利用成活率、增重率、饲料转化率等技术效果指标来分析生产资源的投入和产出产品数量的关系及分析各种技术的有效性和先进性。利用经济效果指标，分析生产单位的经营效果和盈利情况，为羊场的生产提供依据。

四、产品销售管理

羊场的产品销售管理包括销售市场调查、销售预测和决策、销售策略及计划的制订、促销措施的落实、市场的开拓、产品售后服务等。市场营销需要研究消费者的需求状况及其变化趋势。在保证产品产量和质量的前提下，利用各种机会、各种渠道刺激消费、推销产品：一是加强宣传、树立品牌；二是加强营销队伍建设；三是积极做好售后服务。

第四节　经济核算

经济核算是规模羊场生存、发展的客观要求，羊场生产是以经济效益为核心的商品生产。经济核算既有利于提高生产场的经济效益和经营管理水平，也有利于促进新技术、新成果的应用，同时也可以反映和监督计划、预算、合同的执行情况，保护和监督羊场财产和物质的安全、完整、合理利用。羊场的经济核算主要包括资金核算和成本核算，其中以成本核算为中心。

一、资金核算

羊场要进行各种生产经营活动，就必须有一定的资金。羊场的资金按来源不同可分为自由资金和借入资金两类；按其用途和周转方式不同可以分为固定资金和流动资金两类。固定资金和流动资金的划分依据是：固定资金是购置劳动手段如机械设备所占用的资金，它的物质实体就是固定资产；流动资金是购置各种劳动对象如饲料等物品所用资金，其物质实体就是流动资产。在实际中，为了简化手续，经常把羊群等作为流动资产。加强固定资金的核算有利于挖掘生产潜力，提高机械设备利用率，延长使用年限，降低生产成本。羊场在保证完成任务的前提下，尽可能减少固定资金的用量，以节约投资。加速流动资金周转的主要方法是改善采购工作，合理储备，防止积压生产物资，同时节约物资消耗，缩短销售时间，减少资金占用量。

1. 固定资产核算

固定资产是指使用年限1年以上，单位价值在规定的标准以上，并且在使用中长期保持其实物形态的各项资产。羊场的固定资产主要包括建筑物、道路、羊舍、护栏、各种器械、基础羊等。

（1）固定资产的折旧　固定资产在长期的使用中，外形或价值上发生的部分损耗。固定资产的损耗分为有形损耗和无形损耗。有形损耗是指固定资产由于使用或在自然力的作用下发生的使固定资产外形上变现有磨损。无形损耗是指由于劳动生产率提高和科学技术进步而引起的固定资产价值的损失。固定资产在使用过程中，由于损耗而发生的价值转移，称为折旧，由于固定资产损耗而转移到产品中去的那部分价值叫折

旧费，又称折旧额，用于固定资产的更新改造。

羊场提取固定资产折旧，一般采用平均年限和工作量法。

1）平均年限法。根据固定资产的使用年限，平均计算各个时期的折旧费，因此也称直线法。其公式为：

固定资产折旧费 = [原值 -（预计残值 - 清理费用）] ÷ 固定资产预计使用年限

固定资产年折旧率 = 固定自产年折旧额 ÷ 固定资产原值 × 100%

2）工作量法。按照使用某项固定资产所提供的工作量，计算出单位工作量平均应计提折旧额后，再按各期使用固定资产所完成的实际工作量，计算应计提的折旧额。这种折旧计算方法适用于一些机械等专用设备。其计算公式为：

单位工作量（单位里程或每工作小时）折旧额 =（固定资产原值 - 预计净残值）÷ 总工作量（总行驶里程或总工作小时）

（2）提高固定资产利用效果的途径

1）适时、适量购置和建设固定资产。根据轻重缓急，合理购置和建设固定资产，把资金使用在经济效益最大且在生产上迫切需要的项目上；购置和建造固定资产要量力而行，做到与单位的生产规模和财力相适应。

2）注重固定资产的配套。注意加强设备的通用型和适用性，并注意各类固定资产务求配套完备，使固定资产能充分发挥效用。

3）加强固定资产的管理。建立严格的使用、保养和管理制度，对不需要的固定资产应及时采取措施，避免浪费，注意提高机械设备的时间利用强度和生产能力的利用程度。

2. 流动资产核算

流动资产是畜牧场在生产领域所需要的资金，以及支付工资和其他费用的资金，是企业生产经营活动中的主要资产，主要包括羊场现金、存款、应付款及预付款、存货等。流动资金周转状况影响到产品的成本，加快流动资产周转的措施有：

（1）有计划的采购　加强采购物资的计划性，防止盲目采购，合理储备物资，避免挤压资金，加强物资的保管，定期对库存物资进行清查，防止鼠害和腐烂变质。

（2）缩短生产周期　科学地组织生产过程，采用先进技术，尽可能缩短生产周期，节约使用各种材料和物资，减少产品资金占用量。

（3）及时销售产品　产品及时销售可以缩短产品的滞留时间，减少流动资金占用量。

（4）加快资金回收　及时清理债权和债务，加速应收款的回收，减少成品资金和结算资金的占用量。

二、成本核算

应对规模羊场原材料的供应过程、生产过程和销售过程中各项费用支出和实际成本等进行核算，其中生产成本核算是重点。成本核算是一项综合性很强的经济指标，它反映了企业的技术实力和整个经营状况。羊的品种是否优良、饲料质量好坏、饲养技术水平高低、固定资产的利用及人工耗费等，都可以通过成本来反映出来。所以，搞好成本核算对改善经营管理具有重要意义，因为只有这样，才能监督和考核生产费用的执行情况，掌握具体的产品成本构成，分析产品成本升降的直接原因，及时采取措施，挖掘成本潜力。

要做好成本核算工作，必须要严格记录各种材料的准确性，如饲料、原材料、燃料等的消耗，生产中羊的转群、死亡、淘汰、售出，员工工资的领取情况等记录。必须如实地记录，以备查询。

1. 羊场成本的项目

（1）饲料费　饲养过程中自产和外购的混合饲料和各种饲料原料，凡是购入的需按买价加运费计算，自产的饲料按生产成本计算。

（2）劳务费　从事养羊的生产管理劳动，包括工作人员劳务费、羊的防疫、消毒、购物运输等支付的费用。

（3）医疗费　医疗费是指用于羊群的生物制剂、消毒剂及检疫费、化验费、专家咨询服务费等。

（4）公母羊折旧费　种公羊从开始配种算起，种母羊从产羔开始。

（5）固定资产折旧费　固定资产折旧费是指羊舍、设备等固定资产的基本折旧费及维修费用。根据羊舍结构和设备质量、使用年限来计算耗费。

（6）燃料动力费　燃料动力费是指饲料加工、羊舍保暖、排风、供水、供气等耗用的燃料和电力费用，这些费用按实际支出的数额计算。

（7）利息　利息是指对固定资产及流动资金一年中支付利息的总额。

（8）税金　税金是指用于肉羊生产的土地、建筑设备及生产销售等一年内应交的税。

（9）杂费 杂费包括低值易耗品费用、保险费、通信费等除以上所有各项目以外的杂费。

2. 成本的计算方法

羊的活重是羊场的生产成果，羊群的主、副产品或活重是反映产品率和饲养费用的综合经济指标，如在羊生产中可计算饲养日成本、增重成本、活重成本和产羔成本等。

（1）饲养日成本 饲养日成本是指一只肉羊饲养一天的费用，反映饲养水平的高低。其计算公式为：

饲养日成本 = 该羊群本期饲养总成本 ÷ 该羊群本期饲养日只数

（2）增重单位成本 增重单位成本是指羔羊或育肥羊增加体重的平均单位成本。其计算公式为：

增重单位成本 =（本期饲养费用 − 副产品价值）÷ 本期增重量

（3）活重单位成本 活重单位成本是指羊群全部活重单位成本。其计算公式为：

活重单位成本 =（期初全部成本 + 本期饲养费用 − 副产品价值）÷（全群活重 + 本期售出转群活重）

（4）生长量成本 生长量成本的计算公式为：

生长量成本 = 生长量饲养日成本 × 本期饲养日

（5）羊群单位成本 羊群单位成本的计算公式为：

羊群单位成本 =（出栏羊饲养费用 − 副产品价值）÷ 出栏羊总肉量

三、盈利核算

盈利是指企业的产品销售收入减去已销售产品的总成本后的纯收入，分为税金和利润，是反映企业在一定时期内生产经营成果的重要指标。衡量盈利效果的经济指标有：

（1）成本利润率 成本利润率是指 100 元销售成本的盈利额。其计算公式为：

成本利润率 = 销售利润 ÷ 销售成本 × 100%

（2）销售利润率 销售利润率是指 100 元销售收入可以获得的利润额。其计算公式为：

销售利润率 = 销售利润 ÷ 销售收入 × 100%

（3）产值利润率 产值利润率是指 100 元产值能创造的利润额。其计算公式为：

产值利润率 = 销售利润 ÷ 产值 × 100%

（4）资金利润率 资金利润率是指100元资金所创造的利润。其计算公式为：

资金利润率＝销售利润÷流动资金占用额（流动资金占用额＋固定资金占用额）×100%

第五节 做好市场营销工作

一、做好市场调查，确定发展思路

在决定进行肉羊养殖之前，首先要考虑的问题就是到哪里去买羊，羊源如何，饲养什么品种，价格如何，年龄控制在什么阶段，羊要销售到哪里，价格如何，市场需求有多大，出栏1只肉羊利润有多少，育肥规模控制在多少合适，集约化生产周期是多长，以及饲料搭配和购买厂家等。这些问题是在决定上马肉羊养殖项目首先要考虑的问题，另外还要计算养殖规模和投入资金的关系等。

二、准确掌握市场信息，合理安排生产

肉羊生产经营者要根据羔羊集中上市的特点，针对本地区屠宰需求情况，选择那些有育肥潜力的品种羊作为生产主体，合理涉及和安排生产，以降低购买羊只成本，进行有针对性地选择肉羊品种。

三、寻求信誉好的需求厂家，增加经济收入

对于规模肉羊场来说，要选择信誉好、实力雄厚的屠宰加工厂家，建立长期肉羊供求关系，这将有助于肉羊场的稳定发展；规模肉羊养殖户最好也要联合起来，寻求大的收购育肥羊的加工企业，提高抵御市场风险的能力。

【提示】

在进行选择肉羊生产时，一定要了解舍饲养羊的特点，根据自身的资金财力、专业技术、场地及气候条件、饲草资源等因素，选择相应的生产方式。在生产中时刻注意在保证饲养效果、保障生产性能的基础上尽量节约成本、减少开支，在养殖过程中要精打细算，减少一些错误认识，多掌握生产技术，多实践总结，多留心体会，同时还要学会经营和把握市场规律。

参 考 文 献

[1] 敦伟涛，陈晓勇. 怎样提高肉羊舍饲效益［M］. 北京：金盾出版社，2016.

[2] 敦伟涛，陈晓勇. 肉羊6月龄出栏快速育肥技术［M］. 北京：机械工业出版社，2017.

[3] 张玉，时丽华. 肉羊高效配套生产技术［M］. 北京：中国农业大学出版社，2005.

[4] 敦伟涛. 肉羊60天快速育肥出栏技术［M］. 北京：金盾出版社，2014.

[5] 田树军，王宗仪，胡万川. 养羊与羊病防治［M］. 3版. 北京：中国农业大学出版社，2012.